高等学校环境类教材

清洁生产与循环经济
（第2版）

Cleaner Production and Circular Economy
(Second Edition)

曲向荣　编著

Qu Xiangrong

清华大学出版社

北京

内 容 简 介

本书在总结清洁生产与循环经济领域的教学经验与科研成果基础上编著而成,是一本较全面阐述清洁生产与循环经济的理论与实践的教材。以环境问题、资源与能源为切入点,在介绍了清洁生产与循环经济的关系及其理论的基础上,一方面系统论述了清洁生产的主要内容及其发展、清洁生产的法律法规和政策、清洁生产审核、清洁生产指标体系及评价等内容;另一方面又系统论述了循环经济的主要内容及其发展以及农业循环经济、工业循环经济、服务业循环经济和循环型社会等内容。

本书可作为高等院校本科生、研究生的教材,也可作为从事"三产"的技术人员和管理人员的培训教材或参考书及作为政府机构的决策者、经济管理部门和环境保护部门的管理人员、行业协会的从业人员的参考用书。

图书在版编目(CIP)数据

清洁生产与循环经济/曲向荣编著. —2 版. —北京:清华大学出版社,2014(2023.1 重印)
(高等学校环境类教材)
ISBN 978-7-302-37396-4

Ⅰ.①清… Ⅱ.①曲… Ⅲ.①无污染工艺—高等学校—教材 ②自然资源—资源利用—高等学校—教材 Ⅳ.①X383 ②F062.1

中国版本图书馆 CIP 数据核字(2014)第 163084 号

责任编辑:柳 萍 赵从棉
封面设计:傅瑞学
责任校对:刘玉霞
责任印制:朱雨萌

出版发行:清华大学出版社
　　　　网　　址:http://www.tup.com.cn, http://www.wqbook.com
　　　　地　　址:北京清华大学学研大厦 A 座　　　　　　邮　　编:100084
　　　　社 总 机:010-83470000　　　　　　　　　　　　邮　　购:010-62786544
　　　　投稿与读者服务:010-62776969,c-service@tup.tsinghua.edu.cn
　　　　质量反馈:010-62772015,zhiliang@tup.tsinghua.edu.cn
印 装 者:三河市龙大印装有限公司
经　　销:全国新华书店
开　　本:185mm×260mm　　　印　　张:17　　　字　　数:414 千字
版　　次:2011 年 1 月第 1 版　2014 年 9 月第 2 版　　印　　次:2023 年 1 月第 10 次印刷
定　　价:49.00 元

产品编号:057797-04

前　言

FOREWORD

工业革命以来,特别是 20 世纪中期以来,由于世界人口的迅速增加和工业经济的空前发展,资源消耗速度明显加快,废弃物排放量显著增多,环境污染、生态破坏和资源枯竭的深层次环境问题日益突出。"环境公害"与近代环境问题为我们敲响了警钟,环境、资源和能源危机已成为制约经济社会发展的"瓶颈"。

在可持续发展战略思想的指导下,1989 年联合国环境规划署工业与环境发展规划中心提出了清洁生产的概念,"清洁生产是指将整体预防的环境战略持续应用于生产过程和产品中,以减少对人类和环境的风险",并开始在全球推行清洁生产政策,经过几十年的不断创新、丰富与发展,获得了很大进展。

1992 年,联合国环境与发展大会制定的《21 世纪议程》明确提出,转变发展战略,实施清洁生产,建立现代工业的新文明。清洁生产带来全球发展模式的革命性变革,其意义不亚于工业革命。

1994 年,我国制定了《中国 21 世纪议程》。在确定国家可持续发展优先项目中,把建立资源节约型工业生产体系、推行清洁生产列入可持续发展战略与重大行动计划。同年,世界银行中国环境技术援助项目"推进中国清洁生产子项目"在中国实施。从此,我国的环境保护战略由"末端治理"转变为"预防为主、防治结合",彻底扭转了过去"末端治理"的被动局面,我国的环境保护事业开始了历史新篇章。2002 年《中华人民共和国清洁生产促进法》的颁布和实施,标志着我国清洁生产工作步入了规范化、法制化轨道。

循环经济是一种以资源的高效利用和循环利用为核心,以"减量化、再利用、再循环"为原则,以低消耗、低排放、高效率为基本特征,符合可持续发展理念的经济增长模式,是对传统增长模式的根本变革。推行循环经济包括三个层次:在企业内部开展清洁生产;在企业间建设生态工业园区;在社会层面上开展全社会资源综合利用,建设循环型社会。2008 年《中华人民共和国循环经济促进法》的颁布和实施,标志着我国循环经济工作也步入了规范化、法制化的轨道。

我国资源总量较大,但人均占有量少。由于目前我国粗放式的经济增长方式尚未根本改变,因此资源消耗高、浪费大、利用率低。发达国家在过去 100 多年发展过程中出现的环境问题,在我国 30 年的快速发展中集中显现出来。在资源与环境的双重压力下,我国经济要保持快速稳定增长,唯一的出路就是大力发展清洁生产和循环经济。

本书在第 1 版的基础上做了结构上的调整和内容上的充实,更具有系统性和前瞻性。本书汇集了清洁生产与循环经济领域最新的教学与科研成果,内容丰富,理论联系实际,可满足学生拓宽知识面、适应当前教学信息量大的要求,并便于在教学中选择讲授。

　　全书共分 11 章，主要内容包括：环境问题、资源与能源，清洁生产概述，清洁生产与循环经济的理论基础，清洁生产的法律法规和政策，清洁生产审核，清洁生产指标体系及评价，循环经济概述，农业循环经济，工业循环经济，服务业循环经济和循环型社会等。

　　本书可作为高等院校本科生、研究生的教材，也可作为从事"三产"的技术人员和管理人员的培训教材或参考书及作为政府机构的决策者、经济管理部门和环境保护部门的管理人员、行业协会的从业人员的参考用书。

　　本书在编写过程中引用了大量的国内外相关领域的最新成果与资料，在此向这些专家、学者致以衷心的感谢。

　　由于编者水平有限，不足之处在所难免，敬请广大读者批评指正。

编著者

2014 年 7 月

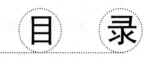

目　录

CONTENTS

第 1 章

环境问题、资源与能源

1.1 环境问题

环境问题通常是指由于人类活动使环境条件发生不利于人类的变化,以致影响人类的生产和生活,给人类带来危害的现象。

环境问题一般可分为两类:一是不合理开发利用自然资源,超出环境承载力,使生态环境质量恶化或自然资源枯竭的现象;二是人口激增、城市化和工农业高速发展引起的环境污染和破坏。总之,是人类经济社会发展与环境的关系不协调所引起的问题。

1.1.1 当今世界主要环境问题及其危害

当今世界所面临的主要环境问题是人口问题、资源问题、生态破坏问题和环境污染问题。它们之间相互关联、相互影响,成为当今世界环境保护所关注的主要问题。

1. 人口问题

人口的急剧增加可以认为是当前环境的首要问题。近百年来,世界人口的增长速度达到了人类历史上的最高峰,目前世界人口已达 70 亿! 众所周知,人既是生产者,又是消费者。从生产者的人来说,任何生产都需要大量的自然资源来支持,如农业生产要有耕地、灌溉水源;工业生产要有能源、各类矿产资源、各类生物资源等。随着人口的增加,生产规模必然扩大,一方面所需要的资源要持续增大;另一方面在任何生产中都会有废物排出,而随着生产规模的扩大,资源的消耗和废物的排放量也会逐渐增大。

从消费者的人类来说,随着人口的增加、生活水平的提高,人类对土地的占用(如居住、生产食物)会越来越大,对各类资源如矿物能源、水资源等的利用也会急剧增加,当然排出的废物量也会随之增加,从而加重资源消耗和环境污染。我们都知道,地球上一切资源都是有限的,即或是可恢复的资源如水,可再生的生物资源,也是有一定的再生速度,在每年中是有一定可供量的。而其中尤其是土地资源不仅总面积有限,人类难以改变,而且还是不可迁移的和不可重叠利用的。这样,有限的全球环境及其有限的资源,便将限定地球上的人口也必将是有限的。如果人口急剧增加,超过了地球环境的合理承载能力,则必造成资源短缺、环境污染和生态破坏。这些现象在地球上的某些地区已出现了,也正是人类要研究和改善的问题。

2. 资源问题

资源问题是当今人类发展所面临的另一个主要问题。众所周知,自然资源是人类生存发展不可缺少的物质依托和条件。然而,随着全球人口的增长和经济的发展,对资源的需求与日俱增,人类正受到某些资源短缺或耗竭的严重挑战。全球资源匮乏和危机主要表现在:土地资源在不断减少和退化,森林资源在不断缩小,淡水资源出现严重不足,某些矿产资源濒临枯竭,等等。

1) 土地资源在不断减少和退化

土地资源损失尤其是可耕地资源损失已成为全球性的问题,发展中国家尤为严重。目前,人类开发利用的耕地和牧场,由于各种原因正在不断减少或退化,而全球可供开发利用的后备资源已很少,许多地区已经近于枯竭。随着世界人口的快速增长,人均占有的土地资源在迅速下降,这对人类的生存构成了严重威胁。

据联合国人口机构预测,到 2050 年,世界人口可能达到 94 亿,全世界人口迅猛增加,使土地的人口"负荷系数"(某国家或地区人口平均密度与世界人口平均密度之比)每年增加 2%,若按农用面积计算,其负荷系数则每年增加 6%～7%,这意味着人口的增长将给本来就十分紧张的土地资源特别是耕地资源造成更大的压力。

2) 森林资源在不断缩小

森林是人类最宝贵的资源之一,它不仅能为人类提供大量的林木资源,具有重要的经济价值,而且它还具有调节气候、防风固沙、涵养水源、保持水土、净化大气、保护生物多样性、吸收二氧化碳、美化环境等重要的生态学价值。森林的生态学价值要远远大于其直接的经济价值。

由于人类对森林的生态学价值认识不足,受短期利益的驱动,对森林资源的利用过度,使世界的森林资源锐减,造成了许多生态灾害。

历史上世界森林植被变化最大的是在温带地区。自从大约 8000 年前开始大规模的农业开垦以来,温带落叶林已减少 33% 左右。但近几十年中,世界毁林集中发生在热带地区,热带森林正以前所未有的速率在减少。

3) 淡水资源出现严重不足

目前,世界上有 43 个国家和地区缺水,占全球陆地面积的 60%。约有 20 亿人用水紧张,10 亿人得不到良好的饮用水。此外,由于严重的水污染,更加剧了水资源的紧张程度。水资源短缺已成为许多国家经济发展的障碍,成为全世界普遍关注的问题。当前,水资源正面临着水资源短缺和用水量持续增长的双重矛盾。正如联合国早在 1977 年所发出的警告:"水不久将成为一项严重的社会危机,石油危机之后下一个危机是水。"

4) 某些矿产资源濒临枯竭

(1) 化石燃料濒临枯竭

化石燃料是指煤、石油和天然气等地下开采出来的能源。当代人类的社会文明主要是建立在化石能源的基础之上的。无论是工业、农业或生活,其繁荣都依附于化石能源。而由于人类高速发展的需要和无知的浪费,化石燃料逐渐走向枯竭,并反过来直接影响人类的文明生活。

（2）矿产资源匮乏

与化石能源相似，人类不仅无计划地开采地下矿藏，而且在开采过程中浪费惊人，资源利用率很低，导致矿产资源储量不断减少甚至枯竭。

3. 生态破坏

全球性的生态破坏主要包括：植被破坏、水土流失、沙漠化、物种消失等。

（1）植被是全球或某一地区内所有植物群落的泛称。植被破坏是生态破坏的最典型特征之一。植被的破坏（如森林和草原的破坏）不仅极大地影响了该地区的自然景观，而且由此带来了一系列的严重后果，如生态系统恶化、环境质量下降、水土流失、土地沙化以及自然灾害加剧，进而可能引起土壤荒漠化；土壤的荒漠化又加剧了水土流失，以致形成生态环境的恶性循环。

（2）水土流失是当今世界上一个普遍存在的生态环境问题。据最新估计，最近几年全世界每年有 700 万～900 万 hm^2 的农田因水土流失丧失生产能力，每年有大约几十亿吨流失的土壤在河流河床和水库中淤积。

（3）土地沙漠化是指非沙漠地区出现的风沙活动、沙丘起伏为主要标志的沙漠景观的环境退化过程。目前全球土地沙漠化的趋势还在扩展，沙化、半沙化面积还在逐年增加。沙漠化的扩展使可利用土地面积缩小，土地产出减少，降低了养育人口的能力，成为影响全球生态环境的重大问题。

（4）生物物种消失是全球普遍关注的重大生态环境问题。由于森林、湿地面积锐减和草原退化，使生物物种的栖息地遭到了严重的破坏，生物物种正以空前的速度在灭绝。

迄今已知，在过去的 4 个世纪中，人类活动已使全球 700 多个物种绝迹，包括 100 多种哺乳动物和 160 种鸟类，其中 1/3 是 19 世纪前消失的，1/3 是 19 世纪灭绝的，另 1/3 是近 50 年来灭绝的，明显呈加速灭绝之势。

4. 环境污染

环境污染作为全球性的重要环境问题，主要指的是温室气体过量排放造成的气候变化、臭氧层破坏、广泛的大气污染和酸沉降、海洋污染等。

（1）由于人类生产活动的规模空前扩大，向大气层排放了大量的微量组分（如 CO_2、CH_4、N_2O、CFCs 等），大气中的这些微量成分能使太阳的短波辐射透过，地面吸收了太阳的短波辐射后被加热，于是不断地向外发出长波辐射，又被大气中的这些组分所吸收，并以长波辐射的形式放射回地面，使地面的辐射不至于大量损失到太空中去。因为这种作用与暖房玻璃的作用非常相似，因此称其为温室效应。这些能使地球大气增温的微量组分称为温室气体。温室气体的增加可导致气候变暖。研究表明，CO_2 浓度每增加 1 倍，全球平均气温将上升（$3\pm1.5℃$）。气候变暖会影响陆地生态系统中动植物的生理和区域的生物多样性，使农业生产能力下降。干旱和炎热的天气会导致森林火灾的不断发生和沙漠化过程的加强。气候变暖还会使冰川融化，海平面上升，大量沿海城市、低地和海岛将被水淹没，洪水不断。气候变暖会加大疾病的发病率和死亡率。

（2）处于大气平流层中的臭氧层是地球的一个保护层，它能阻止过量的紫外线到达地球表面，以保护地球生命免遭过量紫外线的伤害。然而，自 1958 年以来，发现高空臭氧有减少趋势,20世纪70年代以来,这种趋势更为明显。1985年英国科学家Farmen等人在南极上空首次观察到臭氧浓度减少超过30%的现象,并称其为"臭氧空洞"。造成臭氧层破坏的主要原因,是人类向大气中排放的氯氟烷烃化合物(氟利昂CFCs)、溴氟烷烃化合物(哈龙CFCB)及氧化亚氮(N_2O)、四氯化碳(CCl_4)、甲烷(CH_4)等能与臭氧(O_3)起化学反应,以致消耗臭氧层中臭氧的含量。研究表明,平流层臭氧浓度减少1%,地球表面的紫外线强度将增加2%,紫外线辐射量的增加会使海洋浮游生物和虾蟹、贝类大量死亡,造成某些生物绝迹;还会使农作物小麦、水稻减产;使人类皮肤癌发病率增加3%～5%,白内障发病率将增加1.6%,这将对人类和生物产生严重危害。有学者认为平流层中O_3含量减至1/5时,将成为地球存亡的临界点。

(3)在地球演化过程中,大气的主要化学成分O_2、CO_2在环境化学过程中起着支配作用,其中CO_2的分压在一定的大气压下与自然状态下的水的pH有关。由于与10^5Pa下的二氧化碳分压相平衡的自然水系统pH为5.6,故pH<5.6的沉降才能认为是酸沉降。因此,大气酸沉降是指pH<5.6的大气化学物质通过降水、扩散和重力作用等过程降落到地面的现象或过程。通过降水过程表现的大气酸沉降称为湿沉降,它最常见的形式是酸雨。通过气体扩散、固体物降落的大气酸沉降称为干沉降。

酸雨或酸沉降导致的环境酸化是目前全世界最大的环境污染问题之一。伴随着人口的快速增长和迅速的工业化,酸雨和环境酸化问题一直呈发展趋势,影响地域逐渐扩大,由局地问题发展成为跨国问题,由工业化国家扩大到发展中国家。目前,世界酸雨主要集中在欧洲、北美和中国西南部三个地区。形成酸雨的原因主要是由人类排入大气中的NO_x和SO_x的影响所致。

可以说,哪里有酸雨,哪里就有危害。酸雨是空中死神、空中杀手、空中化学定时炸弹。酸雨对环境和人类的危害是多方面的。如酸雨可引起江、河、湖、水库等水体酸化,影响水生动植物的生长,当湖水pH降到5.0以下时,湖泊将成为无生命的死湖;酸雨可使土壤酸化,有害金属(Al、Cd)溶出,使植物体内有害物质含量增高,对人体健康构成危害,尤其是植物叶面首当其冲,受害最为严重,直接危害农业和森林草原生态系统,如瑞典每年因酸雨损失的木材达450万m^3;酸雨可使铁路、桥梁等建筑物的金属表面受到腐蚀,降低使用寿命。酸雨会加速建筑物的石料及金属材料的风化、腐蚀,使主要成分为$CaCO_3$的纪念碑、石刻壁雕、塑像等文化古迹受到腐蚀和破坏;酸化的饮用水对人的健康危害更大、更直接。

(4)海洋污染是目前海洋环境面临的最重大问题。目前局部海域的石油污染、赤潮、海面漂浮垃圾等现象非常严重,并有扩展到全球海洋的趋势。据估计,输入海洋的污染物,有40%是通过河流输入的,30%是由空气输入的,海运和海上倾倒各占10%左右。人类每年向海洋倾倒600万～1000万t石油、1万t汞、100万t有机氯农药和大量的氮、磷等营养物质。

海洋石油污染不仅影响海洋生物的生长、降低海滨环境的使用价值、破坏海岸设施,还可能影响局部地区的水文气象条件和降低海洋的自净能力。据实测,每滴石油在水面上能够形成0.25m^2的油膜,每吨石油可能覆盖$5×10^6 m^2$的水面。油膜使大气与水面隔绝,减少进入海水的氧的数量,从而降低海洋的自净能力。油膜覆盖海面还会阻碍海水的蒸发,影响大气和海洋的热交换,改变海面的反射率,减少进入海洋表层的日光辐射,对局部地区的水文气象条件可能产生一定的影响。海洋石油污染的最大危害是对海洋生物的影响,油膜和油块能粘住大量鱼卵和幼鱼,使鱼卵死亡、幼鱼畸形,还会使鱼虾类产生石油臭味,使水产品品质下降,造成经济损失。

由氮、磷等营养物聚集在浅海或半封闭的海域中,可促使浮游生物过量繁殖,发生赤潮现象。我国自 1980 年以后发生赤潮达 30 多起,1999 年 7 月 13 日,辽东湾海域发生了有史以来最大的一次赤潮,面积达 6300km^2。

赤潮的危害主要表现在:赤潮生物可分泌粘液,粘附在鱼类等海洋动物的鱼鳃上,妨碍其呼吸导致鱼类窒息死亡;赤潮生物可分泌毒素,使生物中毒或通过食物链引起人类中毒;赤潮生物死亡后,其残骸被需氧微生物分解,消耗水中溶解氧,造成缺氧环境,厌氧气体（NH_3、H_2S、CH_4）的形成,引起鱼、虾、贝类死亡;赤潮生物吸收阳光,遮盖海面（几十厘米）,使水下生物得不到阳光而影响其生存和繁殖;引起海洋生态系统结构变化,造成食物链局部中断,破坏海洋的正常生产过程。

海水中的重金属、石油、有毒有机物不仅危害海洋生物,并能通过食物链危害人体健康,破坏海洋旅游资源。

1.1.2　我国当前资源环境形势

1. 资源问题

我国资源总量并不缺乏,但由于我国人口众多,人均资源占有量严重不足。例如我国水资源总量占世界水资源总量的 7%,居世界第六位。但年人均占有量仅为 2300m^3,相当于世界人均占有量的 1/4,位居世界第 110 位,已经被联合国列为 13 个贫水国家之一。我国土地总面积居世界第三位,但按人口平均的占有量来说,约为全世界人均占有量的 1/3,不足 1 公顷（hm^2）。我国矿产资源总量居世界第二位,而人均占有量只有世界平均水平的 58%,居世界第 53 位,个别矿种甚至居世界百位之后。

根据近年公布的数据,中国石油储量仅占世界的 2.3%、天然气占 1%、铁矿石不足 9%、铜矿不足 5%、铝土矿不足 2%。从 20 世纪 80 年代开始,中国用短短 20 多年的时间走完了发达国家上百年的历程,1990—2001 年,10 种主要工业用有色金属消耗增长率达 276%。2003 年中国工业消耗的主要资源对外依存度纷纷创了新高,铁矿石达 36.2%、氧化铝达 47.5%、天然橡胶达 68.2%。未来我国仍将处于工业化和城镇化加快发展的阶段,资源消耗强度将进一步增大。预计到 2020 年,我国可以保证需求的矿产资源将只有 9 种,铁、锰、铜、铝、钾等关系国家经济安全的矿产资源将严重短缺,我国将短缺 30 亿 t 铁、5 万～6 万 t 铜、1 亿 t 铝,需进口石油 5 亿 t、天然气 1000 亿 m^3,分别占中国消费量的 70% 和 50%,也就是说我国石油和天然气的对外依存度将分别达到 70% 和 50%。

尽管中国资源短缺,但在资源开采和利用中仍存在很多问题,如矿产资源浪费严重。中国矿产资源总回采率为 30%～50%,比世界平均水平低 10%～20%;黑色金属矿产资源利用率约 36%,有色金属资源利用率为 25%,矿产资源的总利用率不足 50%,比发达国家低 20 个百分点左右。

工业生产的资源利用率也很低。2003 年,据有关方面统计,与世界先进国家水平相比,我国单位产出的能耗和资源消耗水平明显偏高。从主要产品的单位能耗来看,火电供电耗煤比国际先进水平高 22.5%,大中型钢铁企业吨钢可比能耗高 21%,水泥综合能耗高

45%，乙烯能耗高31%。工业万元产值用水量是国外先进水平的10倍，单位国民生产总值所消耗的矿物原料是发达国家的2～4倍。

2. 环境污染

据2010年中国环境状况公报，全国废水排放总量为617.3亿t，化学需氧量排放量为1238.1万t；氨氮排放量为120.3万t。废气中主要污染物二氧化硫排放量为2185.1万t，烟尘排放量为829.1万t，工业粉尘排放量为448.7万t。

2010年，我国地表水污染依然较重，长江、黄河、珠江、松花江、淮河、海河和辽河七大水系总体为轻度污染。在204条河流409个地表水国控监测断面中，Ⅰ～Ⅲ类、Ⅳ～Ⅴ类和劣Ⅴ类水质的断面比例分别为59.9%、23.7%、16.4%。主要污染指标为高锰酸盐指数、五日生化需氧量和氨氮。其中，长江、珠江水质良好，松花江、淮河为轻度污染，黄河、辽河为中度污染，淮河为重度污染。

湖泊（水库）富营养化问题突出。在26个国控重点湖泊（水库）中，满足Ⅱ类水质的1个，占3.8%；满足Ⅲ类水质的5个，占19.2%；满足Ⅳ类水质的4个，占15.4%；满足Ⅴ类水质的6个，占23.1%；劣Ⅴ类水质的10个，占38.5%。主要污染指标为总氮和总磷。在26个国控重点湖泊（水库）中，营养状态为重度富营养的1个，占3.8%；营养状态为中度富营养的2个，占7.7%；营养状态为轻度富营养的11个，占42.3%；其他均为中营养，占46.2%。

地下水环境质量也很差。2010年，对全国182个城市开展了4110个点位的监测工作，分析结果表明，水质为优良级的监测点位418个，占全部监测点位的10.2%；水质为良好级的监测点位1135个，占全部监测点位的27.6%；水质为较好级的监测点位206个，占全部监测点位的5.0%；水质为较差级的监测点位1662个，占全部监测点位的40.4%；水质为极差级的监测点位689个，占全部监测点位的16.8%。

全国近岸海域水质总体为轻度污染。2010年，近岸海域监测面积共279 225km²；其中一、二类海水面积177 825km²；三类海水面积44 614km²；四类、劣四类海水面积56 786km²。按照监测点位计算，一、二类海水占62.7%；三类海水占14.1%；四类、劣四类海水占23.2%。四大海区近岸海域中，南海和黄海水质良好，渤海水质差，东海水质极差。

全国城市空气质量总体良好，但部分城市污染仍较重。2010年，全国471个县级及以上城市开展的环境空气质量监测结果表明：3.6%的城市环境空气质量达到一级标准，79.2%的城市环境空气质量达到二级标准，15.5%的城市环境空气质量达到三级标准，1.7%的城市环境空气质量劣于三级标准。

监测的94个市（县）中，出现酸雨的市（县）249个，占50.4%；酸雨发生频率在25%以上的市（县）160个，占32.4%；酸雨发生频率在75%以上的市（县）54个，占11.0%。发生酸雨（降水pH年均值<5.6）的城市达35.6%，发生较重酸雨（降水pH年均值<5.0）的城市达21.6%，发生极重酸雨（降水pH年均值<4.5）的城市达8.5%。

全国酸雨分布区域主要集中在长江沿线及以南—青藏高原以东地区。主要包括浙江、江西、湖南、福建的大部分地区，长江三角洲、安徽南部、湖北西部、重庆南部、四川东南部、贵州东北部、广西东北部和广东中部地区。

随着我国汽车保有量的增加，城市空气污染出现了新的变化，NO_x成分增加。

2010 年,全国工业固体废物产生量为 240 943.5 万 t,排放量为 498.2 万 t,综合利用量（含利用往年储存量）、储存量、处置量分别为 161 772.0 万 t、23 918.3 万 t、57 262.8 万 t,分别占产生量的 67.1%、9.9%、23.8%。危险废物产生量为 1586.8 万 t,综合利用量（含利用往年储存量）、储存量、处置量分别为 976.8 万 t、166.3 万 t、512.7 万 t。

随着城市居民生活水平的提高,城市生活垃圾年产生量以每年 10% 以上的速度递增,处理率和处理水平都不高,垃圾围城现象和二次污染严重。塑料包装物和农膜所导致的"白色污染"问题也非常严重。

我国目前的环境污染既有传统的工业污染,又有城市化快速发展带来的生活污染,还有农业施肥、畜禽养殖造成的面源污染。发达国家在过去一百多年发展过程中出现的环境问题,在我国 30 多年的快速发展中集中出现,呈现结构型、复合型和压缩型的特点,因此有人称之为"压缩型污染"。

3. 生态破坏

由于长期的生态欠账和一些地区盲目开展生态建设,我国人工生态环境虽有改善,但是自然生态环境仍在衰退。单一的生态问题有所控制,系统性生态恶化仍在发展,治理难度越来越大。边建设边破坏,治理赶不上破坏,沙化土地每年平均增加 3436km^2,现有水土流失面积达 356.92 万 km^2,占国土总面积的 37.2%。全国天然草原平均超载牲畜 34% 左右。天然草场以每年 2 万 km^2 的速度递减,沙尘暴危害日益频繁,森林、湿地生态功能降低,生物多样性遭到很大威胁,物种濒危程度加剧。据统计,中国野生高等植物濒危比例达 15%～20%,其中裸子植物、兰科植物等高达 40% 以上。野生动物濒危程度不断加剧,有 233 种脊椎动物面临灭绝,约 44% 的野生动物呈数量下降趋势。遗传资源不断丧失和流失,外来入侵物种危害严重。

中国已计划在 2020 年,国内生产总值将在 2000 年的基础上翻两番,预计经济总量将达到 35 万～36 万亿元,人均 GDP 超过 2.5 万元,经济年均增长量约为 7.2%,人口将达到 14 亿以上,城市化率达到 55%。可以预见,按照现在的经济发展势头,实现国内生产总值翻两番不成问题,但是,中国单位国土面积承受的污染强度将比发达国家高出 4 倍。因此,如果继续沿袭传统发展模式,即高开采、高消耗、高排放、低利用的"三高一低"的线性经济发展模式,不从根本上缓解经济发展与环境保护的矛盾,资源将难以为继,环境将不堪重负,直接危及我国全面建设小康社会奋斗目标的实现。

1.2　自然资源

1.2.1　自然资源的定义

自然资源也称资源。根据联合国环境规划署的定义,自然资源是指在一定时间条件下,能够产生经济价值以提高人类当前和未来福利的自然环境因素的总和(1972 年)。如土地、水、森林、草原、矿物、海洋、野生动植物、阳光、空气等。

自然资源的概念和范畴不是一成不变的,随着社会生产的发展和科学技术水平的提高,过去被视为不能利用的自然环境要素,将来可能变为有一定经济利用价值的自然资源。

1.2.2　自然资源的分类

按照不同的目的和要求，可将自然资源进行多种分类。但目前大多按照自然资源的有限性，将自然资源分为有限自然资源和无限自然资源，如图 1-1 所示。

自然资源 { 有限自然资源 { 可更新性自然资源：如土地、生物、水等资源 ／ 不可更新性自然资源 { 不可回收的：如化石燃烧资源 ／ 可回收的：如某些矿物资源 } } ／ 无限自然资源（恒定的自然资源）：如太阳能、潮汐能、风能等 }

图 1-1　自然资源分类

1) 有限自然资源

有限自然资源又称耗竭性资源。这类资源是在地球演化过程中的特定阶段形成的，质与量有限定，空间分布不均。有限资源按其能否更新又可分为可更新资源和不可更新资源两大类。

(1) 可更新资源又称可再生资源。这类资源主要是指那些被人类开发利用后，能够依靠生态系统自身的运行力量得到恢复或再生的资源，如生物资源、土地资源、水资源等。只要其消耗速度不大于它们的恢复速度，借助自然循环或生物的生长、繁殖，这些资源从理论上讲是可以被人类永续利用的。但各种可更新资源的恢复速度不尽相同，如岩石自然风化形成 1cm 厚的土壤层需要 300～600 年，森林的恢复一般需要数十年至百余年。因此不合理的开发利用也会使这些可更新的资源变成不可更新资源，甚至耗竭。

(2) 不可更新资源又称不可再生资源。这类资源是在漫长的地球演化过程中形成的，它们的储量是固定的，被人类开发利用后，会逐渐减少以至枯竭，一旦被用尽，就无法再补充，如各种矿产资源等。

矿产资源可分为金属和非金属两大类。金属按其特性和用途又可分为铁、锰、铬、钨等黑色金属，铜、铅、锌等有色金属，铝、镁等轻金属，金、银、铂等贵金属，铀、镭等放射性元素和锂、铍、铌、钽等稀有、稀土金属；非金属主要是煤、石油、天然气等燃料原料（矿物能源），磷、硫、盐、碱等化工原料，金刚石、石棉、云母等工业矿物和花岗岩、大理石、石灰石等建筑材料。

矿产资源都是由古代生物或非生物经过漫长的地质年代形成的，因而它的储量是固定的，在开发利用中，只能不断地减少，无法持续利用。

2) 无限自然资源

无限自然资源又称为恒定的自然资源或非耗竭性资源。这类资源随着地球形成及其运动而存在，基本上是持续稳定产生的，几乎不受人类活动的影响，也不会因人类利用而枯竭。如太阳能、风能、潮汐能等。

1.2.3　自然资源的属性

1. 有限性

有限性是自然资源最本质的特征。大多数资源在数量上都是有限的。资源的有限性在矿产资源中尤其明显，任何一种矿物的形成不仅需要有特定的地质条件，还必须经过千百万年甚至上亿年漫长的物理、化学、生物作用过程,因此,相对于人类而言是不可再生的,消耗一点就少一点。其他的可再生资源如动物、植物,由于受自身遗传因素的制约,其再生能力是有限的,过度利用将会使其稳定的结构破坏而丧失再生能力,成为非再生资源。

资源的有限性要求人类在开发利用自然资源时必须从长计议,珍惜一切自然资源,注意合理开发利用与保护,决不能只顾眼前利益,掠夺式开发资源,甚至肆意破坏资源。

2. 区域性

区域性是指资源分布的不平衡,数量或质量上存在着显著的地域差异,并有其特殊分布规律。自然资源的地域分布受太阳辐射、大气环流、地质构造和地表形态结构等因素的影响,其种类特性、数量多寡、质量优劣都具有明显的区域差异。由于影响自然资源地域分布的因素是恒定的,在一定条件下必定会形成和分布着相应的自然资源区域,所以自然资源的区域分布也有一定的规律性。例如我国的天然气、煤和石油等资源主要分布在北方,而南方则蕴藏丰富的水资源。

自然资源区域性的差异制约着经济的布局、规模和发展。例如,矿产资源状况(矿产种类、数量、质量、结构等)对采矿业、冶炼业、机械制造业、石油化工业等都会有显著影响。而生物资源状况(种类、品种、数量、质量)对种植业、养殖业和轻、纺工业等有很大的制约作用。

因此,在自然资源开发过程中,应该按照自然资源区域性的特点和当地的经济条件,对资源的分布、数量、质量等情况进行全面调查和评价,因地制宜地安排各业生产,扬长避短,有效发挥区域自然资源优势,使资源优势成为经济优势。

3. 整体性

整体性是指每个地区的自然资源要素存在着生态上的联系,形成一个整体,触动其中一个要素,可能引起一连串的连锁反应,从而影响整个自然资源系统的变化。这种整体性在再生资源中表现得尤其突出。例如,森林资源除经济效益外,还具有涵养水分、保持水土等生态效益,如果森林资源遭到破坏,不仅会导致河流含沙量的增加,引起洪水泛滥,而且会使土壤肥力下降,土壤肥力的下降又进一步促使植被退化,甚至沙漠化,从而又使动物和微生物大量减少。相反,如果在沙漠地区通过种草种树慢慢恢复茂密的植被,水土将得到保持,动物和微生物将集结繁衍,土壤肥力将会逐步提高,从而促进植被进一步优化及各种生物进入良性循环。

由于自然资源具有整体性的特点,因此对自然资源的开发利用必须持整体的观点,应统筹规划、合理安排,以保持生态系统的平衡。否则将顾此失彼,不仅使生态与环境遭到破坏,经济也难以得到发展。

4. 多用性

多用性是指任何一种自然资源都有多种用途,如土地资源既可用于农业,也可以用于工业、交通、旅游以及改善居民生活环境等。森林资源既可以提供木材和各种林产品,又作为自然生态环境的一部分,具有涵养水源、调节气候、保护野生动植物等功能,还能为旅游提供必要的场地。

自然资源的多用性只是为人类利用资源提供了不同用途的可能性,具体采取何种方式进行利用则是由社会、经济、科学技术以及环境保护等诸多因素决定的。

资源的多用性要求人们在对资源进行开发利用时，必须根据其可供利用的广度和深度，从经济效益、生态效益、社会效益等各方面进行综合研究，从而制定出最优方案实施开发利用，以做到物尽其用，取得最佳效益。

1.3　能源与清洁能源

能源是人类进行生产、发展经济的重要物质基础和动力来源，是人类赖以生存不可缺少的重要资源，是经济发展的战略重点之一。

现代化工业生产是建立在机械化、电气化、自动化基础上的高效生产，所有这些过程都要消耗大量能源；现代农业的机械化、水利化、化学化和电气化，也要消耗大量能源，而且，现代化程度越高，对能源质量和数量的要求也就越高。然而，当人类大量使用和消耗能源时，却带来了许多环境问题，如温室效应、酸雨、臭氧层破坏和热污染等。此外，由于能源消费量与日俱增，地球上目前所拥有的能源到底能维持供应多久，是当前人类所关心的问题。

1.3.1　能源的定义和分类

1. 能源的定义

目前有多种关于能源的定义。例如：①《科学技术百科全书》认为："能源是可从其获得热、光和动力之类能量的资源。"②《大英百科全书》认为：能源是一个包括所有燃料、流水、阳光和风的术语，人类用适当的转换手段便可让它为自己提供所需的能量。③《日本大百科全书》认为："在各种生产活动中，我们利用热能、机械能、光能、电能等来做功，可利用来作为这些能量源泉的自然界中的各种载体，称为能源。"④我国的《能源百科全书》认为："能源是可以直接或经转换提供人类所需的光、热、动力等任一形式能量的载能体资源。"可见，能源是一种呈多种形式的、且可以相互转换的能量的源泉。确切而简单地说，能源是自然界中能为人类提供某种形式能量的物质资源。

2. 能源的分类

能源种类繁多，根据不同的划分方式，可分为不同的类型。但目前主要有以下六种分法。

1）按来源划分

（1）来自地球以外的太阳能。太阳能除直接辐射被人类利用外，还能为风能、水能、生物能和矿物能源等的产生提供基础。人类所需能量的绝大部分都直接或间接地来自太阳，故太阳有"能源之母"之称。各种植物通过光合作用把太阳能转变成化学能在植物体内储存下来。煤炭、石油、天然气等化石燃料也是由古代埋在地下的动植物经过漫长的地质年代形成的。它们实质上是由古代生物固定下来的太阳能。

（2）地球自身蕴藏的能量。主要是指地热能资源以及原子核能燃料等。据估算，地球以地下热水和地热蒸汽形式储存的能量，是煤储能的 1.7 亿倍。地热能是地球内放射性元素衰变辐射的粒子或射线所携带的能量。地球上的核裂变燃料（铀、钍）和核聚变燃料（氘、氘)是原子能的储能体。

　　(3) 地球和其他天体引力相互作用而产生的能量。主要是指地球和太阳、月亮等天体间有规律运动而形成的潮汐能。潮汐能蕴藏着极大的机械能,潮差常达十几米,非常壮观,是雄厚的发电原动力。

　　2) 按能源的产生方式划分

　　按能源的产生方式可分为一次能源(天然能源)和二次能源(人工能源)。一次能源是指自然界中以天然形式存在并没有经过加工或转换的能量资源,如煤炭、石油、天然气、风能、地热能等。

　　为了满足生产和生活的需要,有些能源通常需要加工以后再加以使用。由一次能源经过加工转换成另一种形态的能源产品称为二次能源,例如:电力、焦炭、煤气、蒸汽及各种石油制品(汽油、柴油等)和沼气等能源都属于二次能源。大部分一次能源都转换成容易输送、分配和使用的二次能源,以适应消费者的需要。二次能源经过输送和分配,在各种设备中使用,即为终端能源。终端能源最后变成有效能。

　　3) 按能源性质划分

　　按能源的性质可分为燃料型能源和非燃料型能源。属于燃料型能源的有矿物燃料(如煤炭、石油、天然气)、生物燃料(如柴薪、沼气、有机废物等)、化工燃料(如甲醇、酒精、丙烷以及可燃原料铝、镁等)、核燃料(如铀、钍、氘)共四类。非燃料型能源多数具有机械能,如水能、风能等;有的含有热能,如地热能、海洋热能等;有的含有光能,如太阳能、激光等。

　　4) 根据能源消耗后能否造成污染划分

　　根据能源消耗后能否造成污染可分为污染型能源和清洁型能源,污染型能源包括煤炭、石油等,清洁型能源包括水力、电力、太阳能、风能等。

　　5) 按能源能否再生划分

　　按能源能否再生可分为可再生能源和不可再生能源两大类。可再生能源是指能够不断再生并有规律地得到补充的能源,如太阳能、水能、生物能、风能、潮汐能和地热能等。它们可以循环再生,不会因长期使用而减少。不可再生能源是须经地质年代才能形成而短期内无法再生的一次能源,如煤炭、石油、天然气等。随着大规模的开采利用,其储量越来越少,总有枯竭之时。

　　6) 根据能源使用的历史划分

　　根据能源使用的历史可分为常规能源和新能源。常规能源是指已经大规模生产和广泛使用的能源,如煤炭、石油、天然气、水能和核能等。新能源是指正处在开发利用中的能源,如太阳能、风能、海洋能、地热能、生物质能等。新能源大部分是天然和可再生的,是未来世界持久能源系统的基础。

　　目前,人类仍主要依靠煤炭、石油、天然气和水力等一些常规能源。随着科学和技术的进步,新能源(如太阳能、风能、地热能、生物质能等)将不同程度地替代一部分常规能源。氢能及核聚变能等将逐步得到发展和利用。

　　各种能源形式可以互相转化,在一次能源中,风、水、洋流和波浪等是以机械能(动能和位能)的形式提供的,可以利用各种风力机械(如风力机)和水力机械(如水轮机)转换为动力或电力。煤、石油和天然气等常规能源一般是通过燃烧将化学能转化为热能。热能可以直接利用,但大量的是将热能通过各种类型的热力机械(如内燃机、汽轮机和燃气轮机等)转换为动力,带动各类机械和交通运输工具工作;或是带动发电机产生电力,满足人们生活和工农业生产的需要。电力和交通运输需要的能源占能量总消费量的很大比例。

一次能源中转化为电力部分的比例越大,表明电气化程度越高,生产力越先进,生活水平越高。

1.3.2 清洁能源

清洁能源指的是:对能源清洁、高效、系统化应用的技术体系。其含义有三点:第一,它不是对能源的简单分类,如煤从分类上属于污染型能源,而煤的洁净利用技术则属于清洁能源;第二,清洁能源不但强调清洁性,同时也强调经济性;第三,清洁能源的清洁性指的是符合一定的排放标准。

我国目前发展的较为广泛的清洁能源包括:洁净煤技术、核电、太阳能、生物质能、水能、风能、地热能、潮汐能、煤层气、氢能等。其中,发展最为迅速的清洁能源是太阳能和风能,太阳能已经在我国得到较大范围的使用,风能在我国的利用也较为成熟。

1. 洁净煤技术

传统意义上的洁净煤技术主要是指煤炭的净化技术及一些加工转换技术,即煤炭的洗选、配煤、型煤以及粉煤灰的综合利用技术。而目前意义上洁净煤技术是指高技术含量的洁净煤技术,发展的主要方向是煤炭的气化、液化、煤炭高效燃烧与发电技术等。它是旨在减少污染和提高效率的煤炭加工、燃烧、转换和污染控制新技术的总称,是当前世界各国解决环境问题的主导技术之一,也是高新技术国际竞争的一个重要领域。

洁净煤技术工艺包括两个方面:一是直接烧煤洁净技术,二是煤转化为洁净燃料技术。

1) 直接烧煤洁净技术

直接烧煤洁净技术又包括燃烧前、燃烧中、燃烧后煤洁净技术。

(1) 燃烧前的净化加工技术,主要是洗选、型煤加工和水煤浆技术。

原煤洗选采用筛分、物理选煤、化学选煤和细菌脱硫等方法,可以除去或减少灰分、矸石、硫等杂质;型煤加工是把散煤加工成型煤,由于成型时加入石灰固硫剂,可减少二氧化硫排放,减少烟尘,还可节煤;水煤浆是用优质低灰原煤制成,可以代替石油。

(2) 燃烧中的净化燃烧技术,主要是流化床燃烧技术和先进燃烧器技术。

流化床又叫沸腾床,有泡床和循环床两种,由于燃烧温度低,可减少氮氧化物排放量,煤中添加石灰可减少二氧化硫排放量,炉渣可以综合利用,能烧劣质煤,这些都是它的优点;先进燃烧器技术是指改进锅炉、窑炉结构与燃烧技术,减少二氧化硫和氮氧化物的排放技术。

(3) 燃烧后的净化处理技术,主要是消烟除尘和脱硫脱氮技术。

消烟除尘技术很多,静电除尘器效率最高,可达99%以上,电厂一般都采用。脱硫有氨水吸收法,其脱硫效率可达93%～97%;石灰乳浊液吸收法,其脱硫效率可达90%以上。还有其他一些方法。

2) 煤转化为洁净燃料技术

煤转化为洁净燃料技术主要包括煤的气化技术、煤的液化技术、煤气化联合循环发电技术。

（1）煤的气化技术

有常压气化和加压气化两种，它是在常压或加压条件下，保持一定温度，通过气化剂（空气、氧气和蒸汽）与煤炭反应生成煤气，煤气中主要成分是一氧化碳、氢气、甲烷等可燃气体。用空气和蒸汽做气化剂，煤气热值低；用氧气做气化剂，煤气热值高。煤在气化中可脱硫除氮，排去灰渣，因此，煤气就是洁净燃料了。

（2）煤的液化技术

有间接液化和直接液化两种。间接液化是先将煤气化，然后再把煤气液化，如煤制甲醇，可替代汽油，我国已有应用。直接液化是把煤直接转化成液体燃料，比如直接加氢将煤转化成液体燃料，或煤炭与渣油混合成油煤浆反应生成液体燃料，我国已开展研究。

（3）煤气化联合循环发电技术

先把煤制成煤气，再用燃气轮机发电，排出高温废气烧锅炉，再用蒸汽轮机发电，整个发电效率可达 45%。此项技术我国正在开发研究中。

2. 核电

核能俗称原子能，它是原子核里的核子——中子或质子，重新分配和组合时释放出来的能量。核能分为两类：一类叫裂变能，一类叫聚变能。

核能有巨大威力。1kg 铀原子核全部裂变释放出来的能量，约等于 2700t 标准煤燃烧时所放出的化学能。一座 100 万 kW 的核电站，每年只需 25～30t 低浓度铀核燃料，运送这些核燃料只需 10 辆卡车；而相同功率的煤电站，每年则需要 300 多万 t 原煤，运输这些煤炭，要 1000 列火车。核聚变反应释放的能量则更巨大。据测算 1kg 煤只能使一列火车开动 8m；1kg 核裂变原料可使一列火车开动 4 万 km；而 1kg 核聚变原料可以使一列火车行驶 40 万 km，相当于地球到月球的距离。

3. 太阳能

太阳能是一种清洁的、可再生的能源，取之不尽，用之不竭。人类大约在 3000 多年以前就开始利用太阳能，但对太阳能进行大规模的开发利用则是近 30 多年的事。

太阳能的利用有光热利用、太阳能发电、光化学利用和光生物利用 4 种类型。

1）光热利用

基本原理是将太阳辐射能收集起来，通过与物质的相互作用转换成热能加以利用。目前使用最多的太阳能收集装置主要有平板型集热器、真空管集热器和聚焦集热器等。如太阳能热水器、太阳能干燥器、太阳能蒸馏器、太阳灶、太阳炉就属于光热利用。

2）太阳能发电

太阳能发电主要有两种方式：热发电和光发电。

（1）太阳能热发电

太阳能热发电技术是利用太阳能产生热能，再转换成机械能与电能。太阳热发电系统由集热系统、热传输系统、蓄热器热交换系统以及汽轮机、发电机系统组成。与一般火力发电站相比，太阳能发电站只是把锅炉换成太阳能集热系统。

（2）太阳光发电

太阳光发电就是利用光电效应将光能有效地转换成电能，它的基本装置是太阳能电池。

现在实际使用的太阳能电池大多是以硅作为原料制成的,如单晶硅电池、多晶硅电池、硅化镉电池等。

3）光化学利用

这是一种利用太阳辐射能直接分解水制氢的光-化学转换方式。它包括光电化学作用、光敏化学作用及光分解反应。

4）光生物利用

它是通过植物的光合作用来实现将太阳能转换成为生物质能的过程。目前这些植物主要有速生植物(如薪炭林)、油料作物和巨型海藻等。

4. 水能

水能是一种可再生能源,是清洁能源,水能是指水体的动能、势能和压力能等能量资源。水能主要用于水力发电,其优点是成本低、可连续再生、无污染。缺点是分布受水文、气候、地貌等自然条件的限制大。

水力发电是利用水的高度位差冲击水轮机,使之旋转,从而将水能转化为机械能,然后再由水轮机带动发电机旋转,切割磁力线产生交流电,因此需要建设水坝拦截水,以保证一定的水位差用以发电。水坝的建设有利和害双重特性。其有利的方面是:调控水位,防止洪涝和干旱;利用水位差发电以供应廉价的电能。其不利方面是:建设水坝将阻断河流内动物的洄游路线,影响河流生态平衡;大水坝建设可能对地质产生影响,使地震发生率增加;水电站对上游的流沙如何疏导也是一个较大的技术问题。因此,人类如何合理、有效地开发利用水力发电而又不至于破坏或少破坏生态平衡,是一个需要慎重研究和解决的问题。

5. 风能

风能来自太阳能。太阳能照射到地球表面,地球表面各处受热不同产生温差,从而产生大气的对流运动,风能是地球表面大量空气流动所产生的动能。

风能的利用主要是以风能作动力和风力发电两种形式,其中又以风力发电为主。丹麦是风力发电大国,现有 6300 座风力发电机,提供 13％的电力需求。以风能为资源的电力开发对环境的影响很小,在风能转换成电能的过程中,只降低了气流速度,没有给大气造成任何污染,具有显著的环境友好特性,是典型的清洁能源。在四级风区(20～21.4 km/h),一座 750kW 的风电机与同规模的热电厂相比,平均每年减少热电厂 1179t 的 CO_2、6.9t 的 SO_2 排放。

以风能作动力,就是利用风来直接带动各种机械装置,如带动水泵提水等,这种风力发动机的优点是:投资少、工效高、经济耐用。

6. 生物质能

生物质能是太阳能以化学能形式储存在生物中的一种能量形式,一种以生物质为载体的能量,它直接或间接地来源于植物的光合作用,在各种可再生能源中,生物质是独特的,它是储存的太阳能,更是一种唯一可再生的碳源,可转化成常规的固态、液态和气态燃料。比如我国科学家于 1965 年培育的能源甜高粱系列品种,耐涝、耐旱、耐盐碱,适合从海南岛到黑龙江地区种植,含糖度在 18％～23％,每 4 亩甜高粱秸秆可生产 1t 无水生物乙醇。我国汽油中的甜高粱生物乙醇比例占 10%。

生物质能有以下 4 个特点。

(1) 可再生性

生物质能属可再生资源,由于其通过植物的光合作用可以再生,因此资源丰富,可保证能源的永续利用。

(2) 低污染性

生物质的硫含量、氮含量低,燃烧过程中生成的 SO_x、NO_x 较少;生物质作为燃料时,由于它在生长时需要的二氧化碳相当于它排放的二氧化碳的量,因而对大气的二氧化碳净排放量近似于零,可有效地减轻温室效应。

(3) 广泛分布性

缺乏煤炭的地域,可充分利用生物质能。

(4) 生物质燃料总量十分丰富

生物质能是世界第四大能源,仅次于煤炭、石油和天然气。根据生物学家估算,地球陆地每年生产 1000 亿～1250 亿 t 生物质;海洋每年生产 500 亿 t 生物质。

生物质能利用技术主要包括直接燃烧发电、沼气技术及沼气发电、生物质气化技术、生物质液化技术。

(1) 直接燃烧发电技术

直接燃烧生物质发电已经在一些国家广泛利用。用于直接燃烧发电的生物质主要是秸秆,也有用木屑、蔗渣以及谷壳作燃料的。秸秆燃烧发电在欧洲一些国家已成功运用了 10 多年。如今,以生物质为燃料的小型热电联产(装机为 1 万～2 万 kW)已成为瑞典和丹麦的重要发电和供热方式。丹麦在可再生能源利用中生物质所占比例为 81%。生物质燃烧发电技术现已被联合国列为重点推广项目。目前我国也在山东、河北、江苏等地区建设了秸秆发电示范项目。

(2) 沼气技术及沼气发电

沼气是各种有机物在适宜的温度、湿度条件下,经过厌氧菌等微生物的发酵作用而产生的一种可燃性气体,主要成分为甲烷,含量可达 60%～80%,是一种较高热值(20 800～23 600 kJ/m³)的气体,发展中国家以农作物秸秆和禽畜粪便为原料生产沼气。沼气通常可以供农家用来烧饭、取暖和照明。

沼气发电的主要原理是利用沼气推动内燃机或汽轮机发电。该项技术在发达国家已较成熟,百千瓦量级的沼气发电机组的发电量可达 1.4～2.6kW·h/m³,发电效率高达 38%。美国在沼气发电技术和工程方面处于世界领先水平,全美现有 61 个垃圾填埋场建有沼气发电装置,沼气发电装机总容量达 340MW。

(3) 生物质气化技术

生物质气化装置主要由两部分组成:第一部分为气化炉;第二部分为燃气净化装置。气化炉是生物质气化的主要设备,生物质在气化炉中发生热解反应、燃烧反应及气化反应,产生气化气。

生物质气化技术的发明是生物质能利用方式上的一个重大突破,将固态的生物质转化为可燃性气体后成为一种清洁、高效的新能源,扩大了利用范围,并可替代煤气等常规气体燃料。主要应用于:①生物质气化集中供气。就是将转化的可燃性气体通过管道输送到用户,作为居民炊事、取暖等生活用气。②生物质气化发电。把生物质转化为可燃气体后,再利用可燃气体推动燃气发电设备进行发电。

目前,发达国家的生物质气化技术和设备的研制已达到了较高水平。美国在生物质气化发电技术方面处于世界领先地位,全美有 350 多座生物质气化发电站,装机容量超过10 000MW。

（4）生物质液化技术

生物质液化是指将生物质转化为液体燃料的过程。生物质液体燃料可以作为清洁燃料直接代替汽油等石油燃料,并可应用于燃油发电机进行发电,目前主要有 3 种生物质液化技术:

① 热解液化制取生物油技术

热解液化制取生物油技术是在完全缺氧或有限供氧的情况下,使生物质受热降解为液态生物油的一种技术。其生产成本已可与常规的化石燃料相竞争。

② 生物化学法生产燃料乙醇技术

此种技术即把木质纤维素水解制取葡萄糖,然后将葡萄糖发酵生成燃料乙醇的技术。纤维素水解只有在催化剂存在的情况下才能显著地进行,常用的催化剂是无机酸和纤维素酶,由此分别形成了酸水解工艺和酶水解工艺。目前世界大规模生产乙醇的原料主要有玉米、小麦和含糖作物等。但从原料供给及社会经济环境效益来看,用含纤维素较高的农林废弃物生产乙醇是比较理想的工艺路线。

乙醇作为汽油代替品早已为世界许多国家所重视。巴西是发展燃料乙醇工业最快的国家,也是世界上唯一不供应纯汽油的国家。巴西用甘蔗渣生产燃料乙醇,年产量达到 1000万 t,其中 97% 用于汽车燃料,约占该国汽车燃料的 50%;美国是居世界第二位的燃料乙醇生产国,目前美国 70% 的汽车燃料是"乙醇汽油"(乙醇 10%,汽油 90%)。

③ 生物柴油

生物柴油又称脂肪酸甲酯,以植物果实、种子、植物导管乳汁或动植物脂肪油、废弃的食用油等做原料,与醇类(甲醇、乙醇)经交酯反应获得。生物柴油有两大优点:一是可生物降解,无毒性残留;二是具有可再生性,可以从大豆、油菜子、棉籽等油料作物,从茶籽、油棕等油料林木果实以及动物油脂、食用废油等生物的油脂中再生提取利用。

美国是最早研究生物柴油的国家,目前总生产能力达 30 万 t/a。欧盟则将生物柴油作为实现减少空气污染和温室效应的重要手段加以推广,2003 年欧盟各国的生物柴油年产量达到 230 万 t。

复习与思考

1. 当今世界上的主要环境问题有哪些?
2. 什么是自然资源? 自然资源有哪些属性?
3. 什么是能源? 能源是如何划分的?
4. 我国的能源特点与存在的问题是什么?
5. 什么是清洁能源? 清洁能源主要包括哪些种类?
6. 世界能源发展呈现哪些趋势?

第 2 章

清洁生产概述

2.1 清洁生产的产生与发展

2.1.1 清洁生产的产生

清洁生产(cleaner production)是在环境和资源危机的背景下,国际社会在总结了各国工业污染控制经验的基础上提出的一个全新的污染预防的环境战略。它的产生过程就是人类寻求一条实现经济、社会、环境、资源协调的,可持续发展的道路的过程。

18 世纪工业革命以来,随着社会生产力的迅速发展,人类在创造巨大物质财富的同时,也付出了巨大的资源和环境代价。到 20 世纪中期,随着世界人口迅速增长和工业经济的迅猛发展,资源消耗速度加快,废弃物排放明显增加;再加上认识上的误区,致使环境问题日益严重,公害事件屡屡发生,以至于全球性的气候变暖、臭氧层被破坏及有毒化学品的泛滥和积累等已严重威胁到整个人类的生存环境和社会经济的发展,经济增长与资源环境之间的矛盾日渐凸显。

20 世纪 60 年代开始,工业对环境的危害已引起社会的关注。20 世纪 70 年代西方一些国家的企业开始采取应对措施,对策是将污染物转移到海洋或大气中,认为大自然能吸纳这些污染。但是,人们很快意识到,大自然在一定时间内对污染的吸收承受能力是有限的,因而,又根据环境的承载能力计算污染物的排放浓度和标准,采用将污染物稀释后排放的对策。实践证明,这种方法也不可能有效减少环境污染。这时工业化国家开始通过各种方式和手段对生产过程末端的废弃物进行处理,这就是所谓的末端治理。末端治理的着眼点是侧重于污染物产生后的治理,客观上却造成了生产过程与环境治理分离脱节;末端治理可以减少工业废弃物向环境的排放量,但很少能影响到核心工艺的变更;末端治理作为传统生产过程的延长,不仅需要投入大量的设备费用、维护开支和最终处理费用,而且本身还要消耗大量资源、能源,特别是很多情况下,这种处理方式还会使污染在空间和时间上发生转移而产生二次污染,很难从根本上消除污染。

面对环境污染日趋严重、资源日趋短缺的局面,工业化国家在对其污染治理过程进行反思的基础上,逐步认识到要从根本上解决工业污染问题,必须以预防为主,将污染物消除在生产过程之中,而不是仅仅局限于末端治理。20 世纪 70 年代中期以来,不少发达国家的政府和各大企业集团公司都纷纷研究开发和采用清洁工艺(少废无废)技术、环境无害技术,开辟污染预防的新途径。

1976 年,欧共体在巴黎举行的无废工艺和无废生产国际研讨会上,首次提出了清洁生产的概念,其核心是消除产生污染物的根源,达到污染物最小量化及资源和能源利用的最大化。这种旨在实现经济、社会和生态环境协调发展的新的环境保护策略,迅速得到了国际社会各界的积极响应。

1989年5月,在总结了各国清洁生产相关活动之后,联合国环境规划署工业与环境规划活动中心(UNEP IE/PAC)正式制定了《清洁生产计划》,提出了国际普遍认可的包括产品设计、工艺革新、原辅材料选择、过程管理和信息获得等一系列内容和方法的清洁生产总体框架。之后,世界各国也相继出台了各项有关法规、政策和法律制度。

1992年,在联合国环境与发展大会上,呼吁各国调整生产和消费结构,广泛应用环境无害技术和清洁生产方式,节约资源和能源,减少废物排放,实施可持续发展战略。清洁生产正式写入《21世纪议程》,并成为通过预防来实现工业可持续发展的专用术语。从此,在全球范围内掀起了清洁生产活动的高潮。经过几十年不断的创新、丰富与发展,清洁生产现已成为国际环境保护的主流思想,有力地推动了全世界的可持续发展进程。

2.1.2 清洁生产的发展

1. 国外清洁生产的发展

清洁生产是国际社会在总结工业污染治理经验教训的基础上,经过30多年的实践和发展逐渐趋于成熟,并为各国政府和企业所普遍认可的实现可持续发展的一条基本途径。

1976年,欧共体提出了清洁生产的概念。1979年4月欧共体理事会正式宣布推行清洁生产政策,开始拨款支持建立清洁生产示范工程。20世纪80年代美国化工行业提出的污染预防审计也逐步在全球推广,逐步发展为清洁生产审计。1984年、1987年又制定了欧共体促进开发清洁生产的两个法规,明确对清洁生产工艺示范工程在财政上给予支持。1984年有12项、1987年有24项示范工程得到财政资助。欧共体建立了信息情报交流网络,由该网络为其成员国提供有关环保技术及市场的情报信息。

欧洲许多国家已把清洁生产作为一项基本国策。最初开展清洁生产工作的国家是瑞典(1987年),随后,荷兰、丹麦、德国、奥地利等国也相继开展清洁生产工作,在生产工艺过程中减少废物的思想得到了广泛关注。一些国家开始要求企业进行废物登记和环境审计,工业污染管理开始出现从终端处理向废物减量的战略性转变。20世纪90年代初,许多环境管理工具(如废物减量机遇分析、环境审计、风险评估和安全审计等)被开发出来,并得到各国政府的推荐和企业的采用。

美国国会1990年10月通过了《污染预防法》,把污染预防作为美国的国家政策,取代了长期采用的末端处理的污染控制政策,要求工业企业通过设备与技术改造、工艺流程改进、产品重新设计、原材料替代以及促进生产各环节的内部管理来减少污染物的排放,并在组织、技术、宏观政策和资金方面做了具体的安排。

发达国家的这一系列工业污染防治策略得到了联合国环境规划署的极大重视。1992年在巴西里约热内卢召开的联合国环境与发展大会制定的《21世纪议程》,将清洁生产作为实现可持续发展的重要内容,号召各国工业界提高能效,开发更先进的清洁技术,更新、替代对环境有害的产品和原材料,实现环境和资源的保护与合理利用。加拿大、荷兰、法国、美国、丹麦、日本、德国、韩国、泰国等国家纷纷出台有关清洁生产的法规和行动计划,世界范围内出现了大批清洁生产国家技术支持中心以及非官方倡议、手册、书籍和期刊等,实施了一大批清洁生产示范项目。

1992年10月联合国环境规划署召开了巴黎清洁生产部长级会议和高级研讨会议,指出目前工业不但面临着环境的挑战,同时也正获得新的市场机遇。清洁生产是实现可持续发展的关键因素,它既能避免排放废物带来的风险和处理、处置费用的增长,还会因提高资源利用率、降低产品成本而获得巨大的经济效益。会议还制定了在世界范围内推行清洁生产的计划与行动措施。

1994年联合国工业发展组织和联合国环境署联合发起了"全球范围创建发展中国家清洁生产中心计划"。在各国政府的大力支持下,联合国工发组织和联合国环境署启动的国家清洁生产中心项目在约30个发展中国家建立了国家清洁生产中心,这些中心与十几个发达国家的清洁生产组织共同构成了一个巨大的国际清洁生产的网络,建立了全球、区域、国家、地区多层次的组织与联络。

联合国环境规划署自1990年起,每两年召开一次清洁生产国际高级研讨会,1998年在汉城举行了第五届国际清洁生产高级研讨会,会上出台了《国际清洁生产宣言》。发表这个宣言的目的是加快将清洁生产纳入全球工业可持续发展战略的进程。截至2002年3月底,包括我国在内,已有300多个国家、地区或地方政府、公司以及工商业组织在《国际清洁生产宣言》上签字。联合国环境规划署的另一重要举措是促进清洁生产投资的机制与战略研究示范,促进各界向清洁生产投资。

联合国环境规划署在2000年的第六届清洁生产国际高级研讨会上对清洁生产发展状况作了这样的概括:"对于清洁生产,我们已经在很大程度上达成全球范围内的共识,但距离最终目标仍有很长的路,因此,必须做出更多的承诺。"

在2002年第七次清洁生产国际高级研讨会上,联合国环境规划署建议各国进一步加强政府的政策制定,使清洁生产成为主流,尤其是提高国家清洁生产中心在政策、技术、管理以及网络等方面的能力。此次会议上,联合国环境规划署和环境毒理学与化学学会(SETAC)共同发起了"生命周期行动",旨在全球推广生命周期的思想。会议还提出,清洁生产和可持续消费密不可分,建议改变生产模式与改变消费模式并举,进一步把可持续生产和消费模式融入商业运作和日常生活,乃至国际多边环境协议的执行中。联合国环境规划署和工业发展组织的一系列活动,有力地推动了在全世界范围内的清洁生产浪潮。

2005年2月16日作为联合国历史上首个具有法律约束力的温室气体减排协议,《京都议定书》生效。《京都议定书》在减排途径上提出三种灵活机制,即清洁发展机制、联合履约机制和排放贸易机制,对解决全球环境难题具有里程碑式的意义。2007年9月,亚太经合组织(APEC)领导人会议首次将讨论气候变化和清洁发展作为主要议题。

近年来美国、澳大利亚、荷兰、丹麦等发达国家在清洁生产立法、组织机构建设、科学研究、信息交换、示范项目和推广等领域已取得明显成就。发达国家清洁生产政策有两个重要的倾向:其一是着眼点从清洁生产技术逐渐转向清洁产品的整个生命周期;其二是从多年前大型企业在获得财政支持和其他种类对工业的支持方面拥有优先权转变为更重视扶持中小企业进行清洁生产,包括提供财政补贴、项目支持、技术服务和信息等措施。

国际推进清洁生产活动,概括起来具有如下特点。

(1) 把推行清洁生产和推广国际标准组织ISO 14000的环境管理制度(EMS)有机地结

合在一起。

（2）通过自愿协议推动清洁生产。自愿协议是政府和工业部门之间通过谈判达成的契约，要求工业部门自己负责在规定的时间内达到契约规定的污染物削减目标。

（3）政府通过优先采购，对清洁生产产生积极推动作用。

（4）把中小型企业作为宣传和推广清洁生产的主要对象。

（5）依赖经济政策推进清洁生产。

（6）要求社会各部门广泛参与清洁生产。

（7）在高等教育中增加清洁生产课程。

（8）科技支持是发达国家推进清洁生产的重要支撑力量。

2．中国清洁生产的发展

我国从20世纪70年代开始环境保护工作，当时主要是通过末端治理方式解决环境问题。随着国际社会对解决环境问题的反思，20世纪80年代我国开始探索如何在生产过程中消除污染。

清洁生产引入中国十几年来，已在企业示范、人员培训、机构建设和政策研究等方面取得了明显的进展，是国际上公认的清洁生产搞得最好的发展中国家。

1992年，中国积极响应联合国环境与发展大会倡导的可持续发展的战略，将清洁生产正式列入《环境与发展十大对策》，要求新建、扩建、改建项目的技术起点要高，尽量采用能耗物耗低、污染物排放量少的清洁生产工艺。

1993年召开的第二次全国工业污染防治工作会议上，明确提出工业污染防治必须从单纯的末端治理向生产全过程控制转变，积极推行清洁生产，走可持续发展之路，从而确立了清洁生产成为中国工业污染防治的思想基础和重要地位，拉开了中国开展清洁生产的序幕。

1994年，我国制定了《中国21世纪议程》，专门设立了开展清洁生产和生产绿色产品的领域。把建立资源节约型工业生产体系和推行清洁生产列入了可持续发展战略与重大行动计划中。从此，我国把清洁生产作为优先实施的重点领域，以生态规律指导经济生产活动，环境污染治理开始由末端治理向源头治理转变。

1994年12月国家环保总局成立了国家清洁生产中心与行业和地方清洁生产中心。

1995年修改并颁布了《中华人民共和国大气污染防治法（修订稿）》，条款中规定"企业应当优先采用能源利用率高、污染物排放少的清洁生产工艺，减少污染物的产生"，并要求淘汰落后的工艺设备。

1996年8月，国务院颁布《关于环境保护若干问题的决定》，明确规定所有大、中、小型新建、扩建、改建和技术改造项目要提高技术起点，采用能耗物耗小和污染物排放量少的清洁生产工艺。

1997年4月，国家环保总局发布了《关于推行清洁生产的若干意见》，要求地方环境保护主管部门将清洁生产纳入已有的环境管理政策中，以便更深入地促进清洁生产。

1997年召开了"促进中国环境无害化技术发展国际研讨会"。

1998年10月中国国家环保总局的官员代表我国政府在《国际清洁生产宣言》上郑重签字，我国成为《宣言》的第一批签字国之一，更表明了我国政府大力推动清洁生产的决心。

1998 年 11 月,国务院令(第 253 号)《建设项目环境保护管理条例》明确规定:工业建设项目应当采用能耗物耗小、污染物排放量少的清洁生产工艺。中共中央十五届四中全会《关于国有企业改革若干问题的重大决定》明确指出:鼓励企业采用清洁生产工艺。

1999 年,全国人大环境与资源保护委员会将《清洁生产法》的制定列入立法计划。

1999 年 5 月,国家经贸委发布了《关于实施清洁生产示范试点的通知》,选择北京、上海等 10 个试点城市和石化、冶金等 5 个试点行业开展清洁生产示范和试点。与此同时,陕西、辽宁、江苏、山西、沈阳等许多省市也制定和颁布了地方性的清洁生产政策和法规。

2000 年国家经贸委公布关于《国家重点行业清洁生产技术导向目录》(第一批)的通知,并于 2003 年、2006 年分别公布第二批、第三批通知。

在联合国环境规划署、世界银行、亚洲银行的援助和许多外国专家的协助下,中国启动和实施了一系列推进清洁生产的项目,清洁生产从概念、理论到实践在中国广为传播。涉及的行业包括化学、轻工、建材、冶金、石化、电力、飞机制造、医药、采矿、电子、烟草、机械、纺织印染以及交通等。建立了 20 个行业或地方的清洁生产中心,近 16 000 人次参加了不同类型的清洁生产培训班。有 5000 多家企业通过了 ISO 14000 环境管理体系认证,1994—2003 年,我国已颁布了包括纺织、汽车、建材、轻工等 51 个大类产品的环境标志标准,共有 680 多家企业的 8600 多种产品通过认证,获得环境标志,形成了 600 亿元产值的环境标志产品群体。

在立法方面,已将推行清洁生产纳入有关的法律以及有关的部门规划中。我国在先后颁布和修订的《中华人民共和国大气污染防治法》、《中华人民共和国水污染防治法》、《中华人民共和国固体废物污染防治法》和《淮河流域水污染防治暂行条例》等法律法规中,将实施清洁生产作为重要内容,明确提出通过实施清洁生产防治工业污染。2002 年 6 月中国全国人大发布了《中华人民共和国清洁生产促进法》,该法已于 2003 年 1 月正式实施,说明我国的清洁生产工作已走上法制化的轨道。

2003 年 4 月 18 日,国家环保总局以国家环境保护行业标准的形式,正式颁布了石油炼制业、炼焦行业、制革行业 3 个行业的清洁生产标准,并于同年 6 月 1 日起开始实施。

2003 年 12 月,为贯彻落实《中华人民共和国清洁生产促进法》,国务院办公厅转发了国家环保总局和国家发改委及其他 9 个部门共同制定的《关于加快推行清洁生产的意见》。《意见》提出:推行清洁生产必须从国情出发,发挥市场在资源配置中的基础性作用,坚持以企业为主体、政府指导推动,强化政策引导和激励,逐步形成企业自觉实施清洁生产的机制。

国家对企业实施清洁生产的鼓励政策也在逐步落实之中,如有关节能、节水、综合利用等方面税收减免政策;支持清洁生产的研究、示范、培训和重点技术改造项目;对符合《排污费征收使用管理条例》规定的清洁生产项目,在排污费使用上优先给予安排;企业开展清洁生产审核和培训等活动的费用允许列入经营成本或相关费用科目;中小企业发展基金应安排适当数额支持中小企业实施清洁生产;建立地方性清洁生产激励机制;引导和鼓励企业开发清洁生产技术和产品;在制定和实施国家重点投资计划和地方投资计划时,把节能、节水、综合利用,提高资源利用率,预防工业污染等清洁生产项目列为重点领域。

国家发展改革委员会和国家环保总局还共同发布《国家重点行业清洁生产技术导向目录》,目前已经发布的目录涉及冶金、石化、化工、轻工、纺织、机械、有色金属、石油和建材等重点行业。我国的多年实践证明,清洁生产是实现经济与环境协调发展的有效手段,据统计，2004 年与 1998 年相比，全国万元产值二氧化硫、烟尘和粉尘排放量，水泥行业分别下降 49.8%、79.1% 和 68.8%，电力行业分别下降 5.7%、32.3% 和 19.0%。万元产值废水和 COD 排放量，钢铁行业分别下降 82.1% 和 78.3%，造纸行业分别下降 59.4% 和 83.8%，这在很大程度上是企业实施清洁生产的结果。

在发展农业清洁生产方面，国家积极提倡采用先进生产技术，促进生态平衡，提供无污染、无公害农产品，截至 2005 年 6 月底，全国共有 9043 个生产单位的 14 088 个产品获得全国统一标志的无公害农产品认证，共有 3044 家企业的 7219 个产品获得绿色食品标志使用权，认证有机食品企业近千家。

应该看到，目前我国清洁生产在运行机制和具体实施过程中还存在一些问题。主要表现在三个方面：①企业参加清洁生产审计的热情不高；②清洁生产审计的成果持续性差；③清洁生产在我国没有规模化发展。

2005 年 12 月 3 日，国务院下发了《关于落实科学发展观加强环境保护的决定》中明确提出"实行清洁生产并依法强制审核"的要求，把强制性清洁生产审核摆在了更加重要的位置。这对推动我国环境保护工作具有重要意义。

2005 年 12 月，国家环境保护总局印发《重点企业清洁生产审核程序的规定》。迄今为止，全国通过清洁生产审核的 5000 多家企业中，属于强制性清洁生产审核的就有 500 多家。但从实际进展情况来看，我们推动清洁生产审核的力度还不够大。应当把清洁生产审核作为引导、督促企业发展循环经济、实施清洁生产的切入点，作为实现经济与环境协调发展的有效手段来抓。

2006 年 7 月国家环保总局继续批准并发布了 8 个行业清洁生产标准。这 8 个行业是：啤酒制造业、食用植物油工业（豆油和豆粕）、纺织业（棉印染）、甘蔗制糖业、电解铝业、氮肥制造业、钢铁行业和基本化学原料制造业（环氧乙烷/乙二醇）。清洁生产标准已经成为重点企业清洁生产审核、环境影响评价、环境友好企业评估、生态工业园区示范建设等环境管理工作的重要依据。

2007 年底，国家发展和改革委员会发布了包装、纯碱、电镀、电解、火电、轮胎、铅锌、陶瓷、涂料等行业清洁生产评价指标体系（试行）。

2008 年 7 月 1 日，国家环境保护部发布了《关于进一步加强重点企业清洁生产审核工作的通知》（环发〔2008〕60 号）以及重点企业清洁生产审核评估、验收实施指南（试行）。

2008 年 9 月 26 日，国家环境保护部发布了《国家先进污染防治技术示范名录》（2008 年度）和《国家鼓励发展的环境保护技术目录》（2008 年度）。

2009 年 9 月 26 日《国务院批转发展改革委等部门关于抑制部分行业产能过剩和重复建设引导产业健康发展若干意见的通知》（国发〔2009〕38 号）第三条第（二）款规定"对使用有毒、有害原料进行生产或者在生产中排放有毒、有害物质的企业限期完成清洁生产审核"。

截至 2009 年底，国家环保总局已经组织开展了 53 个行业的清洁生产标准的制定工作。

2010 年 4 月 22 日国家环境保护部发布了《关于深入推进重点企业清洁生产的通知》（环发〔2010〕54 号），通知要求依法公布应实施清洁生产审核的重点企业名单，积极指导督促重点企业开展清洁生产审核，强化对重点企业清洁生产审核的评估验收，及时发布重点企业清洁生产公告。

2010 年 9 月 3 日、2010 年 12 月 8 日和 2011 年 7 月 19 日国家环境保护部分别公告了第1批、第2批和第3批实施清洁生产审核并通过评估验收的重点企业名单,共计6439家。

总之,清洁生产在中国蕴藏着很大的市场潜力。随着市场竞争的加剧、经济发展质量的提高,我国企业开展清洁生产的积极性会越来越高,这也必将拉动需求市场的发展。预计在今后几年中,清洁生产将会在中国形成一个快速生长期,为进一步促进中国经济的良性增长和可持续发展做出积极的贡献。

2.2 清洁生产的概念和主要内容

2.2.1 清洁生产的概念

1989年,联合国环境署工业与环境规划活动中心提出了清洁生产的定义:"清洁生产是指对工艺和产品不断运用综合性的预防战略,以减少其对人体和环境的风险。"

1996年联合国环境规划署(UNEP)对该定义作了进一步的完善:

"清洁生产是一种新的创造性的思想,该思想将整体预防的环境战略持续地应用于生产过程、产品和服务中,以增加生态效率和减少人类和环境的风险。

——对于生产过程,要求节约原材料和能源,淘汰有毒原材料,降低所有废弃物的数量和毒性;

——对于产品,要求减少从原材料提炼到产品最终处置的整个生命周期的不利影响;

——对于服务,要求将环境因素纳入设计和所提供的服务中。"

UNEP的定义将清洁生产上升为一种战略,该战略的特点为持续性、预防性和整体性。

1994年,《中国21世纪议程》对清洁生产做出的定义是:"清洁生产是指既可满足人们的需要,又可合理使用自然资源和能源,并保护环境的生产方法和措施,其实质是一种物料和能源消费最小的人类活动的规划和管理,将废物减量化、资源化和无害化,或消灭于生产过程之中。"由此可见,清洁生产的概念不仅含有技术上的可行性,还包括经济上的可赢利性,体现了经济效益、环境效益和社会效益的统一。

2003年,《中华人民共和国清洁生产促进法》关于清洁生产的定义是:"清洁生产是指不断采取改进设计、使用清洁的能源和原料、采用先进的工艺技术与设备、改善管理、综合利用等措施,从源头削减污染,提高资源利用效率,减少或者避免生产、服务和产品使用过程中污染物的产生和排放,以减轻或者消除对人类健康和环境的危害。"

以上诸定义虽然表述方式不同,但内涵是一致的。从清洁生产的定义可以看出,实施清洁生产体现了4个方面的原则:

(1)减量化原则,即资源消耗最少、污染物产生和排放最小;

(2)资源化原则,即"三废"最大限度地转化为产品;

(3)再利用原则,即对生产和流通中产生的废弃物,作为再生资源充分回收利用;

(4)无害化原则,尽最大可能减少有害原料的使用以及有害物质的产生和排放。

值得注意的是,清洁生产只是一个相对的概念,所谓清洁的工艺、清洁的产品以至清洁的能源都是和现有的工艺、产品、能源比较而言的,因此,清洁生产是一个持续进步、创新的过程,而不是一个用某一特定标准衡量的目标。推行清洁生产,本身是一个不断完善的过程,随着社会经济发展和科学技术的进步,需要适时地提出新的目标,争取达到更高的水平。

清洁生产不包括末端治理技术，如空气污染控制、废水处理、焚烧或者填埋。清洁生产的理念适用于第一、第二、第三产业的各类组织和企业。

2.2.2　清洁生产的主要内容

1. 清洁生产的内容

清洁生产主要包括 3 方面的内容：

1）清洁的能源

清洁的能源是指新能源的开发以及各种节能技术的开发利用、可再生能源的利用、常规能源的清洁利用，如使用型煤、煤制气和水煤浆等洁净煤技术。

2）清洁的生产过程

尽量少用和不用有毒、有害的原料；采用无毒、无害的中间产品；选用少废、无废工艺和高效设备；尽量减少或消除生产过程中的各种危险性因素，如高温、高压、低温、低压、易燃、易爆、强噪声、强振动等；采用可靠和简单的生产操作和控制方法；对物料进行内部循环利用；完善生产管理，不断提高科学管理水平。

3）清洁的产品

产品设计应考虑节约原材料和能源，少用昂贵和稀缺的原料；利用二次资源做原料。产品在使用过程中以及使用后不含危害人体健康和破坏生态环境的因素；产品的包装合理；产品使用后易于回收、重复使用和再生；使用寿命和使用功能合理。

2. 清洁生产的两个全过程控制

清洁生产内容包含两个全过程控制：

（1）产品的生命周期全过程控制。即从原材料加工、提炼到产品产出、产品使用直到报废处置的各个环节，采取必要的措施，实现产品整个生命周期资源和能源消耗的最小化。

（2）生产的全过程控制。即从产品开发、规划、设计、建设、生产到运营管理的全过程，采取措施，提高效率，防止生态破坏和污染的发生。

清洁生产的内容既体现于宏观层次上的总体污染预防战略中，又体现于微观层次上的企业预防污染措施中。在宏观上，清洁生产的提出和实施使污染预防的思想直接体现在行业的发展规划、工业布局、产业结构调整、工艺技术以及管理模式的完善等方面。如我国许多行业、部门提出严格限制和禁止能源消耗高、资源浪费大、污染严重的产业和产品发展，对污染重、质量低、消耗高的企业实行关、停、并、转等，都体现了清洁生产战略对宏观调控的重要影响。在微观上，清洁生产通过具体的手段措施达到生产全过程污染预防。如应用生命周期评价、清洁生产审核、环境管理体系、产品环境标志、产品生态设计、环境会计等各种工具，这些工具都要求在实施时必须深入组织的生产、营销、财务和环保等各个环节。

针对企业而言，推行清洁生产主要进行清洁生产审核，对企业正在进行或计划进行的工业生产进行预防污染分析和评估。这是一套系统的、科学的、操作性很强的程序。从原材料和能源、工艺技术、设备、过程控制、管理、员工、产品、废物这 8 条途径，通过全过程定量评估，运用投入-产出的经济学原理，找出不合理排污点位，确定削减排污方案，从而获得企业环境绩效的不断改进以及企业经济效益的不断提高。

　　推行农业清洁生产,是指把污染预防的综合环境保护策略,持续应用于农业生产过程、产品设计和服务中,通过生产和使用对环境温和(environmentally benign)的绿色农用品(如绿色肥料、绿色农药、绿色地膜等),改善农业生产技术,提供无污染、无公害农产品,实现农业废弃物减量化、资源化、无害化,促进生态平衡,保证人类健康,实现持续发展的新型农业生产。

2.3　清洁生产的作用和意义

　　人类在创造世界、改造世界的过程中向大自然索取和掠夺,往往为着一时之利,过度开发,消耗资源,污染环境,破坏生态平衡,环境和资源危机已经极大威胁到人类自身的安全和发展。近年来,人们在痛定思痛中开始反思并重新审视已经走过的道路,认识到建立新的生产方式和消费方式,进行清洁生产是必然的选择。

2.3.1　清洁生产的作用

　　清洁生产的作用主要体现在以下六方面。

　　(1) 清洁生产有利于克服企业管理生产与环保分离的问题

　　企业的管理对企业的生存和发展至关重要。虽然环境管理思想在不断渗透到企业的生产管理中,例如越来越多的工业企业关心其生产过程中的跑、冒、滴、漏问题和污染达标排放问题,但是,企业领导人和从事生产的工程技术人员主要关注的是产品质量、产量和销路,更关心的是降低成本,提高企业效益。而企业中从事环境管理的人员则热衷于污染物的治理效果,如何达标排放,企业生产管理和环境保护形成“两股道上跑车”而始终跑不到一起,企业把环境保护的责任越来越看成是一种负担,而不是需要。清洁生产完全是一种新思维,它结合两者关心的焦点,通过对产品的整个生产过程持续运用整体预防污染的环境管理思想;改变企业的环境管理和职能,既注重源头削减,又要节约原材料和能源,不用或少用有毒的原材料;实施生产全过程控制,做到在生产过程中减少各类废物的生产和降低其毒性,达到既降低物耗,又减少废物的排放量和毒性的目的。

　　(2) 清洁生产丰富和完善了企业生产管理

　　清洁生产通过一套严格的企业清洁生产审核程序,对生产流程中的单元操作实测投入与产出数据,分析物料流失的主要环节和原因。确定废物的来源、数量、类型和毒性,判定企业生产的“瓶颈”部位和管理不善之处,从而提出一套简单易行的无/低费方案,采取边审计边削减物耗和污染物生产量的做法。例如:山东某造锁总厂电镀分厂通过清洁生产审核,采用 40 个无/低费方案(几乎没有花任何费用)便削减了全分厂费水量的 38.8%,削减铜排放量的 53.1%、镍排放量的 49.7%、铬排放量的 53.3%,节省了大量的原材料和能源,达到年节约经费 12.7 万元。究其原因,就是通过清洁生产,提高了企业的投入与产出比,降低了污染物的产生量,提高了职工的管理素质,从而也丰富和完善了企业的管理。清洁生产方案的实施是通过广大生产技术人员和现场操作工人去实现的,反过来又促使他们更加关心管理,提高其参与管理的意识。

　　(3) 开展清洁生产可大大减轻末端治理的负担

　　末端治理作为目前国内外控制污染最重要的手段,为保护环境起到了极为重要的作用。

然而,随着工业化发展速度的加快,末端治理这一污染控制模式的种种弊端逐渐显露出来。

第一,末端治理设施投资大、运行费用高,造成企业成本上升,经济效益下降。

第二,末端治理存在污染物转移等问题,不能彻底解决环境污染。

第三,末端治理未涉及资源的有效利用,不能制止自然资源的浪费。据美国环保局统计,1990年美国用于"三废"处理的费用高达1200亿美元,占GDP的2.8%,成为国家的一个严重负担。我国近几年用于"三废"处理的费用一直仅占GDP的0.6%～0.7%,但已使大部分城市和企业不堪重负。

清洁生产从根本上扬弃了末端治理的弊端,它通过生产全过程控制,减少甚至消除污染物的产生和排放。这样,不仅可以减少末端治理设施的建设投资,也减少了其日常运转费用,大大减轻了工业企业的负担。

（4）开展清洁生产,提高企业市场竞争力

清洁生产是一个系统工程,一方面它提倡通过工艺改造、设备更新、废物回收利用的途径,实现"节能、降耗、减污、增效",从而降低成本,提高组织的综合效益;另一方面,它强调提高组织的管理水平,提高包括管理人员、工程技术人员等所有员工在经济观、环境意识、参与管理意识、技术水平、职业道德等方面的素质。同时,清洁生产还可以有效地改善操作工人的劳动环境和操作条件,减轻生产过程对员工健康的影响,为组织树立良好的社会形象,促使公众对其产品的支持,提高组织的市场竞争力。

（5）开展清洁生产可以让管理者更好地掌握企业成本消耗

清洁生产是一个比较科学的管理体系。实施清洁生产审核工作,能使企业的环境管理发生质的改变。清洁生产审核工作包含了从产品的设计,生产工艺设计,原辅材料的准备,物料的闭路循环利用,到产品制造、销售以及辅助生产过程（水、电、汽、气的运行管理和过程控制）等全过程控制,使环境管理贯穿到企业的每个环节。

企业在实施清洁生产的工作中,就必然要对本企业的能源消耗和主要材料消耗进行分析,从而尽可能提高能源利用率和原材料的转化率,减少资源的消耗和浪费,从而保障资源的永久持续利用。实践证明,实施清洁生产在大幅减少污染产生量的同时,可以降低成本,提高竞争能力,实现经济效益与环境效益的统一。

（6）清洁生产为企业树立了形象和品牌

20世纪90年代以来,以环境保护为主题的绿色浪潮声势日高,环境因素已成为企业在全世界范围内树立良好形象、增强产品竞争力的重要砝码。企业通过实施清洁生产,采用清洁的、无公害或低害的原料,清洁的生产过程,生产无害或低公害的产品,实现少废或无废排放,甚至零排放,不但可以提高企业的竞争能力,而且在社会中可以树立起良好的环保形象,赢得公众对其产品的认可和支持。特别是在国际贸易中,经济全球化使得环境因素的影响日益增强,推行清洁生产可以增加国际市场准入的可能性,减少贸易壁垒。

2.3.2　开展清洁生产的意义

清洁生产是在回顾和总结工业化实践的基础上,提出的关于产品和生产过程预防污染的一种全新战略。它综合考虑了生产和消费过程的环境风险（资源和环境容量）、成本和经济效益,是社会经济发展和环境保护对策演变到一定阶段的必然结果。

清洁生产的意义主要在于:

（1）清洁生产是实现可持续发展的必然选择和重要保障。清洁生产强调从源头抓起，着眼于全过程控制。不仅尽可能地提高资源能源利用率和原材料转化率，减少对资源的消耗和浪费，从而保障资源的永续利用，而且通过清洁生产，把污染消除在生产过程中，可以尽可能地减少污染物的产生量和排放量，大大减少对人类的危害和对环境的污染，改善环境质量。实现了经济效益和环境效益的统一，体现了可持续发展的要求。

（2）清洁生产是工业文明的重要过程和标志。清洁生产强调提高企业的管理水平，提高包括管理人员、工程技术人员、操作工人在内的所有员工在经济观念、环境意识、参与管理意识、技术水平、职业道德等方面的素质。同时，清洁生产还可有效改善操作工人的劳动环境和操作条件，减轻生产过程对员工健康的影响，为企业树立良好的社会形象，促使公众对其产品的支持，提高企业的市场竞争力。

（3）清洁生产是防治工业污染的最佳模式。清洁生产借助于各种相关理论和技术，在产品的整个生命周期的各个环节采取"预防"措施，通过将生产技术、生产过程、经营管理及产品消费等方面与物流、能量、信息等要素有机结合起来，并优化运行方式，从而实现最小的环境影响，最少的资源、能源使用，最佳的管理模式以及最优化的经济增长水平。

（4）开展清洁生产是促进环保产业发展的重要举措。在当前环境质量状况不断恶化、对环境改善的呼声日渐增高的情况下，环保产业的兴起是当前一个重要趋势，是未来我国新的经济增长点。而开展清洁生产活动可以大大提高对环保产业的需求，促进环保产业的发展。

（5）清洁生产是现代农业生产方式对传统农业的升级改造，农业清洁生产是生态农业的重要基础，大力发展农业清洁生产对改善农村生态环境、促进农村循环经济发展、推进社会主义新农村建设有着重要意义。

2.4　清洁生产的实施途径

2.4.1　清洁生产推行和实施的原则

1. 清洁生产推行的原则

清洁生产是一种新的环保战略，也是一种全新的思维方式，推行清洁生产是社会经济发展的必然趋势，必须对清洁生产有明确的认识。结合中国国情，参考国外实践，我国现阶段清洁生产的推动方式，要以行业中环境绩效、经济效益和技术水平好的企业为龙头，由它们对其他企业产生直接影响，带动其他企业开展清洁生产。推进清洁生产应遵从以下基本原则：

1）调控性

政府的宏观调控和扶持是清洁生产成功推行的关键。政府在市场竞争中起着引导、培育、管理和调控的作用，通过政府宏观调控可以规范清洁生产市场行为，营造公平竞争的市场环境，从而使清洁生产在全国范围内有序推进。政府的宏观调控不仅通过产业政策和经济政策的引导来实现，而且要完善清洁生产法制建设，通过加强清洁生产立法和执法来全面推进我国清洁生产的实施。

2）自愿性

推行清洁生产牵涉到社会、经济和生活的各个方面，需要各行业、各企业和个人积极参与，只有通过大力宣传，使社会所有单元都了解清洁生产的优势并自愿参与其中，通过建立和完善市场机制下的清洁生产运作模式，依靠企业自身利益来驱动，清洁生产才能迅速全面推进。

3）综合性

清洁生产是一种预防污染的环境战略，具有很强的包容性，需要不同的工具去贯彻和体现。在清洁生产的推进过程中，要以清洁生产思想为指导，将清洁生产审计、环境管理体系、环境标志等环境管理工具有机地结合起来，互相支持，取长补短，达到完整的统一。

4）现实性

清洁生产的实施受到经济、技术、管理水平等多方面条件的影响，因此制定清洁生产推进措施应充分考虑中国当前的生态形势、资源状况、环保要求及经济技术水平等，有步骤、分阶段地推进。忽视现实条件、好高骛远、希望一蹴而就来推进清洁生产的做法最终必将失败，充分考虑清洁生产的实施要求和企业的现实条件，分步推进才是持续清洁生产的保证。

5）前瞻性

作为先进的预防性环境保护战略，清洁生产服务体系的设计应体现前瞻性。清洁生产服务体系包括清洁生产的政策、法律、市场规则等，其制定和实施需要一定的程序，周期相对较长，修订不易。因而在制定时必须有发展的眼光，充分考虑和预测社会、经济、技术以及生态环境的发展趋势。

6）动态性

随着科学技术的进步、经济条件的改善，清洁生产的推进有不同的内涵，因此清洁生产是持续改进的过程，是动态发展的。一轮清洁生产审核工作的结束，并不意味着企业清洁生产工作的停止，而应看做是持续清洁生产工作的开始。

7）强制性

全面推行清洁生产是我国社会经济可持续发展的重要保障，是突破我国经济高速发展过程中的低效高耗、生态环境破坏严重等瓶颈问题，实现经济转型的重大战略决策。其推行过程中必然对某些局部利益和当前利益产生影响，受到抵制，因而需要在一定程度上采取强制措施，强制推行。

2．企业清洁生产实施的原则

由于不同行业之间千差万别，同一行业不同企业的具体情况也不相同，因此企业在实施清洁生产的过程中侧重点各不相同。但一般来说，企业实施清洁生产应遵循以下五项原则。

1）环境影响最小化原则

清洁生产是一项环境保护战略，因此其生产全过程和产品的整个生命周期均应趋向对环境的影响最小，这是实施清洁生产最根本的环境目标。

2）资源消耗减量化原则

清洁生产要求以最少的资源生产出尽可能多且社会需求的优质产品，通过节能、降耗、减污来降低生产成本，提高经济效益，这有助于提高企业的竞争力，符合企业追求商业利润的要求，因此资源消费减量化原则又是持续清洁生产的内在动力。

3）优先使用再生资源原则

人类社会经济活动离不开资源，不可再生资源的耗竭直接威胁人类社会的可持续发展。因此，企业在实施清洁生产过程中必须遵循优先使用再生资源的原则，以保证社会经济的持续发展，同时也是企业持续发展的保证。

4）循环利用原则

物流闭合是无废生产与传统工业生产的根本区别。企业实施清洁生产要达到无废排放，其物料在一定程度上需要实现内部循环。如将工厂的供水、用水、净水统一起来，实现用水的闭合循环，达到无废水排放。循环利用原则的最终目标是有意识地在整个技术圈内组织和调节物质循环。

5）原料和产品无害化原则

清洁生产所采用的原料和产品应不污染空气、水体和地表土壤，不危害操作人员和居民的健康，不损害景区、休憩区的美学价值。

2.4.2　清洁生产实施的主要方法与途径

清洁生产是一个系统工程，需要对生产全过程以及产品的整个生命周期采取污染预防和资源消耗减量的各种综合措施，不仅涉及生产技术问题，而且涉及管理问题。推进清洁生产就是在宏观层次上（包括清洁生产的计划、规划、组织、协调、评价、管理等环节）实现对生产的全过程调控，在微观层次上（包括能源和原材料的选择、运输、储存，工艺技术和设备的选用、改造，产品的加工、成型、包装、回收、处理、服务的提供，以及对废弃物进行必要的末端处理等环节）实现对物料转化的全过程控制，通过将综合预防的环境战略持续地应用于生产过程、产品和服务中，尽可能地提高能源和资源的利用效率，减少污染物的产生量和排放量，从而实现生产过程、产品流通过程和服务对环境影响的最小化，同时实现社会经济效益的最大化。

工农业生产过程千差万别，生产工艺繁简不一。因此，推进清洁生产应该从各行业的特点出发，在产品设计、原料选择、工艺流程、工艺参数、生产设备、操作规程等方面分析生产过程中减污增效的可能性，寻找清洁生产的机会和潜力，促进清洁生产的实施。近年来，国内外的实践表明，通过资源的综合利用、改进产品设计来革新产品体系、改革工艺和设备、强化生产过程的科学管理、促进物料再循环和综合利用等是实施清洁生产的有效途径。

1. 资源的综合利用

资源的综合性，首先表现为组分的综合性，即一种资源通常都含有多种组分；其次是用途的综合性，同一种资源可以有不同的利用方式，生产不同的产品，可找到不同的用途。资源的综合利用是推行清洁生产的首要方向，因为这是生产过程的"源头"。如果原料中的所有组分通过工业加工过程的转化都能变成产品，这就实现了清洁生产的主要目标，见图2-1。

图 2-1　原料的综合利用

这里所说的综合利用,有别于"三废"的综合利用,这里是指并未转化为废料的物料,通过综合利用就可以消除废料的产生。资源的综合利用也可以包括资源节约利用的含义,物尽其用意味着没有浪费。

资源综合利用,增加了产品的生产,同时减少了原料费用,减少了工业污染及其处置费用,降低了成本,提高了工业生产的经济效益,可见是全过程控制的关键部位。资源综合利用的前提是资源的综合勘探、综合评价和综合开发,见图2-2。

图 2-2　资源综合利用的全过程

1）资源的综合勘探

资源的综合勘探要求对资源进行全面、正确的鉴别,考虑其中所有的成分。随着科学技术的发展,对资源的认识范围正在扩大。如 20 世纪 70 年代初,苏联学者密尔尼科夫院士提出了综合开发地下资源的概念。按照他的概念,地下资源包括如下内容:

（1）矿床可分为单一矿体和综合矿体。前者是矿物化学组成相近的一个矿体或相近的一组矿体;后者是矿物的化学组成相差甚大的一组矿体,如矿体中有铁矿、铝土矿、白垩、沙子、粘土等。

（2）矿山剥离废石。

（3）选矿和冶金的废料,如选矿场的尾矿,冶金厂的炉渣、尾矿,选矿场、冶金厂的废水等。

（4）地下淡水、矿坑水和热水,如某一铅矿山每年可供水 1 亿 m^3,用于半沙漠地区的灌溉,经济效益不在矿石之下。

（5）地热。

（6）天然和人工的地下洞穴,可用来安置工业设备、放原料或受纳废料。

在勘探的时候应该顾及上述内容。

2）资源的综合评价

资源的综合评价,以矿藏为例,不但要评价矿藏本身的特点,如矿区地点、储量、品位、矿物组成、矿物学和岩相学特点、成矿特点等,还要评价矿藏的开发方案、选矿方案、加工工艺、产品形式等,同时还要评价矿区所在地交通、动力、水源、环境、经济发展特点、相关资源状况等。综合评价的结果应储存在全国性的资源数据库内。

3）资源的综合开发

资源的综合开发,首先是在宏观决策层次上,从生态经济大系统的整体优化出发,从实施持续发展战略的要求出发,规划资源的合理配置和合理投向,在使资源发挥最大效益的前提下组织资源。其次在资源开采、收集、富集和储运的各个环节中要考虑资源的综合性,避免有价组分遭到损失。对于矿产资源来说,随着高品位矿产资源的逐渐耗竭,中低品位资源的高效利用技术的突破在缓解资源危机、促进清洁生产中的重要性将更加突出。例如,我国已探明磷矿资源总量居世界第二,但以中低品位为主,P_2O_5 平均含量不足 17%,P_2O_5 含量大于 30% 的富矿仅占总量的 8%。国土资源部已把磷矿列为我国 2010 年后不能满足国民经济发展需要的 20 种矿产之一。在现有技术经济条件下,我国中低品位磷矿成为一种"鸡肋"资源,"食之无味,弃之可惜"。因此,开发中、低品位磷矿资源高效利用技术已成为一项紧迫的重大战略任务,在 2006 年 6 月召开的两院院士大会上,中国工程院课题组提出 17 项重大节约工程中,"磷资源节约及综合利用工程"为其中一项。华南农业大学新肥料资源研究中心经过 10 多年的研究,研发出系列"中低品位磷矿资源的高效利用技术",并获得 5 项国内外发明专利,该技术突破了现有磷肥生产的资源局限,无须对中低品位的磷矿进行精选,且生产过程无须加入硫酸或少量加入硫酸即可,这一新技术可望为国内处于低谷的传统磷肥注入活力,提高市场竞争力,对磷肥产业提高经济效益和磷矿资源的合理利用均具有重大的战略意义。

4）资源的综合利用

资源的综合利用,首先要对原料的每个组分列出清单,明确目前有用和将来有用的组分,制定综合利用的方案。对于目前有用的组分要考察它们的利用效益;对于目前无用的组分,显然在生产过程中将转化为废料,应将其列入科技开发的计划,以期尽早找到合适的用途。在原料的利用过程中应对每一个组分都建立物料平衡,掌握它们在生产过程中的流向。

实现资源的综合利用,需要实行跨部门、跨行业的协作开发,一种可取的形式是建立原料开发区,组织以原料为中心的利用体系,按生态学原理,规划各种配套的工业,形成生产链,使在区域范围内实现原料的"吃光榨尽"。

2. 改进产品设计

改进产品设计的目的在于将环境因素纳入产品开发的全过程,使其在使用过程中效率高、污染少,在使用后易回收再利用,在废弃后对环境危害小。近年来,产品生态设计理念的贯彻实施,是清洁生产实施的重要手段。

产品生态设计,也称绿色设计或生命周期设计或环境设计,它是一种以环境资源为核心概念的设计过程。产品生态设计是指将环境因素纳入产品设计之中,在产品生命周期的每一个环节都考虑其可能产生的环境负荷,并通过改进设计使产品的环境影响降低到最小程度。

产品生态设计从保护环境角度考虑,能减少资源消耗,可以真正地从源头开始实现污染预防,构筑新的生产和消费系统。从商业角度考虑,可以降低企业的生产成本、减少企业潜在的环境风险,提高企业的环境形象和商业竞争能力。

产品生态设计的实施要考虑从原材料选择、设计、生产、营销、售后服务到最终处置的全过程,是一个系统化和整体化的统一过程。在进行生态设计时,应遵守以下的生态设计原则。

1）选择环境影响小的材料

对环境影响小的材料有如下几种。

（1）清洁的材料。在生产、使用和最终处置过程中,选择产生有害废物少的材料。

（2）可更新的材料。尽可能少用或不用诸如化石燃料、矿产资源如铜等不可更新的材料。

（3）耗能较低的材料。选择在提炼和生产过程中耗能较少的原料,这就要求尽量减少对能源密集型金属的使用。

（4）可再循环的材料。指在产品使用过后可以被再次使用的材料,这类材料的使用可以减少对初级原材料的使用,节省能源和资源（如钢铁、铜等）,但需要建立完善的回收机制。

2）减少材料的使用量

产品设计尽可能减少原材料的使用量,从而实现节约资源,并减少运输和储备的空间,减轻由于运输而带来的环境压力,如产品的折叠设计可以减少对包装物的使用及减少用于运输和储藏的空间。

3）生产技术的最优化

生态设计要求生产技术的实施尽可能减少对环境的影响,包括减少辅助材料的使用和能源的消费,将废物产生量控制在最小值。通过清洁生产的实施,改进生产过程,不仅实现公司内部生产技术的最优化,还应要求供应商一同参与,共同改善整个供应链的环境绩效。生产技术的最优化可以通过以下方式实现。

（1）选择替换技术。选择需要较少有害添加剂和辅助原料的清洁技术或选择产生较少排放物的技术以及能最有效利用原材料的技术。

（2）减少生产步骤。通过技术上的改进减少不必要的生产工序,如采用不需另行表面处理的材料和可以集成多种功能的元件等。

（3）选择能耗小和消费清洁能源的技术。如鼓励生产部门使用包括天然气、风能、太阳能和水电等可更新的能源及采用提高设备能源效率的技术等。

（4）减少废物的生成。通过改进设计及实现公司内部循环使用生产废弃物等方法来实现。

（5）生产过程的整体优化。包括通过生产过程的改进,使废物在特定的区域形成,从而有利于废物的控制和处置以及清洁工作的进行；加强公司的内部管理,建立完善的循环生产系统,提高材料的利用效率。

4）营销系统的优化

这一战略追求的是确保产品以更有效的方式从工厂输送到零售商和用户手中,这往往与包装、运输和后勤系统有关。具体措施如下：

（1）采用更少的、更清洁的和可再使用的包装,以减少包装废物的生成、节约包装材料的使用和减轻运输的压力。如建立有效的包装回收机制和减少 PVC 包装物的使用,以及在保证包装质量的同时,尽可能减少包装物的重量和尺寸等。

（2）采用能源消耗少、环境污染小的运输模式。一般陆地运输环境影响大于水上运输,汽车运输环境影响大于火车运输,而飞机运输环境影响是最大的,因此,在可能的情况下,应尽量选择对环境影响小的运输方式。

（3）采用可以更有效利用能源的后勤系统,包括要求采购部尽可能在本地寻找供应商,以避免长途运输的环境影响；提高营销渠道的效率,尽可能同时大批量出货,以避免单件小批量运输；采用标准运输包装,提高运输效率。

5）减少消费过程的环境影响

产品最终是用来使用的,应该通过生态设计的实施尽可能减少产品在使用过程中造成的环境影响。具体措施如下：

（1）降低产品使用过程的能源消费。如使用耗能最低的元件、设置自动关闭电源的装置、保证定时装置的稳定性、减轻需要移动产品的重量以减少为此付出的能源消费等。

（2）使用清洁能源。设计产品以风能、太阳能、地热能、天然气、低硫煤、水利发电等清洁能源为驱动，减少环境污染物的排放。

（3）减少易耗品的使用。许多产品的使用过程需消耗大量的易耗品，应该通过设计上的改进以减少这类易耗品的消耗。

（4）使用清洁的易耗品。通过设计上的改进，使消费清洁的易耗品成为可能，并确保这类易耗品对环境的影响尽可能小。

（5）减少资源的损耗和废物的产生。产品设计应使用户更为有效地使用产品和减少废物的产生，包括通过清晰的指令说明和正确的设计，避免客户对产品的误用，鼓励设计不需要使用辅助材料的产品以及具有环境友好性特征的产品。

6）延长产品生命周期

产品生命周期的延长是生态设计原则中最重要的一项内容，因为通过产品生命周期的延长，可以使用户推迟购买新产品，避免产品过早地进入处置阶段，提高产品的利用效率，减缓资源枯竭的速度。具体措施如下：

（1）提高产品的可靠性和耐久性。可以通过完美的设计、高质量材料的选择和生产过程严格控制的一体化实现。

（2）便于修复和维护。可以通过设计和生产工艺上的改进减少维护或使维护及维修更容易实现，此外建立完善的售后服务体系和对易损部件的清晰标注也是必要的。

（3）采用标准的模式化产品结构。通过设计努力使产品的标准化程度增加，在部分部件被淘汰时，可以通过及时更新而延长整个产品的生命周期，如计算机主机板的插槽设计结构使计算机的升级换代成为可能。

7）产品处置系统的优化

产品在被用户消费使用后，就会进入处置阶段。产品处置系统的优化原则指的是再利用有价值的产品元部件和保证正确的废物处理。这要求在设计阶段就考虑使用环境影响小的原材料，以减少有害废物的排放，并设计适当的处置系统以实现安全焚烧和填埋处理。具体措施如下：

（1）产品的再利用。要求产品作为一个整体尽可能保持原有性能，并建立相应的回收和再循环系统，以发挥产品的功能或为产品找到新的用途。

（2）再制造和再更新。不适当的处置会浪费本来具有使用价值的元部件，通过再制造和再更新可以使这些元部件继续发挥原有的作用或为其找到新的用途，这要求设计过程中注意应用标准元部件和易拆卸的连接方式。

（3）材料的再循环。由于投资小、见效快，再循环已成为一个常用原则。设计上的改进可以增加可再循环材料的使用比例，从而减少最终进入废物处置阶段材料的数量，节省废物处置成本，并通过销售或利用可再循环材料带来经济效益。

（4）安全焚烧。当无法进行再利用和再循环时，可以采取安全焚烧的方法获取能量，但应通过焚烧设计上的改进减少最终进入环境的有害废物数量。

（5）废物填埋处理。只有在以上原则都无法应用的情况之下才能采用这一原则，并注意处置的正确方式，应避免有害废物的渗透以威胁地下水和土壤，同时进入这一阶段的材料比率应为最低。

施乐公司在20世纪70年代即开始实施生态产品开发战略,该公司非常关注行业的环境标准,在对其产品进行生命周期环境影响评价的基础上,从产品入手,开展"生态标志"产品设计。其产品零部件的设计均采用标准化,以便于重复利用;很多的零部件都设计成咬合或丝扣连接,而不是焊接或胶合,以便于维修和再制造。不仅如此,该公司还从客户手中全面回收已不能再使用的设备和零部件,并以各种方式进行再利用;该公司还在全行业首先采用综合性的节能技术及双面复印技术,实现了节能、节约原材料、减少污染物排放、增加经济效益的目的。

日本资生堂生产的香波和护发素主要由天然材料构成,提高了其产品的生物降解性和环境友好性,其包装容器首先全面废止了聚乙烯类,并积极采用再生铝、再生聚丙烯、再生玻璃等高达70%的再生材料,还开展了提高金属等可再生利用的易拆卸设计。

日本索尼公司生产的绿色灰色信封全部采用旧杂志纸制作,这种再生纸的生产过程比木浆生产工艺简单,不用脱墨、漂白,废水的污染程度仅为木浆生产高级白纸的1/10,而且能耗低,具有明显的环境效益和经济效益。

3. 革新产品体系

在当前科学技术迅猛发展的形势下,产品的更新换代速度越来越快,新产品不断问世。人们开始认识到,工业污染不但发生在生产产品的过程中,有时还发生在产品的使用过程中,有些产品使用后废弃、分散在环境中,也会造成始料未及的危害。如作为制冷设备中的冷冻剂以及喷雾剂、清洗剂的氟氯烃,生产工艺简单,性能优良,曾经成为广泛应用的产品,但自1985年发现其为破坏臭氧层的主要元凶后,现已被限制生产和限期使用,由氨、环丙烷等其他对环境安全的物质代替。

以甲基叔丁基醚(MTBE)替代四乙基铅作为汽油抗爆剂,不仅可以防止铅污染,而且还能有效提高汽油辛烷值,改善汽车性能,降低汽车尾气中CO含量,同时降低汽油生产成本。因此,自20世纪90年代初至今,MTBE的需求量、消费量一直处于高增长状态,目前世界汽油用MTBE年产能力超过2100万t。然而,MTBE是一种对水的亲和力极大而对土壤几乎没有亲和力、在非光照条件下难降解、具有松油气味的有机物,其从地下储油箱(油库)渗漏并进入地下水源中能造成严重污染(水中MTBE含量达到$2\mu g/L$即有明显的松油气味,对人们的身体健康会产生严重影响,无法饮用)。美国地质调查局在1993年和1994年对美国8个城市的地下水进行调查发现,MTBE是地下水中含量排第二位的有机化合物(第一位是三氯甲烷)。在美国加利福尼亚,地下储油箱对地下水的污染是最严重的。1995年末,圣莫尼卡城市管理局检测了该城饮用水井中的MTBE,结果于1996年6月被迫关闭了一些水井,致使这座城市损失了71%的市内水源,约占其耗水量的1/2,为了解决水荒,不得不从外部调水,一年就要花3500万美元。此外,在美国的湖泊和水库中也发现有MTBE的污染,它们来自于轮船的发动机和地表径流,甚至内华达州的高山上也受到它的污染。为此,美国加州以水污染为由禁止使用MTBE,美国国家环境保护部门也有类似动作。以MTBE替代四乙基铅解决了汽车尾气铅污染等问题,但又出现了水体污染新问题,这种"按下葫芦浮起瓢"的情况不仅说明环境问题的复杂多变性和人类改善环境的斗争的长期性、艰巨性,同时说明更新产品体系对清洁生产的必要性和迫切性。

在农业生产中,主要的农业生产资料——肥料和农药产品体系同样在不断更新。肥料产品由单纯的有机肥到化学肥料,极大地提高了农业生产力,特别是粮食产量。据联合国粮农组织估计,发展中国家粮食的增产中55%来自于化学肥料。然而,目前普通化学肥料利用率低、浪费巨大、污染严重的问题已成为阻碍农业清洁生产的重要因素之一。在我国,完全放弃化学肥料回归单纯的有机肥料是无法满足13亿人口的生活甚至生存需求的。因此,研制开发高效、无污染的环境友好型肥料,提高肥料的利用率,在保证增产的同时减少肥料损失造成的污染,是当今肥料科技创新的重要任务。近年来,在国家"863"项目支持下,以控释肥料、生物肥料、有机无机复合肥料等为代表的环境友好型肥料产品的研制开发为肥料产品的更新提供了有力的技术保障,是今后肥料的发展方向。同样,农药由剧毒、高残留的有机氯和有机磷农药到低毒、高效、低残留的氨基甲酸酯类农药的更新有力地促进了农业清洁生产,目前正朝着环境友好型的植物性杀虫剂的开发应用以及生物防治方向发展。

由此可见,污染的预防不但体现在生产全过程的控制之中,而且还要落实到产品的使用和最终报废处理过程中。对于污染严重的产品要进行更新换代,不断研究开发与环境相容的新产品。

4. 改革工艺和设备

工艺是从原材料到产品实现物质转化的基本软件。一个理想的工艺是:工艺流程简单、原材料消耗少、无(或少)废弃物排出、安全可靠、操作简便、易于自动化、能耗低、所用设备简单等。设备的选用是由工艺决定的,它是实现物料转化的基本硬件。改革工艺和设备是预防废物产生、提高生产效率和效益、实现清洁生产最有效的方法之一,但是工艺技术和设备的改革通常需要投入较多的人力和资金,因而实施时间较长。

工艺设备的改革主要采取如下4种方式。

1) 生产工艺改革

开发并采用低废或无废生产工艺和设备来替代落后的老工艺,提高生产效率和原料利用率,消除或减少废物,这是生产工艺改革的基本目标。例如,采用流化床催化加氢法代替铁粉还原法旧工艺生产苯胺,可消除铁泥渣的产生,废渣量由2500kg/t(产品)减少到5kg/t(产品),并降低了原料和动力消耗,每吨苯胺产品蒸气消耗可由35t降为1t,电耗由220kW·h降为130kW·h,苯胺收率达到99%。

采用高效催化剂提高选择性和产品收率,也是提高产量、减少副产品生产和污染物排放量的有效途径。例如,北京某合成橡胶厂丁二烯生产的丁烯氧化脱氢装置原采用钼系催化剂,由于转化率和选择性低,污染严重,后改用铁系 B-02 催化剂,选择性由70%提高到92%,丁二烯收率达60%,且大大削减了污染物的排放,见表2-1和表2-2。

表 2-1 丁烯氧化脱氢废水排放对比(以生产1t丁二烯计)

催化剂名称	废水量 /(t/t)	COD /(kg/t)	—C=O /(kg/t)	—COOH /(kg/t)	pH 值
铁系 B-02 催化剂	19.5	180	12.6	1.78	6.32
钼系催化剂	23	220	39.6	30.6	2~3

表 2-2   丁烯氧化脱氢废气排放对比（以生产 1t 丁二烯计）

催化剂名称	废水排放量 /(m³/h)	CO /(m³/h)	CO₂ /(m³/h)	烃类 /(m³/h)	有机氧化物 /(kg/h)
铁系 B-02 催化剂	1974	12.83	268.71	12.37	0.04
钼系催化剂	4500	319	669	54.5	139.7

在工艺技术改造中采用先进技术和大型装置，以期提高原材料利用率，发挥规模效益，在一定程度上可以帮助企业实现减污增效。

需要强调的是，废物的源削减应与工艺开发活动充分结合，从产品研发阶段起就应考虑到减少废物量，从而减少工艺改造中设备改进的投资。1991 年，美国一家大型化工厂改进了烯烃生产工艺，不仅消除了对甲醇的需求，而且每年削减苯和甲醇的排放量 68.1t。该厂重新设计了生产装置，并且将裂解炉气干燥器的位置调整到预冷却器的前方，这一工艺改革措施消除了在预冷器中加入甲醇以防止水合物的形成，并且使未受甲醇污染的苯可返回到生产工艺中使用。该项目投资 700 万美元，但每年节省甲醇费用仅 25 万美元，按照这种投资偿还率，如果不考虑减少苯对员工和社区的污染危害则很难实施。但是，如果将这一方案结合到新装置设计中，则新增投资很少即可实行。

2）改进工艺设备

可以通过改善设备和管线或重新设计生产设备来提高生产效率，减少废物量。如优选设备材料，提高可靠性、耐用性；提高设备的密闭性，以减少泄漏；采用节能的泵、风机、搅拌装置等。例如，北京某石油化工厂乙二醇生产中的环氧乙烷精制塔原设计采用直接蒸汽加热，废水中 COD 负荷很大。后来改用间接蒸汽加热，不但减少了废水量和 COD 负荷，而且还降低了产品的单位能耗，提高了产品的收率，每年减少污水处理费用 20.8 万元，节约物料消耗 31.17 万元，经济、环境效益十分显著。

波兰 Ostrowiec 钢铁厂生产的钢铁制品最后一道工序是进行表面处理和涂饰。原来采用压缩空气枪进行喷涂，其涂料利用率低、废料产生量大、污染严重。该厂对喷涂工序开展了废料审计工作，试图通过改革工艺和改进管理达到提高喷涂质量、减少涂料消耗以及降低污染物排放量的目的。审计结果表明，改变现状的关键在于替代目前使用的压缩空气喷枪。压缩空气喷枪和较为先进的高压喷枪、静电喷枪工作性能比较及高压喷枪和静电喷枪的经济指标测算见表 2-3 和表 2-4。波兰这家企业通过采用比较先进的喷枪，明显地降低了涂料的消耗，提高了物料的利用率，减少了废料的排放和处理费用，降低了成本，改进了质量，改善了劳动条件和企业的形象，得到这些综合效益投资很小，而且这些投资在很短的时间内即可收回。

表 2-3   三种喷枪的工作性能比较

性能指标	压缩空气喷枪	高压喷枪	静电喷枪
喷涂效率/%	30～50	65～70	85～90
涂料用量/m³	8.0	6.8	5.6
溶剂用量/m³	6.5	1.6	1.6
废料量/kg	2400	1400	500

表 2-4　高压喷枪和静电喷枪的经济指标测算

经济指标	高压喷枪	静电喷枪
投资/美元	4800	13 000
节省费用/(美元/a)	38 500	39 400
投资回收期/月	1.5	4

3）优化工艺控制过程

在不改变生产工艺或设备的条件下进行操作参数的调整、优化操作条件常常是最容易而且最便宜的减废方法。大多数工艺设备都是采用最佳工艺参数(如温度、压力和加料量)设计以取得最高的操作效率,因而在最佳工艺参数下操作,避免生产控制条件波动和非正常停车,可大大减少废物量。

以乙烯生产为例,由于设备管理不好或者公用工程(水、电、蒸汽)可靠性差以及各种设备、仪表性能不佳等原因,会导致设备运转不稳定,甚至局部或全部停车。一旦停车,物料损失和污染均十分严重。30×10^4 t/a 规模的乙烯设备每停车 1 次,火炬排放的物料约为 1000t (以原料计),直接经济损失约 40 万元;如按照产品价值计算间接经济损失,则可达 700 万元。从停车到恢复正常生产期间,各塔、泵等还会出现临时液体排放,增加废水中油、烃类的含量,有毒、有害物质含量也会成倍增加。

4）加强自动化控制

采用自动控制系统调节工作操作参数,维持最佳反应条件,加强工艺控制,可增加生产量、减少废物和副产品的产生。如安装计算机控制系统监测和自动复原工艺操作参数,实施模拟结合自动定点调节。在间歇操作中,使用自动化系统代替手工处置物料,通过减少操作失误,降低产生废物及泄漏的可能性。

中国经济发展中普遍存在技术含量低、技术装备和工艺水平不高、创新能力不强、高新技术产业化比重低、能耗高、能源消费结构不合理、国际竞争力不强等问题,这些问题已经成为制约中国经济可持续发展的主要因素,亟须利用高新技术进行改造和提升。在改革工艺和设备中首先应分析产品的生产全过程,将那些消耗高、浪费大、污染严重的陈旧设备和工艺技术替换下来,通过改革工艺和设备,使生产过程实现少废化或无废化。

5．生产过程的科学管理

有关资料表明,目前的工业污染约有 30% 以上是由于生产过程中管理不善造成的,只要加强生产过程的科学管理、改进操作,不需花费很大的成本,便可获得明显减少废弃物和污染的效果。在企业管理中要建立一套健全的环境管理体系,使环境管理落实到企业中的各个层次,分解到生产过程的各个环节,贯穿于企业的全部经济活动中,与企业的计划管理、生产管理、财务管理、建设管理等专业管理紧密结合起来,使人为的资源浪费和污染排放减至最小。

主要管理方法如下:

(1) 调查研究和废弃物审计。摸清从原材料到产品的生产全过程的物料、能耗和废弃物产生的情况,通过调查,发现薄弱环节并改进。

(2) 坚持设备的维护保养制度,使设备始终保持最佳状况。

（3）严格监督。对于生产过程中各种消耗指标和排污指标进行严格的监督，及时发现问题，堵塞漏洞，并把员工的切身利益与企业推行清洁生产的实际成果结合起来进行监督、管理。

6. 物料再循环和综合利用

从本质上讲，工业生产中产生的"三废"污染物质都是生产过程中流失的原材料、中间产物和副产物。因此，对"三废"污染物进行有效的处理和回收利用，既可以创造财富，又可以减少污染。开展"三废"综合利用是消除污染、保护环境的一项积极而有效的措施，也是企业挖潜、增效截污的一个重要方面。

在企业的生产过程中，应尽可能提高原料利用率和降低回收成本，实现原料闭路循环。在生产过程中比较容易实现物料闭路循环的是生产用水的闭路循环。根据清洁生产的要求，工业用水组成原则上应是供水、用水和净水组成的一个紧密的体系。根据生产工艺要求，一水多用，按照不同的水质需求分别供水，净化后的水重复利用。我国已经开展了一些实用的综合利用技术，如小化肥厂冷却水、造气水闭路循环技术，可以大大节约水资源，减少水体热污染；电镀漂洗水无排或微排技术，实行了漂洗水的闭路循环，因而不产生电镀废水和废渣；利用硝酸生产尾气制造亚硝酸钠，利用硫酸生产尾气制造亚硫酸钠等。

此外，一些工业企业产生的废物，有时难以在本厂有效利用，有必要组织企业间的横向联合，使废物进行复用，使工业废物在更大的范围内资源化。肥料厂可以利用食品厂的废物加工肥料，如味精废液 COD 很高，而其丰富的氨基酸和有机质可以加工成优良的有机肥料。目前，一些城市已建立了废物交换中心，为跨行业的废物利用协作创造了条件。

7. 必要的末端处理

在目前技术水平和经济发展水平条件下，实行完全彻底的无废生产是很困难的，废弃物的产生和排放有时还难以避免，因此需要对它们进行必要的处理和处置，使其对环境的危害降至最低。此处的末端处理与传统概念的末端处理相比区别如下：

（1）末端处理是清洁生产不得已而采取的最终污染控制手段，而不应像以往那样处于实际上的优先考虑地位。

（2）厂内的末端处理可作为送往厂外集中处理的预处理措施，因而其目标不再是达标排放，而只需要处理到集中处理设施可以接纳的程度。

（3）末端处理重视废弃物资源化。

（4）末端处理不排斥继续开展推行清洁生产的活动，以期逐步缩小末端处理的规模，乃至最终以全过程控制措施完全替代末端处理。

为实现有效的末端处理，必须开发一些技术先进、处理效果好、投资少、见效快、可回收有用物质、有利于组织物料再循环的实用环保技术。目前，我国已经开发了一批适合国情的实用环保技术，需要进一步推广。同时，有一些环保难题尚未得到很好的解决，需要环保部门、有关企业和工程技术人员继续共同努力。

2.5 清洁生产与循环经济的关系

传统上环保工作的重点和主要内容是治理污染、达标排放,清洁生产和循环经济则突破了这一界限,大大提升了环境保护的高度、深度和广度,提倡并实施将环境保护与生产技术、产品和服务的全部生命周期紧密结合,将环境保护与经济增长模式统一协调,将环境保护与生活和消费模式同步考虑。

清洁生产是在组织层次上将环境保护延伸到组织的一切有关领域,循环经济则将环境保护延伸到国民经济的一切有关领域。清洁生产是循环经济的基石,循环经济是清洁生产的扩展。在理念上,它们有共同的时代背景和理论基础;在实践中,它们有相通的实践途径。

为保证我国生产和经济的持续发展,从技术层面上分析,推行清洁生产、发展循环经济是相互关联的两大手段。推行清洁生产的目的是降低生产过程中资源、能源的消耗,减少污染的产生;而发展循环经济则是促使物质的循环利用,以提高资源和能源的利用效率。

清洁生产和循环经济二者之间是一种点和面的关系,实施的层次不同,可以说,一个是微观的,一个是宏观的。一种产品、一个企业都可以推行清洁生产,但循环经济覆盖面就大得多,是高层次的。清洁生产的目标是预防污染,以更少的资源消耗产生更多的产品,循环经济的根本目标是要求在经济过程中系统地避免和减少废物,再利用和循环都应建立在对经济过程进行充分资源削减的基础之上。也即循环经济是以资源利用最大化和污染物排放最小化为主线,将清洁生产、资源综合利用、生态设计和可持续消费等融为一体的经济战略。所以,要发展循环经济就必须要做好先期的基础工作,从基层的清洁生产做起。

从实现途径来看,循环经济和清洁生产也有很多相通之处。清洁生产的实现途径可以归纳为两大类,即源削减和再循环,包括:减少资源和能源的消耗,重复使用原料、中间产品和产品,对物料和产品进行再循环,尽可能利用可再生资源,采用对环境无害的替代技术等,循环经济的 3R 原则就源出于此。就实际运作而言,在推行循环经济过程中,需要解决一系列技术问题,清洁生产为此提供了必要的技术基础。特别应该指出的是,推行循环经济技术上的前提是产品的生态设计,没有产品的生态设计,循环经济只能是一个口号,而无法变成现实。我国推行清洁生产已经有十多年的历史,从国外吸取和自身积累了许多宝贵的经验和教训,不论在解决体制、机制和立法问题方面,还是在构建方法学方面,都可为推行循环经济提供有益的借鉴。

清洁生产和循环经济二者之间的关系见表 2-5。

表 2-5 清洁生产与循环经济的相互关系

比较内容	清 洁 生 产	循 环 经 济
思想本质	环境战略:新型污染预防和控制战略	经济战略:将清洁生产、资源综合利用、生态设计和可持续消费等融为一套系统的循环经济战略
原则	节能、降耗、减污、增效	减量化、再利用、资源化(再循环)。首先强调的是资源的节约利用,然后是资源的重复利用和资源再生

续表

比较内容	清 洁 生 产	循 环 经 济
核心要素	整体预防、持续运用、持续改进	以提高生态效率为核心，强调资源的减量化、再利用和资源化，实现经济运行的生态化
适用对象	主要对生产过程、产品和服务（点、微观）	主要对区域、城市和社会（面、宏观）
基本目标	生产中以更少的资源消耗产生更多的产品，防治污染产生	在经济过程中系统地避免和减少废物
基本特征	预防性：清洁生产从源头抓起，实行生产全过程控制，尽最大可能减少乃至清除污染物的产生，其实质是预防污染。通过污染物产生源的削减和回收利用，使废物减至最少。综合性：实施清洁生产的措施是综合性的预防措施，包括结构调整、技术进步和完善管理。统一性：清洁生产最大限度地利用资源，将污染物消除在生产过程之中，不仅环境状况从根本上得到改善，而且能源、原材料消耗和生产成本降低，经济效益提高，竞争力增强，能够实现经济效益与环境效益相统一。持续性：清洁生产是一个持续改进的过程，没有最好，只有更好	低消耗（或零增长）：提高资源利用效率，减少生产过程的资源和能源消耗（或产值增加，但资源能源消耗零增长）。这是提高经济效益的重要基础，也是污染排放减量化的前提。低排放（或零排放）：延长和拓宽生产技术链，将污染尽可能地在生产企业内进行处理，减少生产过程的污染排放；对生产和生活用过的废弃物通过技术处理进行最大限度的循环利用。这将最大限度地减少初次资源的开采，最大限度地利用不可再生资源，最大限度地减少造成污染的废弃物的排放。高效率：对生产企业无法处理的废弃物进行集中回收、处理，扩大环保产业和资源再生产业的规模，提高资源利用效率，同时扩大就业
宗旨	提高生态效率，并减少对人类及环境的风险	

复习与思考

1. 清洁生产产生的背景是什么？
2. 国内外清洁生产的发展状况有哪些共性？
3. 清洁生产主要包括哪三方面的内容？
4. 发展清洁生产有哪些战略意义？
5. 为什么说资源的综合利用是推行清洁生产的首要方向？
6. 如何通过"改进产品设计、创新产品体系"来促进清洁生产的实施？
7. 举例说明工艺和设备的改革是实现清洁生产最有效的方法之一。
8. 清洁生产与循环经济之间的关系是怎样的？

第 3 章

清洁生产与循环经济的理论基础

3.1 可持续发展理论

20 世纪 60 年代至 70 年代,环境问题的严峻形势使人们对传统发展方式开始了全面的质疑和反思。20 世纪 80 年代,世界环境与发展委员会正式提出可持续性发展的理念,这一理论和战略得到了世界各国的广泛认同,可持续性发展观正逐步取代传统发展观,使人类社会的发展范式出现了重大变革。

3.1.1 可持续发展思想的由来

发展是人类社会不断进步的永恒主题。

人类在经历了对自然顶礼膜拜、唯唯诺诺的漫长历史阶段之后,通过工业革命,铸就了驾驭和征服自然的现代科学技术之剑,从而一跃成为大自然的主宰。可就在人类为科学技术和经济发展的累累硕果沾沾自喜之时,却不知不觉地步入了自身挖掘的陷阱。种种始料不及的环境问题击破了单纯追求经济增长的美好神话,固有的思想观念和思维方式受到了强大的冲击,传统的发展模式面临着严峻的挑战。历史把人类推到了必须从工业文明走向现代新文明的发展阶段。可持续发展思想在环境与发展理念的不断更新中逐步形成。

1. 古代朴素的可持续性思想

可持续性(sustainability)的概念渊源已久。早在公元前 3 世纪,杰出的先秦思想家荀况在《王制》中说:“草木荣华滋硕之时,则斧斤不入山林,不夭其生,不绝其长也;鼋鼍鱼鳖鳅孕别之时,罔罟毒药不入泽,不夭其生,不绝其长也;春耕、夏耘、秋收、冬藏,四者不失时,故五谷不绝,而百姓有余食也;污池渊沼川泽,谨其时禁,故鱼鳖尤多,而百姓有余用也;斩伐养长不失其时,故山林不童,而百姓有余材也。”这是自然资源永续利用思想的反映,春秋时在齐国为相的管仲,从发展经济、富国强兵的目标出发,十分注意保护山林川泽及其生物资源,反对过度采伐。他说:“为人君而不能谨守其山林菹泽草莱,不可以立为天下王。”1975 年在湖北云梦睡虎地 11 号秦墓中发掘出上千支竹简,其中的《田律》清晰地体现了可持续性发展的思想。因此,“与天地相参”可以说是中国古代生态意识的目标和思想,也是可持续性的反映。

西方一些经济学家如马尔萨斯、李嘉图和穆勒等的著作中也较早地认识到人类消费的物质限制,即人类的经济活动范围存在的生态边界。

2. 现代可持续发展思想的产生和发展

现代可持续发展思想的提出源于人们对环境问题的逐步认识和热切关注。其产生背景是人类赖以生存和发展的环境和资源遭到越来越严重的破坏，人类已不同程度地尝到了环境破坏的后果，因此，在探索环境与发展的过程中逐渐形成了可持续发展思想。在这一过程中以下几件事的发生具有历史意义。

1)《寂静的春天》——对传统行为和观念的早期反思

20世纪中叶，随着环境污染的日趋加重，特别是西方国家公害事件的不断发生，环境问题频频困扰着人类。美国海洋生物学家蕾切尔·卡逊(Rechel Karson)在潜心研究美国使用杀虫剂所产生的种种危害之后，于1962年出版了环境保护科普著作《寂静的春天》(Silent Spring)。作者通过对污染物DDT等的富集、迁移、转化的描写，阐明了人类与大气、海洋、河流、土壤、动植物之间的密切关系，初步揭示了污染对生态系统的影响。她告诉人们："地球上生命的历史一直是生物与其周围环境相互作用的历史，……，只有人类出现后，生命才具有了改造其周围大自然的异常能力。在人类对环境的所有袭击中，最最令人震惊的，是空气、土地、河流以及大海受到各种致命化学物质的污染。这种污染是难以清除的，因为它们不仅进入了生命赖以生存的世界，而且进入了生物组织内。"她还向世人呼吁，我们长期以来行驶的道路，容易被人误认为是一条可以高速前进的平坦、舒适的超级公路，但实际上，这条路的终点却潜伏着灾难，而另外的道路则为我们提供了保护地球的最后唯一的机会。这"另外的道路"究竟是什么样的，卡逊没能确切告诉我们，但作为环境保护的先行者，卡逊的思想在世界范围内，较早地引发了人类对自身的传统行为和观念进行比较系统和深入的反思。

2)《增长的极限》——引起世界反响的"严肃忧虑"

1968年，来自世界各国的几十位科学家、教育家和经济学家等学者聚会罗马，成立了一个非正式的国际协会——罗马俱乐部(The Club of Rome)。它的工作目标是，关注、探讨与研究人类面临的共同问题，使国际社会对人类面临的社会、经济、环境等诸多问题，有更深入的理解，并在现有全部知识的基础上推动采取能扭转不利局面的新态度、新政策和新制度。

受罗马俱乐部的委托，以麻省理工学院梅多斯·D(Dennis L. Meadows)为首的研究小组，针对长期流行于西方的高增长理论进行了深刻的反思，并于1972年提交了俱乐部成立后的第一份研究报告——《增长的极限》。报告深刻阐明了环境的重要性以及资源与人口之间的基本联系，认为：由于世界人口增长、粮食生产、工业发展、资源消耗和环境污染这五项基本因素的运行方式是指数增长而非线性增长，全球的增长将会因为粮食短缺和环境破坏于21世纪某个阶段内达到极限。也就是说，地球的支撑力将会达到极限，经济增长将发生不可控制的衰退。因此，要避免因超越地球资源极限而导致世界崩溃的最好方法是限制增长，即"零增长"。

《增长的极限》一发表，在国际社会特别是在学术界引起了强烈的反响。该报告在促使人们密切关注人口、资源和环境问题的同时，因其反增长情绪而遭受到尖锐的批评和责难。因此，引发了一场激烈的、旷日持久的学术之争。一般认为，由于种种因素的局限，《增长的极限》的结论和观点存在十分明显的缺陷。但是，报告所表现出的对人类前途的"严肃的忧虑"以及唤起人类自身觉醒的意识，其积极意义却是毋庸置疑的。它所阐述的"合理、持久的均衡发展"，为孕育可持续发展的思想萌芽提供了土壤。

3）联合国人类环境会议——人类对环境问题的正式挑战

1972年，联合国人类环境会议在斯德哥尔摩召开，来自世界113个国家和地区的代表会聚一堂，共同讨论环境对人类的影响问题。这是人类第一次将环境问题纳入世界各国政府和国际政治的事务议程。大会通过的《人类环境宣言》宣布了37个共同观点和26项共同原则。它向全球呼吁：现在已经到达历史上这样一个时刻，我们在决定世界各地的行动时，必须更加审慎地考虑它们对环境产生的后果。由于无知或不关心，我们可能给生活和幸福所依靠的地球环境造成巨大的无法挽回的损失。因此，保护和改善人类环境是关系到全世界各国人民的幸福和经济发展的重要问题，是全世界各国人民的迫切希望和各国政府的责任，也是人类的紧迫目标。各国政府和人民必须为全体人民和自身后代的利益而作出共同的努力。

作为探讨保护全球环境战略的第一次国际会议，联合国人类环境大会的意义在于唤起了各国政府对环境问题，特别是对环境污染的觉醒和关注。尽管大会对整个环境问题的认识比较粗浅，对解决环境问题的途径尚未确定，尤其是没能找出问题的根源和责任，但是，它正式吹响了人类共同向环境问题挑战的进军号。各国政府和公众的环境意识，无论是在广度上还是在深度上都向前迈进了一步。

4）《我们共同的未来》——环境与发展思想的重要飞跃

20世纪80年代伊始，联合国本着必须研究自然的、社会的、生态的、经济的以及利用自然资源过程中的基本关系，确保全球发展的宗旨，于1983年3月成立了以挪威首相布伦特兰夫人(G. H. Brundland)任主席的世界环境与发展委员会(WHED)。联合国要求其负责制定长期的环境对策，研究能使国际社会更有效地解决环境问题的途径和方法。经过3年多的深入研究和充分论证，该委员会于1987年向联合国大会提交了研究报告《我们共同的未来》。

《我们共同的未来》分为"共同的问题"、"共同的挑战"、"共同的努力"三大部分。报告将注意力集中于人口、粮食、物种和遗传资源、能源、工业和人类居住等方面。在系统探讨了人类面临的一系列重大的经济、社会和环境问题之后，提出了"可持续发展"的概念。报告深刻指出，在过去，我们关心的是经济发展对生态环境带来的影响，而现在，我们正迫切地感到生态的压力对经济发展所带来的重大影响。因此，我们需要有一条新的发展道路，这条道路不是一条仅能在若干年内、在若干地方支持人类进步的道路，而是一直到遥远的未来都能支持全球人类进步的道路。这实际上就是卡逊在《寂静的春天》里没能提供答案的、所谓的"另外的道路"，即"可持续发展道路"。布伦特兰鲜明、创新的观点，把人类从单纯考虑环境保护引导到把环境保护与人类发展切实结合起来，实现了人类有关环境与发展思想的飞跃。

5）联合国环境与发展大会——环境与发展的里程碑

从1972年联合国人类环境会议召开到1992年的20年间，尤其是20世纪80年代以来，国际社会关注的热点已由单纯注重环境问题逐步转移到环境与发展二者的关系上来，而这一主题必须有国际社会的广泛参与。在这一背景下，联合国环境与发展大会(UNCED)于1992年6月在巴西里约热内卢召开。共有183个国家的代表团和70个国际组织的代表出席了会议，102位国家元首或政府首脑到会讲话。会议通过了《里约环境与发展宣言》(又名《地球宪章》)和《21世纪议程》两个纲领性文件。前者是开展全球环境与发展领域合作的框架性文件,是为了保护地球永恒的活力和整体性,建立一种新的、公平的全球伙伴关系的"关于国家和公众行为基本准则"的宣言,它提出了实现可持续发展的 27 条基本原则;后者则是全球范围内可持续发展的行动计划,它旨在建立 21 世纪世界各国在人类活动对环境产生影响的各个方面的行动规则,为保障人类共同的未来提供一个全球性措施的战略框架。此外,各国政府代表还签署了联合国《气候变化框架公约》、《关于森林问题的原则申明》、《生物多样性公约》等国际文件及有关国际公约。可持续发展得到世界最广泛和最高级别的政治承诺。

以这次大会为标志,人类对环境与发展的认识提高到了一个崭新的阶段。大会为人类高举可持续发展旗帜、走可持续发展之路发出了总动员,使人类迈出了跨向新的文明时代的关键性的一步,为人类的环境与发展矗立了一座重要的里程碑。

3.1.2 可持续发展的内涵和基本原则

1. 可持续发展的定义

要精确给可持续发展下定义是比较困难的,不同的机构和专家对可持续发展的定义角度虽有所不同,但基本方向一致。

世界环境与发展委员会(WECD)经过长期的研究,在 1987 年 4 月发表的《我们共同的未来》中将可持续发展定义为:"可持续发展是既满足当代人的需要,又不对后代人满足其需要的能力构成危害的发展。"这个定义明确地表达了两个基本观点:一是要考虑当代人,尤其是世界上贫穷人的基本要求;二是要在生态环境可以支持的前提下,满足人类当前和将来的需要。

1991 年,世界自然保护同盟、联合国环境规划署和世界野生生物基金会在《保护地球——可持续生存战略》一书中提出这样的定义:"在生存不超出维持生态系统承载能力的情况下,改善人类的生活质量。"

1992 年,联合国环境与发展大会(UNCED)的《里约宣言》中对可持续发展进一步阐述为"人类应享有与自然和谐的方式过健康而富有成果的生活权利,并公平地满足今世后代在发展和环境方面的需要,求取发展的权利必须实现"。

另有许多学者也纷纷提出了可持续发展的定义,如英国经济学家皮尔斯和沃福德在1993 年所著的《世界无末日》一书中提出了以经济学语言表达的可持续发展定义:"当发展能够保证当代人的福利增加时,也不应使后代人的福利减少。"

我国学者叶文虎、栾胜基等为可持续发展给出的定义是:"可持续发展是不断提高人群生活质量和环境承载能力的,满足当代人需求又不损害子孙后代满足其需求的,满足一个地区或一个国家的人群需求又不损害别的地区或国家的人群满足其需求的发展。"

2. 可持续发展的内涵

在人类可持续发展的系统中,经济可持续性是基础,环境可持续性是条件,社会可持续性才是目的。人类共同追求的应当是以人的发展为中心的经济-环境-社会复合生态系统持续、稳定、健康的发展。所以,对可持续发展需要从经济、环境和社会三个角度加以解释才能完整地表述其内涵。

（1）可持续发展应当包括"经济的可持续性"。具体而言，是指要求经济体能够连续地提供产品和劳务，使内债和外债控制在可以管理的范围以内，并且要避免对工业和农业生产带来不利的极端的结构性失衡。

（2）可持续发展应当包含"环境的可持续性"。这意味着要求保持稳定的资源基础，避免过度地对资源系统加以利用，维护环境的净化功能和健康的生态系统，并且使不可再生资源的开发程度控制在使投资能产生足够的替代作用的范围之内。

（3）可持续发展还应当包含"社会的可持续性"。这是指通过分配和机遇的平等、建立医疗和教育保障体系、实现性别的平等、推进政治上的公开性和公众参与性这类机制来保证"社会的可持续发展"。

更根本地，可持续发展要求平衡人与自然和人与人两大关系。人与自然必须是平衡的、协调的。恩格斯指出："我们不要过分陶醉于我们人类对自然界的胜利，对于每一次这样的胜利，自然界都对我们进行报复。"他告诫我们要遵循自然规律，否则就会受到自然规律的惩罚，并且提醒："我们每走一步都要记住：我们统治自然界，绝不像征服者统治异族人那样，绝不像站在自然界之外的人似的——相反地，我们连同我们的肉、血和头脑都是属于自然界和存在于自然界之中的；我们对自然界的全部统治力量，就在于我们比其他一切生物强，能够认识和正确运用自然规律。"

可持续发展还强调协调人与人之间的关系。马克思、恩格斯指出：劳动使人们以一定的方式结成一定的社会关系，社会是人与自然关系的中介，把人与人、人与自然联系起来。社会的发展水平和社会制度直接影响人与自然的关系。只有协调好人与人之间的关系，才能从根本上解决人与自然的矛盾，实现自然、社会和人的和谐发展。由此可见，可持续发展的内容可以归结为三条：人类对自然的索取，必须与人类向自然的回馈相平衡；当代人的发展，不能以牺牲后代人的发展机会为代价；本区域的发展，不能以牺牲其他区域或全球的发展为代价。

总之，可以认为可持续发展是一种新的发展思想和战略，目标是保证社会具有长期的持续性发展的能力，确保环境、生态的安全和稳定的资源基础，避免社会经济大起大落的波动。可持续发展涉及人类社会的各个方面，要求社会进行全方位的变革。

3. 可持续发展的基本原则

1）公平性原则

公平是指机会选择的平等性。可持续发展强调：人类需求和欲望的满足是发展的主要目标，因而应努力消除人类需求方面存在的诸多不公平性因素。"可持续发展"所追求的公平性原则包含以下两个方面的含义：

一是追求同代人之间的横向公平性，"可持续发展"要求满足全球全体人民的基本需求，并给予全体人民平等性的机会以满足他们实现较好生活的愿望，贫富悬殊、两极分化的世界难以实现真正的"可持续发展"，所以要给世界各国以公平的发展权（消除贫困是"可持续发展"进程中必须优先考虑的问题）。

二是代际间的公平，即各代人之间的纵向公平性。要认识到人类赖以生存与发展的自然资源是有限的，本代人不能因为自己的需求和发展而损害人类世世代代需求的自然资源和自然环境，要给后代人利用自然资源以满足其需求的权利。

2）可持续性原则

可持续性是指生态系统受到某种干扰时能保持其生产率的能力。资源的永续利用和生态系统的持续利用是人类可持续发展的首要条件，这就要求人类的社会经济发展不应损害支持地球生命的自然系统、不能超越资源与环境的承载能力。

社会对环境资源的消耗包括两方面：耗用资源及排放污染物。为保持发展的可持续性，对可再生资源的使用强度应限制在其最大持续收获量之内；对不可再生资源的使用速度不应超过寻求作为替代品的资源的速度；对环境排放的废物量不应超出环境的自净能力。

3）共同性原则

不同国家和地区由于地域、文化等方面的差异及现阶段发展水平的制约，执行可持续的政策与实施步骤并不统一，但实现可持续发展这个总目标及应遵循的公平性及持续性两个原则是相同的，最终目的都是为了促进人类之间及人类与自然之间的和谐发展。

因此，共同性原则有两个方面的含义：一是发展目标的共同性，这个目标就是保持地球生态系统的安全，并以最合理的利用方式为整个人类谋福利；二是行动的共同性。因为生态环境方面的许多问题实际上是没有国界的，必须开展全球合作，而全球经济发展不平衡也是全世界的事。

3.2　物质平衡理论

清洁生产以合理利用自然资源和源头预防工业污染为目标，以物质循环利用为主要手段，其最基本的理论基础是物质平衡理论即质量（能量）守恒原理，用以对清洁生产过程可行性的分析和对物质流或能量流的分析调控。

在生产过程中，物质是遵循平衡理论的。生产过程中产生的废物越多，生产所需的原料也就越多，即资源消耗越大。清洁生产要使废物最小化，也就是要将资源最充分利用。原料和生产中产生的废物是一个相对的概念，在一个生产过程中的废物有可能成为另一个生产过程的原料。将废料转化为资源，就可以达到资源的最大利用率。物质平衡理论说明清洁生产可以实现资源利用最大化、废物产生最小化，环境污染零排放或低排放。

3.2.1　能量守恒定理

根据地日关系的原理，地球上一切物质都具有能量，能量是物质固有的特性。通常，能量可分为两大类。一类是系统蓄积的能量，如动能、势能和热力学能，它们都是系统状态的函数。另一类是过程中系统和环境传递的能量，常见的有功和热量，它们不是状态函数，而与过程有关。热量是因为温度差引起的能量传递，而做功是由势差引起的能量传递。因此，热和功是两种本质不同且与过程传递方式有关的能量形式。

能量的形式不同，但是可以相互转化或传递。在转化或传递的过程中，能量的数量是守恒的，能量既不能创造，也不会消灭，而只能从一种形式转换为另一种形式，从一个物体传递到另一个物体，在能量转换和传递过程中能量的总量恒定不变，这就是热力学第一定律，即能量守恒与转化原理。

能量从量的观点来看，只是是否已利用、利用了多少的问题。而从质（品位）的观点来看,则是个是否按质用能的问题。热力学第一定律只说明了能量在量上守恒,并不能说明能量在质方面的高低。所谓提高能量的有效利用问题,其本质就在于防止和减少能量的贬值现象发生。能量的质的属性是由热力学第二定律来揭示的。

热力学第二定律的实质是能量贬值原理。它指出能量转换过程总是朝着能量贬值的方向进行:高品质的能量可以全部转换为低品质的能量;能量传递过程也总是自发地朝着能量品质下降的方向进行;能量品质提高的过程不可能自发地单独进行;一个能量品质提高的过程肯定伴随有另一能量品质下降的过程,并且这两个过程是同时进行的,即另一能量品质下降的过程就是实现前一个能量品质提高过程的必要的补偿条件。在实际过程中,作为代价的另一能量品质下降过程必须足以提高前一个能量品质的改进过程,因为某一系统中实际过程之所以能够进行都是以该系统中总的能量品质下降为代价的,即任何过程的进行都会产生能量贬值,能量在转换和利用过程中品位逐渐降低。

在不同的用能目的中,所要求的能量品位也常不相同。节能的一个原则就是在需要低品位能量的场合,尽量不供给高品位的能量,这就是能量匹配。在能量匹配原则的指导下,同一能量可以在不同品位的水平上多次利用,这就是能量的梯级利用。能量匹配和能量梯级利用原则的理论基础就是降低用能过程中的不可逆性。合理组织能量梯级利用,提高能量利用效率,降低能量损失的不可逆性,是热力学原理的实践内容之一。

根据能量贬值原理,不是每一种能量都可以连续地、完全地转换为任何一种其他的能量形式。从转换的角度来看,不同形式的能量按照其转换能力可以分为三类:第一类是全部转换能,它可以完全转换为功,称为高质能,其数量和质量是统一的,比如电能、机械能等;第二类是部分转换能,它只能部分地转换为功,称为低质能,其数量和质量是不统一的,如热能、流动体系的总能等;第三类是废弃能,它受环境限制不能转换为功,如处在环境条件下的介质的内能等,这种能量称为寂态能,尽管它有相当的数量,但品位很低,从技术上讲无法使之转换为功。

热力学的上述两个定律(能量守恒与转换定律和能量贬值定律)告诉我们,欲节约能源,必须考虑能的量和质两方面。减少能量需求的最好办法是开展节约能源活动。当前,我们所用到的能量转换过程中,绝大部分的效率都是非常低的,许多能量在转换过程中以热量方式浪费掉了。例如,在燃烧石油发电过程中,产生的电能只相当于石油最初能量的38%;用燃烧木材的炉子给房间加热时,能量利用率只有40%左右,而用一个能量节约型的燃气炉却可以达到90%的利用率。可见,在我们的日常生活中和工业生产中使用能量利用率高的系统可以节约大量的能源。节能不是消极地减少能源的用量,而是积极地谋求提高能量的有效利用率。能源的有效利用是一个综合的课题。

3.2.2　物质守恒原理

质量守恒是自然界的普遍规律。根据热力学第一定律,物质在生产和消费过程中及其后都没有消失,只是从原来"有用"的原料或产品变成了"无用"的废物进入环境中,形成污染,而物质的总量保持不变。在实际生产活动中,生产资料一部分转变为具有价值的产品,一部分转变为废弃物,产生的废物越多,则生产资料的消耗越大。事实上,废物只是不符合生产目的、不具有价值的非产品产出,是放错位置的资源,若合理利用,则废物不废。物质守恒原理说明,物质流、能量流的重复利用和优化利用是可能的。清洁生产表现在生产过程中,正是通过对资源的循环利用和废物的回收利用,来达到资源合理利用和预防工业污染的双重目的。在社会经济活动中,一个产业系统由原材料获取、物质加工、能量转换、残余物处理和最终消费等多个部门组成。在产业部门将资源转变为产品的制造过程中以及产品的使用与处理过程中都在产生废弃物,废弃物是产业部门造成环境污染的主要根源。为了减少产业系统对自然环境的污染,重要的手段是提高物质和能量的利用效率和循环使用率,借此减少自然资源的开采量和使用量,降低污染物的排放量。基于物质守恒原理的清洁生产的物质循环,不仅是解决有限资源可持续利用的有效方式,而且又是解决环境污染问题的重要手段。在产业系统实施清洁生产,一方面通过物质循环,建立良性的资源综合利用工业链,实行物质资源循环利用和梯级利用,使得物料利用率尽可能提高,减少原材料的消耗和浪费;另一方面对形成的废弃物进行物质的再生循环,既减少工业生产废弃物对环境造成的危害和影响,又可以有效地弥补资源短缺状况,最终都为实现可持续发展做出了贡献。

3.3　生态学理论

3.3.1　生态学及其发展

1. 生态学的概念

生态学(ecology)一词源于希腊文 oikos,其意为"住所"或"栖息地"。从字义上讲,生态学是关于居住环境的科学。1866 年德国生物学家海克尔(H. Haeckel)在《普通生物形态学》一书中第一次正式提出生态学的概念,并将其定义为:"生态学是研究生物与其环境关系的科学。"

我国著名生态学家马世骏教授定义生态学为:"研究生物与环境之间相互关系及其作用机理的科学。"目前,最为全面和大多数学者们所采用的定义为:"生态学是一门研究生物与生物、生物与其环境之间的相互关系及其作用机理的科学。"

2. 生态学的发展

综观生态学的发展,可分为两个阶段。

1) 生物学分支学科阶段

20 世纪 60 年代以前,生态学基本上局限于研究生物与环境之间的相互关系,隶属于生物学的一个分支学科。初期的生态学主要是以各大生物类群与环境相互关系为研究对象,因而出现了植物生态学、动物生态学、微生物生态学等。进而以生物有机体的组织层次与环境的相互关系为研究对象,出现了个体生态学、种群生态学和生态系统生态学。

个体生态学就是研究各种生态因子对生物个体的影响。各种生态因子包括阳光、大气、水分、温度、湿度、土壤和环境中的其他相关生物等。各种生态因子对生物个体的影响,主要表现在引起生物个体生长发育、繁殖能力和行为方式的改变等。

种群是指同一时空中同种生物个体所组成的集合体,种群生态学主要研究种群与其生存环境相互作用下,种群的空间分布和数量变动的规律。

生态系统生态学主要研究生物群落与其生存环境相互作用下,生态系统结构和功能的变化及其稳定性。所谓的生物群落就是指同一时空中多个生物种群的集合体。

2）综合性学科阶段

20世纪50年代后半期以来，由于工业发展、人口膨胀，导致粮食短缺、环境污染、资源紧张等一系列世界性环境问题的出现，迫使人们不得不以极大的关注去寻求协调人类与自然的关系，探求全球可持续发展的途径。人们寄希望于集中全人类的智慧，更期望发挥生态学的作用。这种社会需求推动了生态学的发展。

近代系统科学、控制论、计算机技术和遥感技术等的广泛应用，为生态学对复杂系统结构的分析和模拟创造了条件，为深入探索复杂系统的功能和机理提供了更为科学和先进的手段，这些相邻学科的"感召效应"也促进了生态学的高速发展。

随着现代科学技术向生态学的不断渗透，生态学被赋予了新的内容和动力，突破了原有生物科学的范畴，成为当代最为活跃的领域之一。生态学在基础研究方面，已趋于向定性和定量相结合、宏观与微观相结合的方向发展，并进一步研究生物与环境之间的内在联系及其作用机理，使生态学原有的个体生态学、种群生态学和生态系统生态学等各个分支学科均有不同程度的提高，达到了一个新的水平。同时，由于生态学与相邻学科的相互交融，也产生了若干个新的学科生长点，诸如生态学与数学相结合，形成了数学生态学。数学生态学不仅为阐明复杂生态系统提供了有效的工具，而且数学的抽象和推理也有助于对生态系统复杂现象的解释和有关规律的探求，这必将导致生态学新理论和新方法的出现。生态学与化学相结合，形成了化学生态学。化学生态学不仅可以揭示生物与环境之间相互作用关系的实质，而且在有害生物防治的探求方面（如农药的使用）也提供了有效的手段。

随着经济建设和社会的发展，出现了一些违背生态学规律的现象，如人口膨胀、资源浪费、环境污染、生态破坏等，引发了一系列经济问题和社会问题，迫使人们在运用经济规律解决问题的同时，也积极主动地探索对生态规律的应用。此时，生态学与经济学、社会学相互渗透，使生态学出现了突破性的新进展。生态学不仅限于研究生物圈内生物与环境的辩证关系及其相互作用的规律和机理，也不仅限于研究人类活动（主要是经济活动）与自然环境的关系，而是研究人类与社会环境的关系。

研究人类与其生存环境的关系及其相互作用的规律，形成了人类生态学。研究人类与各类人工环境的关系及其相互作用的规律，就构成了人类生态学的众多分支学科。如研究人类与社会环境的关系及其相互作用的规律形成了社会生态学；研究人类与经济、政治、教育环境的关系则分别形成了经济生态学、政治生态学和教育生态学等；研究城市居民与城市环境的关系及其相互作用的规律形成了城市生态学；研究人类与工业环境的关系及其相互作用的规律形成了工业生态学；研究人类与农业环境的关系及其相互作用的规律形成了农业生态学等。

当前我国对环境污染与破坏的控制，仍然是以城市环境综合整治与工业污染防治为重点，城市生态学和工业生态学理论可用于生态城市和生态工业的建设。

目前，生态学正以前所未有的速度，在原有学科理论和方法的基础上，与自然科学和社会科学相互渗透，向纵深发展并不断拓宽研究领域。生态学将以生态系统为中心，以生态工程为手段，在协调人与人、人与自然的复杂关系，探求全球走可持续发展之路、建设和谐社会方面，做出重要的贡献。21世纪是生态的世纪。

3.3.2 生态系统

1. 生态系统的概念

生态系统的概念是英国植物群落学家坦斯莱（A. G. Tansley）在20世纪30年代首先提出的。由于生态系统的研究内容与人类的关系十分密切，对人类的活动具有直接的指导意义，所以很快得到了人们的重视。20世纪50年代后已得到广泛传播，60年代以后逐渐成为生态学研究的中心。

生态系统是生态学中最重要的一个概念，也是自然界最重要的功能单位。所谓生态系统，就是在一定的空间中共同栖居着的所有生物（即生物群落）与其环境之间，由于不断地进行物质和能量流动过程而形成的统一整体。如果将生态系统用一个简单明了的公式概括，可表示为：生态系统＝生物群落＋非生物环境。

2. 生态系统的组成和结构

1）生态系统的组成

所有的生态系统，不论陆生的还是水生的，都可以概括为两大部分或4种基本成分。两大部分是指非生物部分和生物部分，4种基本成分包括非生物环境和生产者、消费者与分解者三大功能类群，见图3-1。

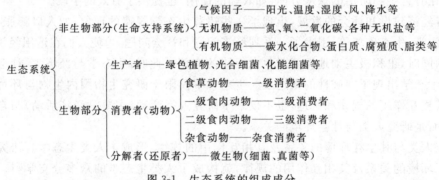

图 3-1　生态系统的组成成分

（1）非生物部分

非生物部分是指生物生活的场所，是物质和能量的源泉，也是物质和能量交换的地方，非生物部分具体包括：①气候因子，如阳光、温度、风和降水等；②无机物质，如氮、氧、二氧化碳和各种无机盐等；③有机物质，如碳水化合物、蛋白质、腐殖质及脂类等。非生物成分在生态系统中的作用，一方面是为各种生物提供必要的生存环境，另一方面是为各种生物提供必要的营养元素，可统称为生命支持系统。

（2）生物部分

生物部分由生产者、消费者和分解者构成。

① 生产者。生产者主要是绿色植物，包括一切能进行光合作用的高等植物、藻类和地衣。这些绿色植物体内含有光合作用色素，可利用太阳能把二氧化碳和水合成有机物，同时释放出氧气。除绿色植物以外，还有利用太阳能和化学能把无机物转化为有机物的光能自

养微生物和化能自养微生物。

生产者在生态系统中不仅可以生产有机物,而且也能在将无机物合成有机物的同时,把太阳能转化为化学能,储存在生成的有机物当中。生产者生产的有机物及储存的化学能,一方面供给生产者自身生长发育的需要,另一方面也用来维持其他生物全部生命活动的需要,是其他生物类群包括人类在内的食物和能源的供应者。

② 消费者。消费者由动物组成,它们以其他生物为食,自己不能生产食物,只能直接或间接地依赖于生产者所制造的有机物获得能量。根据不同的取食地位,消费者可分为:一级消费者(亦称初级消费者),直接依赖生产者为生,包括所有的食草动物,如牛、马、兔,池塘中的草鱼以及许多陆生昆虫等;二级消费者(亦称次级消费者),是以食草动物为食的食肉动物,如鸟类、青蛙、蜘蛛、蛇、狐狸等。食肉动物之间又是"弱肉强食",由此,可以进一步分为三级消费者、四级消费者,这些消费者通常是生物群落中体型较大、性情凶猛的种类。另外,消费者中最常见的是杂食消费者,是介于草食性动物和肉食性动物之间,既食植物又食动物的杂食动物,如猪、鲤鱼、大型兽类中的熊等。

消费者在生态系统中的作用之一是实现物质和能量的传递。如草原生态系统中的青草、野兔和狼,其中,野兔就起着把青草制造的有机物和储存的能量传递给狼的作用。消费者的另一个作用是实现物质的再生产,如草食动物可以把草本植物的植物性蛋白再生产为动物性蛋白。所以,消费者又可称为次级生产者。

③ 分解者。分解者亦称还原者,主要包括细菌、真菌、放线菌等微生物以及土壤原生动物和一些小型无脊椎动物。这些分解者的作用,就是把生产者和消费者的残体分解为简单的物质,最终以无机物的形式归还到环境中,供给生产者再利用。所以,分解者对生态系统中的物质循环具有非常重要的作用。

2)生态系统的结构

构成生态系统的各个组成部分,各种生物的种类、数量和空间配置,在一定时期均处于相对稳定的状态,使生态系统能够各自保持一个相对稳定的结构。对生态系统结构的研究,目前着眼于形态结构和营养结构。

(1)形态结构

生态系统的形态结构指生物成分在空间、时间上的配置与变化,即空间结构和时间结构。

① 空间结构。空间结构是生物群落的空间格局状况,包括群落的垂直结构(成层现象)和水平结构(种群的水平配置格局)。例如,一个森林生态系统,在空间分布上,自上而下具有明显的成层现象,地上有乔木、灌木、草本植物、苔藓植物,地下有深根系、浅根系及根系微生物和微小动物。在森林中栖息的各种动物,也都有其相对的空间位置,如在树上筑巢的鸟类、在地面行走的兽类和在地下打洞的鼠类等。在水平分布上,林缘、林内植物和动物的分布也有明显的不同。

② 时间结构。时间结构主要指同一个生态系统,在不同的时期或不同的季节,存在着有规律的时间变化。例如,长白山森林生态系统,冬季满山白雪覆盖,到处是一片林海雪原;春季冰雪融化,绿草如茵;夏季鲜花遍野,五彩缤纷;秋季又是果实累累,气象万千。不仅在不同季节有着不同的季相变化,就是昼夜之间,其形态也会表现出明显的差异。

(2)营养结构

生态系统各组成部分之间,通过营养联系构成了生态系统的营养结构,其一般模式可用图 3-2 表示。

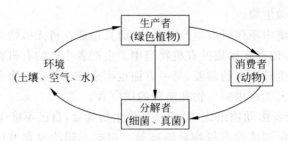

图 3-2　生态系统的营养结构

生产者可向消费者和分解者分别提供营养,消费者也可向分解者提供营养,分解者则把生产者和消费者以动植物残体形式提供的营养分解为简单的无机物质归还给环境,由环境再供给生产者利用。这既是物质在生态系统中的循环过程,也是生态系统营养结构的表现形式。由于不同生态系统的组成成分不同,其营养结构的具体表现形式也会因之各异。如鱼塘生态系统的生产者是藻类、水草,消费者是鱼类,分解者是鱼塘微生物,环境则是水、水中空气和底泥;而森林生态系统的生产者是森林、草本植物,消费者是栖息在森林中的各种动物,分解者是森林微生物,环境则是森林土壤、空气和水。

3. 生态系统的类型

自然界中的生态系统是多种多样的,为了方便研究,人们从不同的角度将生态系统分成了若干类型。

按照生态系统的生物成分,可将生态系统分为:①植物生态系统,如森林、草原等生态系统;②动物生态系统,如鱼塘、畜牧等生态系统;③微生物生态系统,如落叶层、活性污泥等生态系统;④人类生态系统,如城市、乡村等生态系统。

按照环境中的水体状况,可将生态系统划分为陆生生态系统和水生生态系统。陆生生态系统可进一步划分为荒漠生态系统、草原生态系统、稀树干草原生态系统和森林生态系统等。水生生态系统也可进一步划分为淡水生态系统和海洋生态系统。而淡水生态系统又包括江、河等流水生态系统和湖泊、水库等静水生态系统;海洋生态系统则包括滨海生态系统和大洋生态系统等。详见表 3-1。

表 3-1　地球上的生态系统类型

陆生生态系统	水生生态系统
荒漠:干荒漠、冷荒漠	淡水
苔原	静水:湖泊、水库等
极地	流水:河流、溪流等
高山	湿地:沼泽
草地:湿草地、干草原	海洋
稀树干草原	远洋
温带针叶林	珊瑚礁
亚热带常绿阔叶林	浅海(大陆架)
热带雨林:雨林、季雨林	河口
	海峡
	海岸带

按照人为干预的程度,可将生态系统分为自然生态系统、半自然生态系统和人工生态系统。自然生态系统指没有或基本没有受到人为干预的生态系统,如原始森林、未经放牧的草原、自然湖泊等;半自然生态系统指虽然受到人为干预,但其环境仍保持一定自然状态的生态系统,如人工抚育过的森林、经过放牧的草原、养殖的湖泊等;人工生态系统指完全按照人类的意愿,有目的、有计划地建立起来的生态系统,如城市、工厂、乡村等。

随着城市化的发展,人类面临的人口、资源和环境等问题都直接或间接地关系到经济发展、社会进步和人类赖以生存的自然环境三个不同性质的问题。实践要求把三者综合起来加以考虑,于是产生了社会-经济-自然复合生态系统的新概念。这种系统是最为复杂的,它把生态、社会和经济多个目标一体化,使系统复合效益最高、风险最小、活力最大。

城市是一个典型的以人为中心的自然-经济-社会复合生态系统。它不仅包括大自然生态系统所包含的所有生物要素与非生物要素,而且还包含人类最重要的社会及经济要素。在整个城市生态系统中又可分为3个层次的亚系统,即自然亚系统、经济亚系统和社会亚系统。自然亚系统包括城市居民赖以生存的基本物质环境,它以生物与环境协同共生及环境对城市活动的支持、容纳、缓冲及净化为特征。社会亚系统以人为核心,以满足城市居民的就业、居住、交通、供应、文娱、医疗、教育及生活环境等需求为目标,为经济亚系统提供劳力和智力,并以高密度的人口和高强度的生活消费为特征。经济亚系统以资源为核心,由工业、农业、建筑、交通、贸易、金融、信息、科教等部门组成,它以物质从分散向集中的高密度运转、能量从低质向高质的高强度聚集、信息从低序向高序的连续积累为特征。各亚系统之间的关系见图 3-3。

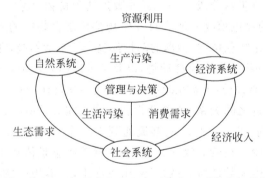

图 3-3　自然-经济-社会复合生态系统各亚系统之间的关系

上述各个亚系统除自身内部的运转外,它们之间还相互作用、相互制约,构成一个不可分割的整体。各亚系统的运转或系统间的联系如果失调,便会造成整个城市系统的紊乱和失衡,因此,就需要城市的相关部门制定政策、采取措施、发布命令,对整个城市生态系统的运行进行调控。

4. 生态系统的功能

生态系统的功能主要表现在它具有一定的能量流动、物质循环和信息传递。食物链(网)和营养级是实现这些功能的保证。

1) 食物链(网)和营养级

(1) 食物链(网)

生态系统中各种生物以食物为联系建立起来的链锁称为"食物链"。按照生物间的相互关系，一般地，食物链可分为下述 3 种类型。

① 捕食性食物链，以生产者为基础，其构成形式为植物→食草动物→食肉动物，后者捕食前者。如在草原上，青草→野兔→狐狸→狼；在湖泊中，藻类→甲壳类→小鱼→大鱼。

② 腐食性食物链，以动植物遗体为基础，由细菌、真菌等微生物或某些动物对其进行腐殖质化或矿化。如植物遗体→蚯蚓→线虫类→节肢动物。

③ 寄生性食物链，以活的动植物有机体为基础，再寄生以寄生生物，前者为后者的寄主。如：牧草→黄鼠→跳蚤→鼠疫病菌。

在各种类型的生态系统中，3 种食物链几乎同时存在，各种食物链相互配合，保证了能量流动在生态系统内畅通。

实际上，生态系统中的食物链很少是单条、孤立出现的（除非食物性都是专一的），它往往是交叉链锁，形成复杂的网络结构，即食物网。例如，田间的田鼠可能吃好几种植物的种子，而田鼠也是好几种肉食动物的捕食对象，每一种肉食动物又以多种动物为食等。

食物网是自然界普遍存在的现象。生产者制造有机物，各级消费者消耗这些有机物，生产者和消费者之间相互矛盾，又相互依存。不论是生产者还是消费者，其中某一种群数量突然发生变化，必然牵动整个食物网，在食物链上反映出来。生态系统中各生物成分间正是通过食物网发生直接或间接的联系，保持着生态系统结构和功能的稳定性。食物链上某一环节的变化往往会引起整个食物链的变化，从而影响生态系统的结构。

（2）营养级

食物链上的各个环节叫营养级。一个营养级指处于食物链某一环节上的所有生物的总和。例如，作为生产者的绿色植物和所有自养生物都位于食物链的起点，共同构成第一营养级；所有以生产者（主要是绿色植物）为食的动物都属于第二营养级，即草食动物营养级；第三营养级包括所有以草食动物为食的肉食动物，以此类推。由于能流在通过营养级时会急剧地减少，所以食物链就不可能太长，生态系统中的营养级一般只有 4～5 级，很少有超过 6 级的。

对捕食者和被捕食者之间关系、植食动物和植物之间关系的广泛研究表明，在输入到一个营养级的能量中，只有 10%～20% 能够流通到下一个营养级，其余的则为呼吸所消耗。能量通过营养级逐渐减少。在营养级序列上，上一营养级总是依赖于下一营养级，下一营养级只能满足上一营养级中少数消费者的需要，由下向上，营养级的物质、能量呈阶梯状递减，于是形成一个底部宽、上部窄的尖塔，称为"生态金字塔"。生态金字塔可以是能量（生产力）、生物量表征，也可以是数量表征。在寄生性食物链上，生物数量往往呈倒金字塔，在海洋中的浮游植物与浮游动物之间，其生物量也往往呈倒金字塔形，见图 3-4。

2）生态系统的三大功能

（1）能量流动

能量是生态系统的动力，是一切生命活动的基础。一切生命活动都需要能量，并且伴随着能量的转化，否则就没有生命，没有有机体，也就没有生态系统，而太阳能正是生态系统中能量的最终来源。能量有两种形式：动能和潜能。动能是生物及其环境之间以传导和对流的形式相互传递的一种能量，包括热和辐射。潜能是蕴藏在生物有机分子键内的能量，代表做功的能力和做功的可能性。太阳能正是通过植物光合作用而转化为潜能并储存在有机分子键内的。

从太阳能到植物的化学能，然后通过食物链的联系，使能量在各级消费者之间流动，这

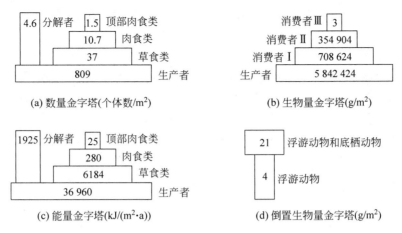

(a) 数量金字塔(个体数/m²)　　　　　(b) 生物量金字塔(g/m²)

(c) 能量金字塔(kJ/(m²·a))　　　　　(d) 倒置生物量金字塔(g/m²)

图 3-4　生态金字塔

样就构成了能流。能流是单向性的,每经过食物链的一个环节,能流都有不同程度的散失,食物链越长,散失的能量就越多。由于生态系统中的能量在流动中是层层递减的,所以需要由太阳不断地补充能流,才能维持下去。

① 能量流动的过程。生态系统中全部生命活动所需的能量最初均来自太阳。太阳能被生物利用,是通过绿色植物的光合作用实现的。光合作用的化学方程式为

$$6CO_2 + 6H_2O \xrightarrow[\text{光合作用色素}]{2817.8kJ} C_6H_{12}O_6 + 6O_2$$

绿色植物的光合作用在合成有机物的同时将太阳能转变为化学能,储存在有机物中。绿色植物体内储存的能量,通过食物链,在传递营养物质的同时,依次传递给食草动物和食肉动物。动植物的残体被分解者分解时,又把能量传递给分解者。此外,生产者、消费者和分解者的呼吸作用都会消耗一部分能量,消耗的能量被释放到环境中去。这就是能量在生态系统中的流动(见图 3-5)。

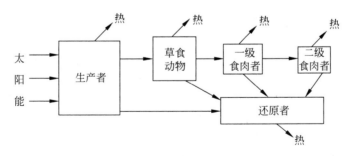

图 3-5　生态系统的能量流动

② 能量流动的特点。能量流动的特点有:就整个生态系统而言,生物所含能量是逐级减少的;在自然生态系统中,太阳是唯一的能源;生态系统中能量的转移受各类生物的驱动,它们可直接影响能量的流速和规模;生态系统的能量一旦通过呼吸作用转化为热能,散逸到环境中去,就不能再被生物所利用。因此,系统中的能量呈单向流动,不能循环。

在能量流动过程中,能量的利用效率称为生态效率。能量的逐级递减基本上是按照"十分之一定律"进行的,也就是说,从一个营养级到另一个营养级的能量转化率为 10%,能量

流动过程中有 90% 的能量被损失掉了,这就是营养级一般不能超过 6 级的原因。

(2) 物质循环

① 生命与元素。生命的维持不仅依赖于能量的供应,也依赖于各种营养物质的供应。生物需要的养分很多,如碳(C)、氢(H)、氧(O)、氮(N)、磷(P)、钾(K)、钙(Ca)、镁(Mg)、硫(S)、铁(Fe)、钠(Na)等。其中 C、H、O 占生物总质量的 95% 左右,需要量最大,最为重要,称为能量元素;N、P、Ca、K、Mg、S、Fe、Na 称为大量元素。生物对硼(B)、铜(Cu)、锌(Zn)、锰(Mn)、钼(Mo)、钴(Co)、碘(I)、硅(Si)、硒(Se)、铝(Al)、氟(F)等的需要量很小,它们被称为微量元素。这些元素对生物来说缺一不可,作用各不相同。生物所需要的碳水化合物虽然可以通过光合作用利用 H_2O 和 CO_2 来合成,但是还需要其他一些元素,如 N、P、K、Ca、Mg 等参与更为复杂的有机物质如叶绿素的合成。

② 物质循环的概念和特点。物质是不灭的,物质也是生命活动的基础。生态系统中的物质,主要是指生物为维持生命所需的各种营养元素,它们在各个营养级之间传递,构成物质流。物质从大气、水域或土壤中,通过以绿色植物为代表的生产者吸收进入食物链,然后转移到食草动物和食肉动物等消费者,最后被以微生物为代表的分解者分解转化回到环境中。这些释放出的物质又再一次被植物利用,重新进入食物链,参加生态系统的物质循环。这个过程就是物质循环(nutrient cycle)。物质循环又称为生物地球化学循环(biogeochemical cycle)或生物地化循环,简而言之,是指各种化学物质在生物和非生物之间的循环运转。"循环"一词意味着这些化学物质可以被多次重复利用。

生物在地球上存在的范围不外乎四大圈。生物界形成生物圈(biosphere),非生物界三大圈:大气圈(atmosphere)(如空气中气态的 N_2、以 CO_2 形式存在的 C)、岩石圈(lithosphere)(如 Ca 以石灰 $CaCO_3$ 形式存在)和水圈(hydrosphere)(如以碳酸 H_2CO_3 形式存在的 C)。这四大圈彼此之间不断地进行着各种物质的交换,但是,在每一圈中,各种元素的相对数量和绝对数量是明显不同的。

可以把生态系统的各个部分看成是不同的子系统,把生态系统中有元素滞留的各子系统看成是一个个的库。库是研究生态系统物质循环时经常用到的一个概念,它是指某物质在生物和非生物中储存的数量。例如,大气中的含 C 量是一个库,植物体内的含 C 量又是一个库。C 在大气和植物之间的循环,实际上是 C 在库与库之间的迁移。常把大的、缓慢移动的库叫做储存库;而把小的、迅速移动的库叫做交换库。在多数营养物质的循环中,无机物沉淀被看作是储存库;而把生物看作是交换库,因为生物能与栖息地迅速地进行各种物质的交换。

物质在生态系统中的流通可以用单位时间、单位面积(或体积)通过的数量来表示。库量与流通率之比即为周转时间。例如,大气库与植物库之间 CO_2 的周转时间为 3000a,也就是说,植物和动物呼出的 CO_2 在大气库中可停留 3000a,再为植物细胞所固定。在正常情况下,在整个物质流中,各个库之间的物质流动,收入与支出应该是平衡的,否则生态系统的功能将发生障碍。

③ 生物地球化学循环的类型。生物地球化学循环可分为三大类型,即水循环、气体型循环和沉积型循环。

水循环的主要储存库是水体,元素在水体中是以液态形式出现,如氢的循环。气体型循环的储存库是在大气圈和水圈中,如 C 是作为 CO_2 的构成物而存在,O 是以 O_2 和 H_2O 的构成物而存在,而 N_2 则占大气成分的 79％。沉积型循环的营养物质储存库是在地球的沉积物中,如磷元素是以磷灰石等形式存在的。

气体型循环是相当完善的系统,因为大气或海洋储存库的局部变化很快就会分摊开来,各种元素过分集聚或短缺的现象都不会发生。相反,沉积型循环(包括 Ca、P 等元素)大都是不很完善的循环。一种元素的局部过量或短缺的情况经常发生,因为储存库是由缓慢移动的沉积层组成的,循环物质可能在很长时间内都不参与各库之间的循环。因此,从生物的角度看,沉积型循环系统可以说是一个很不完善的反馈控制系统,因为生物总是要求一种营养物质能保持相当稳定的供应。

（3）信息传递

信息是指系统传输和处理的对象。在生态系统的各组成部分之间及各组成部分的内部,存在着各种形式的信息联系,使生态系统联系成为一个有机的统一整体。生态系统中的信息形式主要有物理信息、化学信息、行为信息和营养信息。

① 物理信息。如生态系统中的各种声音、颜色、光、电等都是物理信息。鸟鸣、兽吼可以传达惊慌、警告、嫌恶、有无食物和要求配偶等各种信息。大雁迁飞时,中途停歇,总会有一只担任警戒,一旦发现“敌情”,即会发出一种特殊的鸣声,向同伴传达出敌袭的信息,雁群即刻起飞。昆虫可以根据花的颜色判断花蜜的有无。由于光线越强,食物越多,以浮游藻类为食的鱼类,可以光传递有食物的信息。

② 化学信息。化学信息是指生态系统各个层次生物代谢产生的化学物质所传递的信息,它可以参与协调各种功能,这种能传递信息的化学物质通称为信息素。

如某些高等动物及群居性昆虫在遇到危险时能释放出一种或几种化合物作为信号,以警告种内其他个体有危险来临,这类化合物叫做报警信息素。还有许多动物能向体外分泌性信息素来吸引异性。

在植物群落中,一种植物通过某些化学物质的分泌和排泄而影响另一种植物的生长甚至生存的现象是很普遍的。人们早就注意到,有些植物分泌的化学亲和物质能够促进旁边某种植物的生长,如作物中的洋葱与食用甜菜、马铃薯和菜豆、小麦和豌豆种在一起能相互促进生长。

③ 行为信息。行为信息指的是动植物的异常表现和异常行为传递的某种信息。如蜜蜂发现蜜源时,就以舞蹈“告诉”其他蜜蜂。蜂舞有各种形态和动作,来表示蜜源的远近和方向。若蜜源较近,蜜蜂跳圆舞;蜜源较远,跳摆尾舞。其他工蜂则以触觉来感觉舞蹈的步伐,得到正确飞翔方向的信息。又如燕子在求偶时雄燕会围绕雌燕在空中做出特殊的飞行。

④ 营养信息

在生态系统中,生物的食物链就是一个生物的营养信息系统,各种生物通过营养信息关系联系成一个相互依存和相互制约的整体。食物链中的各级生物要求一定的比例关系,即生态金字塔规律,养活一只草食动物需要几倍于它的植物,养活一只肉食动物需要几倍数量的草食动物。前一个营养级的生物数量反映出后一营养级的生物数量。如在草原牧区,草原的载畜量必须根据牧草的生长量而定,使牲畜数量与牧草产量相适应。如果不顾牧草提供的营养信息,超载过牧,必定会因牧草饲料不足而使牲畜生长不良和引起草原退化。

3.3.3 生态平衡

所谓"生态平衡"，是指一个生态系统在特定时间内的状态，在这种状态下，其结构和功能相对稳定，物质与能量的输入、输出接近平衡，在外来干扰下，通过自调控能恢复到最初的稳定状态。也就是说，生态平衡应包括 3 个方面，即结构上的平衡、功能上的平衡，以及物质输入与输出数量上的平衡。

生态系统可以忍受一定程度的外界压力，并且通过自我调控机制恢复相对平衡，超出此限度，生态系统的自我调节机制就降低或消失，相对平衡就遭到破坏甚至使系统崩溃，这个限度就称为"生态阈值"。生态阈值的大小决定于生态系统的成熟性，系统越成熟，阈值越高；反之，系统结构越简单，功能效率越低，对外界压力的反应越敏感，抵御剧烈生态变化的能力越脆弱，阈值就越低。

3.4 ISO 14000 环境管理系列标准

3.4.1 ISO 14000 环境管理系列标准概述

ISO 14000 是国际标准化组织（ISO）从 1993 年开始制定的系列环境管理国际标准的总称，ISO 中央秘书处为 TC/207 环境管理技术委员会预留了 100 个标准号，即 ISO 14000～ISO 14100，统称 ISO 14000 系列标准。它与以往各国自定的环境排放标准和产品的技术标准等不同，是一个国际性标准，对全世界工业、商业、政府等所有组织改善环境管理行为具有统一标准的功能。它由环境管理体系（EMS）、环境审核（EA）、环境标志（EL）、环境行为评价（EPE）、生命周期评估（LCA）术语和定义（T&D）和产品标准中的环境指标（EAPS）等 7 个部分组成（见表 3-2）。

表 3-2 ISO 14000 标准系列一览表

名　　称	标　准　号
环境管理体系（EMS）	14001～14009
环境审核（EA）	14010～14019
环境标志（EL）	14020～14029
环境行为评价（EPE）	14030～14039
生命周期评估（LCA）	14040～14049
术语和定义（T&D）	14050～14059
产品标准中的环境指标（EAPS）	14060
备用	14061～14100

从 1995 年 6 月起，ISO 14000 系列标准已陆续正式颁布了 ISO 14001 环境管理体系——规范及使用指南规范；ISO 14004 环境管理体系——原理、系统和支援技术通用指南；ISO 14010 环境审核指南——通用原则；ISO 14011 环境审核指南——审核程序——环境管理体系审核；ISO 14012 环境审核指南——环境审核员资格要求。

我国 1997 年 4 月 1 日由国家技术监督局将已公布的五项国际标准 ISO 14001、

ISO 14004、ISO 14010、ISO 14011、ISO 14012 等同于国家标准 GB/T 24001、GB/T 24004、GB/T 24010、GB/T 24011 和 GB/T 24012 正式发布。

在已公布的 5 个标准中,ISO 14001 是系列标准的核心和基础标准,其余的标准为 ISO 14001 提供了技术支持,为环境审核,特别是环境管理体系的审核提供了标准化、规范化程序,对环境审核员提出了具体要求,使环境审核系统化、规范化,并具有客观性和公正性。

这五个标准及其简介如下:

(1) ISO 14001(GB/T 24001—1996)环境管理体系——规范及使用指南。该标准规定了组织建立环境管理体系的要求,描述了对一个组织的环境管理体系进行认证/注册和(或)自我声明可以进行客观审核的标准。通过实施这个标准确信相关组织已建立了完善的环境管理体系。

(2) ISO 14004(GB/T 24004—1996)环境管理体系——原理、体系和支撑技术通用指南。该标准对环境管理体系要素进行阐述,向组织提供了建立、改进或保持有效环境管理体系的建议,是指导企业建立和完善环境管理体系的工具和教科书。

(3) ISO 14010(GB/T 24010—1996)环境审核指南——通用原则。该标准规定了环境审核的通用原则,包括了有关环境审核及相关的术语和定义。任何组织、审核员和委托方为验证与帮助改进环境绩效而进行的环境审核活动都应满足本指南推荐的做法。

(4) ISO 14011(GB/T 24011—1996)环境审核指南——审核程序——环境管理体系审核。该标准规定了策划和实施环境管理体系审核的程序,以判定是否符合环境管理体系的审核准则,包括环境管理体系审核的目的、作用和职责,审核的步骤及审核报告的编制等内容。

(5) ISO 14012(GB/T 24012—1996)环境审核指南——环境审核员资格要求。该标准提出了对环境审核员和审核组长的资格要求,适用于内部和外部审核员,包括对他们的教育、工作经历、培训、素质和能力,以及如何保持能力和道德规范都做了规定。

这一系列标准是以 ISO 14001 为核心,针对组织的产品、服务活动逐渐展开,形成全面、完整的评价方法。它包括了环境管理体系、环境审核、环境标志、生命周期评估等国际环境管理领域内的许多焦点问题,旨在指导各类组织取得和表现正确的环境行为。标准强调污染预防、持续改进和系统化、程序化的管理,不仅适用于企业,同时也可适用于事业单位、商行、政府机构、民间机构等任何类型的组织。可以说,这一系列标准向各国及组织的环境管理部门提供了一整套的科学管理体系,体现了市场条件下环境管理的思想和方法。

3.4.2 ISO 14000 环境管理系列标准的分类

1. 按性质划分

ISO 14000 作为一个多标准组合系统,按标准性质可分为以下三类。

(1) 基础标准——术语标准。制定环境管理方面的术语与定义。

(2) 基本标准——环境管理体系、规范、原理、应用指南。

它包括 ISO 14001～ISO 14009 环境管理体系标准,是 ISO 14000 系列标准中最为重要的部分。它要求组织在其内部建立并保持一个符合标准的环境管理体系,通过有计划地评审和持续改进的循环,保持体系的不断完善和提高。通过环境管理体系标准的实施,帮助组织建立对自身环境行为的约束机制，促进组织环境管理能力和水平不断提高，从而实现组织与社会的经济效益与环境效益的统一。

（3）支持技术类标准（工具），包括：环境审核；环境标志；环境行为评价；生命周期评价。

① 环境审核（ISO 14010～ISO 14019）。作为体系思想的体现，环境审核着重于"检查"，为组织自身和第三方认证机构提供一套监测和审计组织环境管理的标准化方法和程序，一方面使组织了解掌握自身环境管理现状，为改进环境管理活动提供依据，另一方面是组织向外界展示其环境管理活动对标准符合程度的证明。

② 环境标志（ISO 14020～ISO 14029）。实施环境标志标准，目的是确认组织的环境表现，促进组织建立环境管理体系的自觉性；通过标志图形、说明标签等形式，向市场展示标志产品与非标志产品环境表现的差别，向消费者推荐有利于保护环境的产品，提高消费者的环境意识，同时也给组织造成强大的市场压力和社会压力，达到影响组织环境决策的目的。

③ 环境行为评价（ISO 14030～ISO 14039）。这一标准不是污染物排放标准，而是通过组织的"环境行为指数"，表达对组织现场环境特性、某项等级活动、某个产品生命周期等综合环境影响的评价结果。它是对组织环境行为和影响进行评估的一套系统管理手段。这套标准不仅可以评价组织在某一时间、地点的环境行为，而且可以对其环境行为的长期发展趋势进行评价，指导组织选择预防污染、节约资源和能源的管理方案以及更为环保的产品。

④ 生命周期评价（ISO 14040～ISO 14049）。这一标准是从产品开发设计、加工制造、流通、使用、报废处理到再生利用的全过程的产品生命周期评定，从根本上解决了环境污染和资源能源浪费问题。这种评价越出了组织的地理边界，包括了组织产品在社会上流通的全过程，从而发展了环境评价的完整性。

2．按功能划分

如按标准的功能划分，可以分为两类：

（1）评价组织。包括：①环境管理体系；②环境行为评价；③环境审核。

（2）评价产品。包括：①生命周期评价；②环境标志；③产品标准中的环境指标。

3．按运行过程划分

按环境管理体系的运行过程划分，可分为以下五个部分。

（1）环境方针。表达了组织在环境管理上的总体原则和意向，是环境管理体系运行的主导，其他要素所进行的活动都是直接或间接地为实现环境方针服务的。它所解决的问题是：为什么要做？目的是什么？

（2）环境策划。环境策划是组织对其环境管理活动的规划工作，包括确定组织的活动、产品或服务中所包含的环境因素；确定组织所应遵守的法律、法规和其他要求；根据环境方针制定环境目标和指标，规定有关职能和层次的职责，以及实现目标和指标的方法和时间表。它所解决的问题是：要做什么？

（3）实施运行。这是将上面的策划工作付诸实行并进而予以实现的过程，包括规定环境管理所需的组织结构和职责，相应的权限和资源；对员工进行有关环境的教育与培训，环境意识和有关能力的培养；建立环境管理中所需的内、外部信息交流机制，有效地进行信息交流；制定环境管理体系运行中所需制定的各种文件；对文件的管理，包括文件的标识、保管、修订、审批、撤销、保密等方面的活动；对组织运行中涉及的环境因素,尤其是重要环境因素的运行活动的控制；确定组织活动可能发生的事故,制定应急措施,并在紧急情况发生时及时作出响应。它所解决的问题是：怎么做？

（4）检查和纠正措施。在实施环境管理体系的过程中,要经常地对体系的运行情况和环境表现进行检查,以确定体系是否得到正确有效的实施；其环境方针、目标和指标的要求是否得到满足,如发现不符合,应考虑采取适当的纠正措施。它所解决的问题是：所做的对吗？

（5）管理评审。它是组织的最高管理者对环境管理体系的适宜性、充分性和有效性的评价,包括对体系的改进。它所解决的问题是：在做对的工作吗？

经过五个部分的运行,体系完成了一个循环过程,通过修正,又进入下一个更高层次的循环。整个体系并不是一系列功能模块的搭接,而是相互联系的一个整体,充分体现了全局观念、协作观念及动态适应观念。

3.4.3　ISO 14000 环境管理系列标准的特点

ISO 14000 环境管理系列标准,与以往的环境排放标准和产品技术标准有很大不同,它具有如下特点：

（1）以市场驱动为前提。近年来,世界各国公众环境意识不断提高,对环境问题的关注也达到了史无前例的高度,"绿色消费"浪潮促使企业在选择产品开发方向时越来越多地考虑人们消费观念中的环境原则。由于环境污染中相当大的一部分是由于管理不善造成的,而强调管理,正是解决环境问题的重要手段和措施,因此促进了企业开始全面改进环境管理工作。ISO 14000 系列标准一方面满足了各类组织提高环境管理水平的需要,另一方面为公众提供了一种衡量组织活动、产品、服务中所含有的环境信息的工具。

（2）强调污染预防。ISO 14000 系列标准体现了国际环境保护领域由"末端治理"到"污染预防"的发展趋势。环境管理体系强调对组织的产品、活动、服务中具有或可能具有潜在影响环境的因素加以管理,建立严格的操作控制程序,保证企业环境目标的实现。生命周期分析和环境表现（行为）评价将环境方面的考虑纳入产品的最初设计阶段和企业活动的策划过程,为决策提供支持,预防环境污染的发生。这种预防措施更彻底有效、更能对产品发挥影响力,从而带动相关产品和行业的改进、提高。

（3）可操作性强。ISO 14000 系列标准体现了可持续发展战略思想,将先进的环境管理经验加以提炼浓缩,转化为标准化、可操作的管理工具和手段。例如,已颁行的环境管理体系标准不仅提供了对体系的全面要求,还提供了建立体系的步骤、方法和指南。标准中没有绝对量和具体的技术要求,使得各类组织能够根据自身情况适度运用。

（4）标准的广泛适用性。ISO 14000 系列标准应用领域广泛,涵盖了企业的各个管理层次,生命周期评价方法可以用于产品及包装的设计开发,绿色产品的优选；环境表现（行为）评价可以用于企业决策,以选择有利于环境和市场风险更小的方案；环境标志则起到了改善企业公共关系、树立企业环境形象、促进市场开发的作用；而环境管理体系标准则进入企业的深层管理,直接作用于现场操作与控制,明确员工的职责与分工,全面提高其环境意识。因此,ISO 14000 系列标准实际上构成了整个企业的环境管理构架。该体系适用于任何类型、规模以及各种地理、文化和社会条件下的组织。各类组织都可以按标准所要求的内容建立并实施环境管理体系,也可向认证机构申请认证。

(5) 强调自愿性原则。ISO 14000 系列标准的应用基于自愿原则。国际标准只能转化为各国国家标准而不等同于各国法律法规,不可能要求组织强制实施,因而也不会增加或改变一个组织的法律责任。组织可根据自己的经济、技术等条件选择采用。

3.4.4　实施 ISO 14000 环境管理标准的意义

对一个组织而言,实施 ISO 14001 标准就是将环境管理工作按照标准的要求系统化、程序化和文件化,并纳入整体管理体系的过程,是一个使环境目标与其他目标(如经营目标)相协调一致的过程。对于企业来说,广泛开展 ISO 14000 认证工作对自身发展的意义如下:

(1) 实施 ISO 14000 系列标准有利于实现经济增长方式从粗放型向集约型的转变。该标准要求企业从产品开发、设计、制造、流通(包装、运输)、使用、报废处理到再利用的全过程的环境管理与控制,使产品从“摇篮到坟墓”的全流程都符合环境保护的要求,以最小的投入取得最大的环境效益和经济效益。

(2) 实施 ISO 14000 系列标准有利于加强政府对企业环境管理的指导,提高企业的环境管理水平。实施 ISO 14000,首先要求企业对遵守国家法律、法规、标准和其他相关要求做出承诺,并实行对污染预防的持续改进。ISO 14000 环境管理体系是一个非常科学的管理体系,体系的建立和推行能使企业的环境管理得到明显的改善,产生环境绩效。同时,企业的环境管理的组织与控制能力都将有很大的提高。另外,ISO 14000 标准所规定的要求符合现代管理的组织理论、管理过程理论和管理效率理论,体系实施后,职能分配制度、培训制度、信息沟通制度、应变能力、检查评价及监督制度等都将有明显的改进。所以 ISO 14000 标准的认证不仅对企业的环境管理,还对其他管理有明显的促进作用。

(3) 实施 ISO 14000 系列标准有利于提高企业形象和市场份额,获得竞争优势,促进贸易发展。企业建立 ISO 14000 环境管理体系,能带来环境绩效的改变,在公众的心目中形成良好的形象,使企业及产品的感知和认同度提高,同时,企业形象和品牌形象也会有很大的提高。随着全球环境意识的日益高涨,“绿色产品”、“绿色产业”优先占领市场,从而获得较高的竞争力,提高了企业形象,取得了显著的经济效益。企业获得了 ISO 14000 的认证,就如同获得了一张打入国际市场的“绿色通行证”,从而避开发达国家设置的“绿色贸易壁垒”。

(4) 实施 ISO 14000 系列标准有利于节能降耗、提高资源利用率、减少污染物的产生与排放量。ISO 14000 标准要求企业对污染预防和环境行为的持续改进作出承诺,并对重大的环境因素制定出具体可行的环境目标和指标,通过环境管理方案加以实施。按照 ISO 14000 的要求,企业可以按照自身的情况,逐步实现能源消耗的减少和废弃物的再生利用,既减少了资源消耗,减轻了污染,又降低了生产经营成本。

(5) 实施 ISO 14000 系列标准有利于减少环境风险和各项环境费用(投资、运行费、赔罚款、排污费等)的支出,从而达到企业的环境效益与经济效益的协调发展,为实现可持续发展战略创造了条件。

(6) 实施 ISO 14000 系列标准有利于提高企业自主守法的意识,ISO 14000 标准要求企业作出遵守环境法律法规的承诺,同时要求企业判定出其活动中会对环境有重大影响的因素并对其实行运行控制措施,减轻企业活动对环境的压力。因此,通过推广实施 ISO 14000,可使企业提高自主守法意识,变被动守法为主动守法,促进我国环境法律法规和管理制度的执行。

（7）实施 ISO 14000 系列标准还有利于改善企业与社会的公共关系。例如由于减少了噪声、粉尘等污染，势必减少了对周围社区的环境影响，从而改善了社区公共关系。

总之，建立环境管理体系强调以污染预防为主，强调与法律、法规和标准的符合性，强调满足相关方的需求，强调全过程控制，有针对性地改善组织的环境行为，以期达到对环境的持续改进，切实做到经济发展与环境保护同步进行，走可持续发展的道路。

3.4.5 ISO 14000 与清洁生产的关系

清洁生产是联合国环境规划署提出的环境保护由末端治理转向生产的全过程控制的全新污染预防策略。清洁生产是以科学管理、技术进步为手段，通过节约能源、降低原材料消耗、减少污染物排放量，提高污染防治效果，降低污染防治费用，消除、减少工业生产对人类健康和环境的影响。故清洁生产可作为工业发展的一种目标模式，即利用清洁能源、原材料，采用清洁的生产工艺技术，生产出清洁的产品。清洁生产也是从生态经济的角度出发，遵循合理利用资源、保护生态环境的原则，考察工业产品从研究设计、生产到消费的全过程，以协调社会与自然的关系。

ISO 14000 系列标准是集世界环境领域的最新经验与实践于一体的先进管理体系，包括环境管理体系（EMS）、环境审核（EA）、生命周期评估（LCA）和环境标志（EL）等方面的系列国际标准，旨在指导并规范企业建立先进的管理体系，帮助企业实现环境目标与经济目标。

清洁生产与 ISO 14000 环境管理体系是世纪之交环境保护的新思路，二者既有相同点，又有不同点，且密切相关、相辅相成。

（1）清洁生产是环境管理体系的要求：ISO 14000 条款 4.2 中明确要求企业采取清洁生产手段来控制污染。

（2）ISO 14000 环境管理体系对环境意识提出明确要求：环境管理体系认证工作最重要的前提，是提高企业员工的环境意识。环境意识是增强实施环境管理的根本动力。清洁生产的实施为环境意识的提高提供了场所。

（3）推行清洁生产可提高企业的整体技术和管理水平：企业推行清洁生产，从原料、设备、管理人员等全方位进行优化，采用先进科学的方法进行技术改造，故可有效提高企业的综合管理水平，建立一个良好的环境管理体系。

（4）清洁生产与环境管理体系相互促进

企业在按照 ISO 14001 标准建立环境管理体系时，可按清洁生产方法进行环境因素的识别、筛选，编制环境管理方案，将清洁生产理念融合在企业管理程序文件的编制中，如项目建设、产品设计开发、采购、生产过程、动力能源、水气固废物处理等管理程序，使清洁生产技术方案在企业管理中得到落实。通过实施清洁生产，组织解决了技术工艺难题和管理缺陷，并修订完善管理制度，将清洁生产成果巩固下去，从而丰富和完善了组织的生产管理。在清洁生产中，通过教育和培训，提高了职工的技术素质和管理素质，促使他们更加关心管理，提高其参与管理的意识。

总之，清洁生产是以技术进步为手段，科学管理为辅，虽强调管理，但生产技术含量高；而环境管理体系（ISO 14000）是以国家法律、法规为依据，采用先进的管理系统，促进技术改造,它强调污染预防技术,但管理色彩较浓,并为清洁生产提供了机制与组织保证。同时,清洁生产又为环境管理体系的实行提供了技术支持。

组织从计划经济模式下的生产向市场经济模式转变,一个重要的标志就是重视并加强环境管理——推行清洁生产,同时引入国际通行的 ISO 14000 环境管理标准。在实施过程中,要将两者有机结合起来,并融入企业的运营管理之中。

复习与思考

1. 现代可持续发展思想的产生有哪 5 件重要的历史事件?
2. 可持续发展的内涵和基本原则是什么?
3. 简述质量(能量)守恒原理。
4. 什么是生态学?简述其发展的两个阶段。
5. 试述生态系统的组成和三大功能。
6. 什么是 ISO 14000 环境管理标准?为什么说环境管理体系模式是一个持续改进的过程?
7. 试述 ISO 14000 与清洁生产的关系。

第 4 章

清洁生产的法律法规和政策

4.1 清洁生产的相关法律法规和政策

中国清洁生产的实践表明,现行条件下,由于企业内部存在一系列实施清洁生产的障碍约束,要使作为清洁生产主体的企业完全自发地采取自觉主动的清洁生产行动是极其困难的。单纯依靠培训和企业清洁生产示范推动清洁生产,其作用也不能保证清洁生产广泛、持久地实施。通过政府建立起适应清洁生产特点和需要的政策、法规,营造有利于调动企业实施清洁生产的外部环境,将是促进中国清洁生产发展的关键。自 1993 年我国开始推行清洁生产以来,在促进清洁生产的经济政策和产业政策的颁布实施以及相关法律法规建设方面取得了较快的发展,为推动我国清洁生产向纵深发展提供了一定的政策法规保障。

4.1.1 中国清洁生产相关法规进展

1992 年 5 月,国家环保总局与联合国环境规划署联合在中国举办了第一次国际清洁生产研讨会,推出了"中国清洁生产行动计划(草案)"。

1992 年党中央和国务院批准的《环境与发展十大对策》明确提出新建、扩建、改建项目,技术起点要高,尽量采用能耗物耗小、污染物排放量少的清洁工艺。

1993 年召开的第二次全国工业污染防治工作会议提出了工业污染防治必须从单纯的末端治理向对生产全过程控制转变,实行清洁生产。

1994 年,中国制定的《中国 21 世纪议程——中国 21 世纪人口、环境与发展白皮书》中,把实施清洁生产列入了实现可持续发展的主要对策:强调污染防治逐步从浓度控制转变为总量控制、从末端治理转变到全过程防治,推行清洁生产;鼓励采用清洁生产方式使用能源和资源;提出制定与中国目前经济发展水平和国力相适应的清洁生产标准和原则;并配套制定相应的法规和经济政策,开发无公害、少污染、低消耗的清洁生产工艺和产品。

1995 年通过的《中华人民共和国固体废弃物污染环境防治法》第四条明确指出:"国家鼓励、支持开展清洁生产,减少固体废物的产生量。"这是中国第一次将"清洁生产"的概念写进法律中。该法律于 2000 年修订,第三条指出:"国家对固体废弃物污染环境的防治,实行减少固体废物的产生量和危害性、充分合理利用固体废物和无害化处置固体废物的原则,促进清洁生产和循环经济发展。"第十八条规定:"产品和包装物的设计、制造,应当遵守国家有关清洁生产的规定。"

1996 年召开的第四次全国环境保护会议提出了到 20 世纪末把主要污染物排放总量控制在"八五"末期水平的总量控制目标,会后颁发的《国务院关于环境保护若干问题的决定》

再次强调了要推行清洁生产。

1996年12月国家环境保护局主持编写的《企业清洁生产审核手册》，由中国环境科学出版社发行。

1997年4月14日国家环保总局发布的《国家环境保护局关于推行清洁生产的若干意见》中指出，"九五"期间推行清洁生产的总体目标是：以实施可持续发展战略为宗旨，切实转变工业经济增长和污染防治方式，把推行清洁生产作为建设环境与发展综合决策机制的重要内容，与企业技术改造、加强企业管理、建立现代企业制度，以及污染物达标排放和总量控制结合起来，制定促进清洁生产的激励政策，力争到2000年建成比较完善的清洁生产管理体制和运行机制。

1998年11月，《建设项目环境保护管理条例》国务院令（第235号）明确规定：工业建设项目应当采用能耗物耗小、污染物排放量少的清洁生产工艺，合理利用自然资源，防治环境污染和生态破坏。

1999年5月，原国家经贸委发布了《关于实施清洁生产示范试点计划的通知》。

1999年，全国人大环境与资源保护委员会将《清洁生产法》的制定列入立法计划。

2000年、2003年、2006年，国家经贸委、国家经贸委和国家环境保护总局、国家发改委和国家环境保护总局分别三批公布了《国家重点行业清洁生产技术导向目录》，涉及13个行业、共131项清洁生产技术（今后还将继续发布），这些技术是经过生产实践证明，具有明显的环境效益、经济效益和社会效益，可以在本行业或同类性质生产装置上推行应用。

2002年6月29日由中华人民共和国第九届全国人民代表大会常务委员会第二十八次会议通过的《中华人民共和国清洁生产促进法》是一部冠以"清洁生产"的法律，表明了国家鼓励和促进清洁生产的决心，"在中华人民共和国领域内，从事生产和服务活动的单位以及从事相关管理活动的部门依照本法规定，组织、实施清洁生产"。

2003年到2008年10月以来，国家环境保护总局已发布了35个行业的"清洁生产标准"（今后还将陆续发布），用于企业的清洁生产审核和清洁生产潜力与机会的判断，以及清洁生产绩效评估和清洁生产绩效公告。

2003年12月17日国务院办公厅转发发改委等11个部门《关于加快推行清洁生产意见的通知》，以加快推行清洁生产，提高资源利用效率，减少污染物的产生和排放，保护环境，增强企业竞争力，促进经济社会可持续发展。

2004年8月16日国家发展和改革委员会、国家环保总局制定并审议通过了《清洁生产审核暂行办法》，遵循企业自愿审核与国家强制性审核相结合、企业自主审核与外部协助审核相结合的原则，因地制宜、有序开展清洁生产审核。

2005年12月13日国家环境保护总局制定了《重点企业清洁生产审核程序的规定》，以规范有序地开展全国重点企业清洁生产审核工作。

2006年4月23日国家发展和改革委员会发布了七个行业的"清洁生产评价指标体系（试行）"，用于评价企业的清洁生产水平，作为创建清洁生产企业的主要依据，并为企业推行清洁生产提供技术指导。

2008年7月1日，环保局发布了《关于进一步加强重点企业清洁生产审核工作的通知》（环发〔2008〕60号）以及《重点企业清洁生产审核评估、验收实施指南（试行）》，用于《清洁生产促进法》中规定的"污染物排放超过国家和地方规定的排放标准或者超过经有关地方人民政府核定的污染物排放总量控制指标的企业；使用有毒、有害原料进行生产或者在生产中排放有毒、有害物质的企业”，也适用于国家和省级环保部门根据污染减排工作需要确定的重点企业。

4.1.2　清洁生产的相关政策

1. 促进清洁生产的经济政策

经济政策是根据价值规律，利用价格、税收、信贷、投资、微观刺激和宏观经济调节等经济杠杆，调整或影响有关当事人产生和消除污染行为的一类政策。在市场经济条件下，采用多种形式和内容的经济政策措施是推动企业清洁生产的有效工具。经济政策虽然不直接干预企业的清洁生产行为，但它可使企业的经济利益与其对清洁生产的决策行为或实施强度结合起来，以一种与清洁生产目标一致的方式，通过对企业成本或效益的调控作用有力地影响着企业的生产行为。

1) 税收鼓励政策

税收手段的目的在于通过调整比价和改变市场信号以影响特定的消费形式或生产方法，降低生产过程和消费过程中产生的污染物排放水平，并鼓励有益于环境的利用方式。由于产品的当前价格并没有包括产品的全部社会成本，没有将产品生产和使用对人体健康和环境的影响包括在产品价格中，通过税收手段，可以将产品生产和消费的单位成本与社会成本联系起来，为清洁生产的推行创造一个良好的市场环境。运用税收杠杆，采用税收鼓励或税收处罚等手段，促进经营者、引导消费者选择绿色消费。

我国为加大环境保护工作的力度，鼓励和引导企业实施清洁生产，制定了一系列有利于清洁生产的税收优惠政策，主要包括：

(1) 增值税优惠。企业购置清洁生产设备时，允许抵扣进项增值税额，以此来降低企业购买清洁生产设备的费用，刺激清洁生产设备的需求；对利用废物生产产品和从废物中回收原料的企业，税务机关按照国家有关规定，减征或者免征增值税。

(2) 所得税优惠。对企业投资采用清洁生产技术生产的产品或有利于环境的绿色产品的生产经营所得税及其他相关税收，给予减税甚至免税的优惠。允许用于清洁生产的设备加速折旧，以此来减轻企业税收负担，增加企业税后所得，激活企业对技术进步的积极性。

(3) 关税优惠。对出口的清洁产品实施退税，提高我国环保产品的价格竞争力，开拓海外市场；对进口的清洁生产技术、设备实行免税，加快企业引进清洁生产技术和设备的步伐，消化吸收国外先进的技术。如对城市污水和造纸废水部分处理设备实行进口商品暂定税率，享受关税优惠。

(4) 营业税优惠。对从事提供清洁生产信息、进行清洁生产技术咨询和中介服务机构采取一定的减税措施。促进多功能全方位的政策、市场、技术、信息服务体系的形成，为清洁生产提供必要的社会服务。

(5) 投资方向调节税优惠。在固定资产投资方向调节税中，对企业用于清洁生产的投资执行零税率，提高企业投资清洁生产的积极性。如建设污水处理厂、资源综合利用等项目，其固定资产投资方向调节税实行零税率。

(6) 建筑税优惠。建设污染治理项目，在可以申请优惠贷款的同时，该项目免交建筑税。

（7）消费税优惠。对生产、销售达到低污染排放限值的小轿车、越野车和小客车减征一定比例的消费税。

2）财政鼓励政策

财政政策是世界各国推行清洁生产的重要手段，通常采用优先采购、补贴或奖金、贷款或贷款加补贴的形式鼓励企业实施清洁生产计划项目。我国企业，特别是中小型企业，在推进清洁生产项目的过程中最大的障碍是资金问题。由于资金缺乏，致使许多企业即使找到实现减污降耗的先进技术和改造方案也无法付诸实施。因此，采取积极的财政政策，帮企业在一定程度上解决技改资金问题，对加速我国清洁生产的实施具有关键性的作用。目前，我国在财政方面对清洁生产主要采取以下鼓励政策：

（1）各级政府优先采购或按国家规定比例采购节能、节水、废物再生利用等有利于环境与资源保护的产品。一方面通过对清洁产品的直接消费，为清洁生产注入资金；另一方面通过政府的示范、宣传，鼓励和引导公众购买、使用清洁产品，从而促进清洁生产的发展。

（2）建立清洁生产表彰奖励制度，对在清洁生产工作中做出显著成绩的单位和个人，由政府给予表彰和奖励。

（3）国务院和县级以上各级地方政府在本级财政中安排资金，对清洁生产研究、示范和培训以及实施国家清洁生产重点技术改造项目给予资金补助。

（4）政府鼓励和支持国内外经济组织通过金融市场、政府拨款、环境保护补助资金、社会捐款等渠道依法筹集中小型企业清洁生产投资资金。开展清洁生产审核以及实施清洁生产的中小型企业可以向投资基金经营管理机构申请低息或无息贷款。

（5）列入国家重点污染防治和生态保护的项目，国家给予资金支持；城市维护费可用于环境保护设施建设；国家征收的排污费优先用于污染防治。

2. 促进清洁生产的其他相关政策

1）对中小型企业实施清洁生产的特别扶持政策

中小型企业实施清洁生产可获得国家的特别扶持，主要包括：

（1）企业产业范围若符合《中小企业发展产业指导目录》的内容，可以向"中小企业发展专项资金"申请支持。

（2）生产或开发项目若是"具有自主知识产权、高技术、高附加值，能大量吸纳就业，节能降耗，有利于环保和出口"的项目，可以向"国家技术创新基金"申请支持。

（3）企业的产品若符合《当前国家鼓励发展的环保产业设备（产品）目录》的要求，根据具体情况，可以获得相关的鼓励和扶持政策支持，如抵免企业所得税、加快设备折旧、贴息支持或补助等。

（4）对利用废水、废气、废渣等废弃物作为原料进行生产的中小型企业，可以申请减免有关税负。

2）对生产和使用环保设备的鼓励政策

原国家经贸委和国家税务总局联合先后发布公告，公布了第一批（2000年）和第二批（2002年）《当前国家鼓励发展的环保产业设备（产品）目录》，包括水污染设备、空气污染治理设备、固体废弃物处理设备、噪声控制设备、节能与可再生能源利用设备、资源综合利用与清洁生产设备、环保材料与药剂等八类。

相关的鼓励和扶持政策包括：

（1）企业技术改造项目凡使用目录中的国产设备，按照财政部、国家税务总局《关于印发〈技术改造国产设备投资抵免企业所得税暂行办法〉的通知》（财税字〔1999〕290号）的规定，享受投资抵免企业所得税的优惠政策。

（2）企业使用目录中的国产设备，经企业提出申请，报主管税务机关批准后，可实行加速折旧办法。

（3）对专门生产目录内设备（产品）的企业（分厂、车间），在符合独立核算、能独立计算盈亏的条件下，其年净收入在30万元（含30万元）以下的，暂免征收企业所得税。

（4）为引导环保产业发展方向，国家在技术创新和技术改造项目中重点鼓励开发、研制、生产和使用列入目录的设备（产品）；对符合条件的国家重点项目，将给予贴息支持或适当补助。

（5）使用财政性质资金进行的建设项目或政府采购，应优先选用符合要求的目录中的设备（产品）。

3）对相关科学研究和技术开发的鼓励政策

国家对相关科学研究和技术开发的鼓励政策和促进措施主要包括：

（1）遵照《中华人民共和国清洁生产促进法》有时简称为《清洁生产促进法》，各级政府应在各个方面对清洁生产科学研究和技术开发提供支持，包括制定相应的财税政策、提供相关信息、组织科技攻关等。

（2）国家和行业科技部门，应将阻碍清洁生产的重大技术问题列入国家或行业科研计划，组织跨行业、跨部门的研究力量进行联合攻关或直接从国外引进此类技术；国家有关部门应针对行业清洁生产技术规范、与清洁生产相关的科研成果及引进的清洁生产关键技术，组织有关专家进行评价、筛选，为清洁生产的企业减少技术风险。

（3）国家应促进相应研究和开发的支持及服务系统的建设，加强、改进信息的搜集与交流、各类标准的制定与实施、科研设备的配置等。

（4）国家应努力推动技术成果的转化，推进科技成果的产业化。

（5）国家应通过有效的政策措施，鼓励企业消化吸收国外的先进技术和设备，提高清洁装备的国产化水平。

4）对国际合作的鼓励政策

当前，我国在经验缺乏、资金也不十分充裕的条件下，通过国际合作学习国外的先进经验，吸引外资和国外的先进技术，开展清洁生产，是一条行之有效的途径。为此，《中华人民共和国清洁生产促进法》第六条提出，国家鼓励开展有关清洁生产的国际合作。在具体的国际合作方面，合作类型包括各种多边及双边合作，合作方式可以多种多样，如合作开发、技术转让、培训、建立机构、资金支持、政策与法律支持等。

近年来，国家在鼓励清洁生产领域的国际合作方面做了很多工作，从中央政府到地方政府都对这一领域的合作予以广泛的关注，促进了多边以及双边合作的广泛开展。例如：联合国环境规划署参与、世界银行贷款支持的"中国环境技术援助项目清洁生产子项目"（B-4项目）、世界银行赠款的JGF项目——"中国乡镇企业废物最小化管理体系的建立研究"、中加清洁生产合作项目以及亚洲银行资助的清洁生产项目等，都对推进我国清洁生产工作发挥了重要作用。

4.2　重要法规解读

4.2.1　《中华人民共和国清洁生产促进法》

2002年6月29日,第九届全国人民代表大会常务委员会第二十八次会议审议并通过了《中华人民共和国清洁生产促进法》,并于2003年1月1日起实施。该法明确规定了政府推行清洁生产的责任,对企业提出实施清洁生产的要求,并对企业实施清洁生产给予支持鼓励,是我国第一部以推行清洁生产为目的的法律。

1. 制定清洁生产促进法的意义和必要性

《中华人民共和国清洁生产促进法》第一条阐明了制定本法的目的:提高资源利用效率,减少和避免污染物的产生,保护和改善环境,保障人体健康,促进社会经济的可持续发展。具体地说,制定《中华人民共和国清洁生产促进法》的必要性主要体现在以下方面。

(1) 制定该法是提高自然资源利用效率的必然选择。

中国人口众多、资源相对不足、生态环境脆弱,在现代化建设中必须实施可持续发展战略。核心问题是要正确处理经济发展同人口、资源、环境的关系,努力开创一条生产发展、生活富裕、生态良好的文明发展道路。

中国经济发展面临的资源形势相当严峻:水资源短缺、耕地减少、矿产资源保证程度下降等,成为中国经济持续发展的制约因素。面对日益严峻的资源形势,要实现经济社会的可持续发展,唯一的出路就是大力推行清洁生产。必须通过调整结构,革新工艺,提高技术装备水平,加强科学管理,合理高效配置资源,包括最大限度地节约能源和原材料、利用可再生能源或清洁能源、利用无毒无害原材料、减少使用稀有原材料、循环利用物料等措施,以最少的原材料和能源投入,生产出尽可能多的产品,提供尽可能多的服务,最大限度地减少污染物的排放。

(2) 制定该法是对环境末端治理战略的根本变革。

工业革命以来,随着科技的迅猛发展,人类征服自然和改造自然的能力大大增强,人类创造了前所未有的物质财富,人们的生活发生了空前的巨大变化,极大地推进了人类文明的进程。另一方面,人类在充分利用自然资源和自然环境创造物质财富的同时,却过度地消耗资源,造成了严重的资源短缺和环境污染。"先污染、后治理"的"末端治理"模式虽然取得了一定的效果,但并没有从根本上解决经济发展对资源环境造成的巨大压力,资源短缺和生态破坏日益加剧,"末端治理"战略的弊端日益显现。

国内外的实践表明,清洁生产是污染防治的最佳模式。它不仅可以使环境状况得到根本的改善,而且能使能源、原材料和生产成本降低,经济效益提高,竞争力增强,实现经济与环境的"双赢"。

(3) 清洁生产是应对入世挑战,冲破绿色贸易壁垒的重要途径。

在当前的国际贸易中,与环境相关的绿色壁垒已成为一个重要的非关税贸易壁垒。按照WTO有关例外措施的规定,进口国可以以保护人体健康、动植物健康和环境为由,制定一系列相关的环境标准或技术措施,限制或禁止外国产品进口,从而达到保护本国产品和市场的目的。在WTO新一轮谈判中,环境与贸易问题将成为焦点问题之一。近年来,发达国家为了保护本国利益,设置了一些发展中国家目前难以达到的资源环境技术标准,不仅要求产品符合环保要求,而且规定从产品开发、生产、包装、运输、使用、回收等环节都要符合环保要求。为了维护中国在国际贸易中的地位,避免因绿色贸易壁垒对中国出口产品造成影响,只有实施清洁生产,提供符合环境标准的"清洁产品",才能在国际市场竞争中处于不败之地。

(4) 从中国的实践看,必须依法推行和实施清洁生产。

中国推行清洁生产已近10年,虽取得了不少的成果,但从总体上看进展比较缓慢。目前,推行清洁生产存在的主要问题有:①各级领导特别是企业领导对清洁生产在可持续发展中的重要作用缺乏足够的认识,重外延、轻内涵,重治标、轻治本,还没有转到从源头抓起,实施生产全过程控制,减少污染物产生的清洁生产上来。②缺乏必要的政策环境和保障措施,企业遇到大量自身难以克服的障碍。从已经开展清洁生产的企业看,由于缺乏资金,绝大多数还停留在清洁生产审核阶段,重点放在无费和低费方案。③现行环境管理制度和措施在某些方面侧重于"末端治理",在一定程度上影响了清洁生产战略的实施。

近年来,一些发达国家积累了不少有益的经验,立法是重要的手段之一。美国1990年通过了《污染预防法》;德国1994年公布了《循环经济和废物消除法》;日本1991年以来先后制定了《资源有效利用促进法》、《推动建立循环型社会基本法》、《容器包装再利用法》和《特定家用电器回收和再商品化法》等;加拿大和欧盟许多国家也在其环境与资源立法中增加了大量推行清洁生产的法律规范和政策规定。

因此,借鉴国外经验,中国政府出台了《清洁生产促进法》。该法的出台和实施,可以使各级政府、企业界和全社会更好地了解实施清洁生产的重要意义,提高企业自觉实施清洁生产的积极性;可以明确各级政府及有关部门推行清洁生产的责任,为企业实施清洁生产创造良好的外部环境,帮助企业克服技术、资金、市场等方面的障碍,增强企业实施清洁生产的能力。

2. 《中华人民共和国清洁生产促进法》的总体结构

《中华人民共和国清洁生产促进法》的总体结构为:

第一章　总则(6条)

第二章　清洁生产的推行(11条——与政府相关的条款)

第三章　清洁生产的实施(14条——与企业相关的条款)

第四章　鼓励措施(5条——与资金相关的条款)

第五条　法律责任(5条)

第六章　附则(1条——实施时间)

3. 《中华人民共和国清洁生产促进法》的指导思想和基本原则

《中华人民共和国清洁生产促进法》的指导思想是引导企业、地方和行业领导者转变观念,从传统的末端治理转向污染预防和全过程控制。由于中国过去的环境保护法律主要侧重于末端治理,因此促进这一转变是制定《中华人民共和国清洁生产促进法》的一个核心要

求。在这一要求下,制定《中华人民共和国清洁生产促进法》遵循了如下的指导思想和基本原则:

(1)清洁生产促进政策包括了支持性政策、经济政策和强制性政策几个方面,而鼓励和支持性政策是《中华人民共和国清洁生产促进法》的主要方面。

支持性政策的涉及面很宽,包括国家宏观政策及国家和地方规划、行动计划以及宣传与教育、培训等能力建设。在国家宏观调控方面,今后制定的产业政策应把清洁生产作为工业生产的指导方针之一,按照污染预防的原则,鼓励发展物耗少、污染轻的工业企业,限制发展高物耗、重污染的工业企业。在编制社会经济发展中长期规划和年度计划时,对一些主要行业特别是原材料和能源行业应有推进清洁生产的具体目标和要求,不仅要纳入环境保护计划,还应列为工业部门的发展目标。

经济政策是通过市场的作用将经济与环境决策结合起来,力图利用市场信号以一种与环境目标相一致的方式影响人们的行为。与行政手段相比,经济手段可以给予企业决策者以更大的灵活性。随着经济改革的不断深化,目前中国在与清洁生产相关的领域内已经开始实施经济政策。为了有效地推进清洁生产的开展,还应当加强有针对性的经济政策的制定和实施。例如,财政和金融部门对实施清洁生产的企业应在信贷、税收方面加以扶持;财政和金融部门应把实施清洁生产作为制定信贷和税收政策的准则之一,对那些环境效益和社会效益显著,而经济效益不明显的清洁生产项目,采取信贷上倾斜、税收减免等措施,鼓励开展清洁生产。为此,《清洁生产促进法》中提出了一系列经济优惠政策,如该法第二十九条规定的自愿削减污染物排放协议中载明的技术改造项目,列入国务院和县级以上地方人民政府同级财政安排的有关技术进步专项资金的扶持范围;第三十五条提出的对利用废物生产产品的和从废物中回收原料的,税务机关按照国家有关规定,减征或者免征增值税等。

强制性政策在《清洁生产促进法》中不是主要内容,但它仍发挥着必要的作用。例如清洁生产审核应当是企业的自主行为,但对于一些特定的情况,如对使用有毒有害原料进行生产或排放有毒有害废弃物的企业要实行强制的审核。

(2)推动清洁生产工作的一个重要内容是资金问题。就中国而言,应当考虑采取多种途径支持清洁生产工作。《中华人民共和国清洁生产促进法》中也提出了一些资金方面的推动措施,如该法第三十三条提出,对从事清洁生产研究、示范和培训,实施国家清洁生产重点技术改造项目和本法第二十九条规定的自愿削减污染物排放协议中载明的技术改造项目,列入国务院和县级以上地方人民政府同级财政安排的有关技术进步专项资金的扶持范围。第三十四条提出,在依照国家规定设立的中小企业发展基金中,应当根据需要安排适当数额用于支持中小企业实施清洁生产。

(3)清洁生产虽是企业的事情,但却离不开政府的引导。国外的工业部门、环境保护部门等在清洁生产中都发挥着重要作用。因为在某些情况下,企业不愿意主动采取清洁生产措施解决存在的问题,除非是这些问题已危及当前的利益。因此,中央和地方的各个政府部门在促进清洁生产发展及将其运用于经济建设过程中起着至关重要的作用。在规范政府部门的职责时,应考虑到各方面的相互协调。《中华人民共和国清洁生产促进法》的第二章对于各级政府部门的职责进行了详细的规范。

(4)由于中国一些政府部门、企业和公众对清洁生产的认识还不是很清楚,尤其是企业对于清洁生产还存在很多糊涂认识,往往认为清洁生产只是从环境保护角度出发而提出的一种措施,对于清洁生产可能带来的经济效益和资源节约效益往往认识不到位,因此,加强清洁生产培训和教育是十分必要的。

(5)清洁生产是近些年来提出的一个新概念,但其实质内容的许多部分在中国以往的环保、经济、技术、管理等方面的法规和政策中都有所体现,只是较为分散。《清洁生产促进法》应当与过去的有关立法和政策衔接和协调好,使之发挥最大作用。例如,该法第十八条提出,对新建、改建和扩建项目应当进行环境影响评价,对原料使用、资源消耗、资源综合利用以及污染物产生与处置等进行分析论证,优先采用资源利用率高以及污染物产生量少的清洁生产技术、工艺和设备。这一要求与《环境影响评价法》及其他相关法律要求是紧密相关的。

(6)清洁生产工作虽然以工业部门为重点,但也不限于工业部门,在农业、服务业等领域也可以发挥重要的作用。因此,在该法中也适当体现了这些方面的要求。

4.《中华人民共和国清洁生产促进法》的适用领域

清洁生产促进法的适用领域,与清洁生产本身的适用领域密切相关。《清洁生产促进法》的适用领域,既参考了联合国环境规划署清洁生产定义中有关清洁生产的适用范围,也结合了中国的国情。

《清洁生产促进法》第三条规定:"在中华人民共和国领域内,从事生产和服务活动的单位以及从事相关管理活动的部门依照本法规定,组织、实施清洁生产。"也就是说,其适用范围包括两个方面:一是全部生产和服务领域的单位,二是从事相关管理活动的部门。其适用范围之所以包括全部生产和服务领域,主要原因有以下的考虑:①目前国内外对清洁生产的认识已经突破了传统的工业生产领域,农业、建筑业、服务业等领域也已开始推行清洁生产,有些还取得了不少的成绩,积累了有益的经验;②法律规定的政府责任,是以支持、鼓励为主,从这一角度出发,清洁生产的范围宜宽不宜窄,以免使一些领域开展的清洁生产得不到国家的政策优惠或资金支持,事实上也没有必要对不同的领域制定不同的清洁生产促进法;③推行清洁生产是一个渐进的过程,法律应当为未来的发展留有空间,如果范围规定过窄,则对今后推行清洁生产不利。

考虑到法律的可操作性,从中国的国情出发,《清洁生产促进法》对工业领域推行和实施清洁生产做了具体规定,而对农业、建筑业、服务业等领域实施清洁生产则提出了原则要求。这样的规定,既满足了当前工业领域推行清洁生产的迫切需要,又为今后在其他领域推行清洁生产提供了法律依据;既突出了重点又兼顾了方方面面。

清洁生产最早是从工业领域开始的,因此,工业领域的清洁生产已经广泛开展。与工业领域推行清洁生产一样,农业领域推行清洁生产的实质是在农业生产全过程中,通过生产和使用对环境友好的"绿色"农用化学品,或不用化学品,减少农业污染的产生,减少农业生产及其产品和服务过程对环境和人类健康的风险。

服务业的清洁生产也得到越来越多的重视。例如,旅游业清洁生产的重点是提高旅游资源的利用效率和保护环境。又如,政府服务方面的清洁生产也得到很多的关注。在政府服务过程中,如何减少资源和能源的消耗,减少服务活动对环境的影响,具体体现在节能、节水、办公用品的重复利用等方面,这是政府服务中实施清洁生产的重要内容。中国政府机构的能源消费量巨大,在政府部门的建筑、车辆等用能上,浪费现象也相当严重。因此,为了树立良好的政府形象,推动全社会的节能工作,政府和公共机构必须率先使用节能设备和办公用品,并将建筑节能作为重点,如将办公楼建设成节能型的服务场所。又如,提高资源的利用效率可以从日常小事入手,如减少保温瓶中开水的浪费、复印纸的正反面使用及回收、随手关灯、减少办公设备的待机消耗能源等。通过政府的垂范,引导全社会的清洁生产,促进经济发展与资源环境的协调。

5. 与环境保护行政主管部门关系比较密切的条款

此类条款主要有以下 7 条:

"第四条　国家鼓励和促进清洁生产。国务院和县级以上地方人民政府,应当将清洁生产纳入国民经济和社会发展计划以及环境保护、资源利用、产业发展、区域开发等规划。"

"第十七条　省、自治区、直辖市人民政府环境保护行政主管部门,应当加强对清洁生产实施的监督;可以按照促进清洁生产的需要,根据企业污染物的排放情况,在当地主要媒体上定期公布污染物超标排放或者污染物排放总量超过规定限额的污染严重企业的名单,为公众监督企业实施清洁生产提供依据。"

"第二十八条　企业应当对生产和服务过程中的资源消耗以及废物的产生情况进行监测,并根据需要对生产和服务实施清洁生产审核。

污染物排放超过国家和地方规定的排放标准或者超过经有关地方人民政府核定的污染物排放总量控制指标的企业,应当实施清洁生产审核。

使用有毒、有害原料进行生产或者在生产中排放有毒、有害物质的企业,应当定期实施清洁生产审核,并将审核结果报告所在地的县级以上地方人民政府环境保护行政主管部门和经济贸易行政主管部门。

清洁生产审核办法,由国务院经济贸易行政主管部门会同国务院环境保护行政主管部门制定。"

"第二十九条　企业在污染物排放达到国家和地方规定的排放标准的基础上,可以自愿与有管辖权的经济贸易行政主管部门和环境保护行政主管部门签订进一步节约资源、削减污染物排放量的协议。该经济贸易行政主管部门和环境保护行政主管部门应当在当地主要媒体上公布该企业的名称以及节约资源、防治污染的成果。"

"第三十一条　根据本法第十七条规定,列入污染严重企业名单的企业,应当按照国务院环境保护行政主管部门的规定公布主要污染物的排放情况,接受公众监督。"

"第四十条　违反本法第二十八条第三款规定,不实施清洁生产审核或者虽经审核但不如实报告审核结果的,由县级以上地方人民政府环境保护行政主管部门责令限期改正;拒不改正的,处以十万元以下的罚款。"

"第四十一条　违反本法第三十一条规定,不公布或者未按规定要求公布污染物排放情况的,由县级以上地方人民政府环境保护行政主管部门公布,可以并处十万元以下的罚款。"

将以上 7 条《中华人民共和国清洁生产促进法》的要求归纳起来可以看出:

(1) 县以上环保局必须将清洁生产纳入环保计划和规划中;

(2) 省级环保局可以根据需要(非必须)对双超(浓度超标/总量超标)的重污染企业进行公示;

(3) 国家鼓励已达标企业参与自愿性的清洁生产行动;

（4）县以上环保局可以对违规企业处以 10 万元罚款。

6．与企业关系比较密切的方面

1）财政鼓励政策

（1）政府采购优先；

（2）建立表彰奖励制度；

（3）技术改造项目资金补助；

（4）中小企业发展基金优先用于清洁生产；

（5）清洁生产审核和培训费用，列入企业经营成本。

2）税收优惠政策

（1）对利用废水、废气、废渣等废弃物作为原料进行生产的，在 5 年内减征或免征所得税，增值税优惠；

（2）对利用废弃物生产产品和从废弃物中回收原料的，减征或免征增值税、消费税；

（3）低排放标准汽车减征 30％消费税。

3）强制执行措施

（1）根据需要，在当地主要媒体上公示浓度/总量未达标企业名单；

（2）被公示的企业必须公布污染的排放情况；

（3）浓度/总量超标的企业必须进行清洁生产审核；

（4）使用有毒有害原料或排放有毒有害物质的企业必须进行清洁生产审核。

4）处罚

"第三十七条　违反本法第二十一条规定，未标注产品材料的成分或者不如实标注的，由县级以上地方人民政府质量技术监督行政主管部门责令限期改正；拒不改正的，处以五万元以下的罚款。"

"第三十九条　违反本法第二十七条第一款规定，不履行产品或者包装物回收义务的，由县级以上地方人民政府经济贸易行政主管部门责令限期改正；拒不改正的，处以十万元以下的罚款。"

"第四十条　违反本法第二十八条第三款规定，不实施清洁生产审核或者虽经审核但不如实报告审核结果的，由县级以上地方人民政府环境保护行政主管部门责令限期改正；拒不改正的，处以十万元以下的罚款。"

"第四十一条　违反本法第三十一条规定，不公布或者未按规定要求公布污染物排放情况的，由县级以上地方人民政府环境保护行政主管部门公布，可以并处十万元以下的罚款。"

4.2.2　《关于加快推行清洁生产的意见》

2003 年 12 月 17 日，国务院办公厅转发了国家发展改革委、环保总局、科技部、财政部、建设部、农业部、水利部、教育部、国土资源部、税务总局、质检总局《关于加快推行清洁生产的意见》（国办发〔2003〕100 号），对加快推行清洁生产工作提出了要求。

文件提出：一要提高认识，明确推行清洁生产的基本原则；二要统筹规划，完善政策，包括制定推行清洁生产的规划，指导清洁生产的实施，完善和落实促进清洁生产的政策，实施清洁生产试点工作；三要加快结构调整和技术进步，提高清洁生产的整体水平，包括抓好重点行业和地区的结构调整,加快技术创新步伐,加大对清洁生产的投资力度;四要加强企业制度建设,推进企业实施清洁生产,提出企业要重视清洁生产,认真开展清洁生产审核,加快实施清洁生产方案,鼓励企业建设环境管理体系;五要完善法规体系,强化监督管理,加强对推行清洁生产工作的领导,提出要完善清洁生产配套规章,加强对建设项目的环境管理,实施重点排污企业公告制度,加大执法监督的力度;六要加强对推行清洁生产工作的领导,包括加强组织领导,做好法规宣传教育,建立清洁生产信息和服务体系,做好督促检查工作。

4.2.3 《清洁生产审核暂行办法》

2004年8月16日国家发展和改革委员会、国家环保总局制定并审议通过了《清洁生产审核暂行办法》(16号令),办法于2004年10月1日起施行。

《清洁生产审核暂行办法》中规定:清洁生产审核,是指按照一定程序,对生产和服务过程进行调查和诊断,找出能耗高、物耗高、污染重的原因,提出减少有毒有害物料的使用、产生,降低能耗、物耗以及废物产生的方案,进而选定技术经济及环境可行的清洁生产方案的过程。

同时,《清洁生产审核暂行办法》中原则上规定了清洁生产审核的程序,即包括审核准备,预审核,审核,实施方案的产生、筛选和确定,编写清洁生产审核报告等。具体如下:

(1)审核准备。开展培训和宣传,成立由企业管理人员和技术人员组成的清洁生产审核工作小组,制订工作计划。

(2)预审核。在对企业基本情况进行全面调查的基础上,通过定性和定量分析,确定清洁生产审核重点和企业清洁生产目标。

(3)审核。通过对生产和服务过程的投入产出进行分析,建立物料平衡、水平衡、资源平衡以及污染因子平衡,找出物料流失、资源浪费环节和污染物产生的原因。

(4)实施方案的产生和筛选。对物料流失、资源浪费、污染物产生和排放进行分析,提出清洁生产实施方案,并进行方案的初步筛选。

(5)实施方案的确定。对初步筛选的清洁生产方案进行技术、经济和环境可行性分析,确定企业拟实施的清洁生产方案。

(6)编写清洁生产审核报告。清洁生产审核报告应当包括企业基本情况、清洁生产审核过程和结果、清洁生产方案汇总和效益预测分析、清洁生产方案实施计划等。

此外,办法规定,清洁生产审核应当以企业为主体,遵循企业自愿审核与国家强制审核相结合、企业自主审核与外部协助审核相结合的原则,因地制宜、有序开展、注重实效。

办法规定有下列情况之一的,应当实施强制性清洁生产审核:①污染物排放超过国家和地方排放标准,或者污染物排放总量超过地方人民政府核定的排放总量控制指标的污染严重企业;②使用有毒有害原料进行生产或者在生产中排放有毒有害物质的企业。

办法规定实施强制性清洁生产审核的企业,应当在名单公布后一个月内在所在地主要媒体上公布主要污染物排放情况。省级以下环境保护行政主管部门按照管理权限对企业公布的主要污染物排放情况进行核查,列入实施强制性清洁生产审核名单的企业应当在名单公布后两个月内开展清洁生产审核。规定实施强制性清洁生产审核的企业,两次审核的间隔时间不得超过五年。

办法明确了各级发展改革(经济贸易)行政主管部门和环境保护行政主管部门,应当积极指导和督促企业按照清洁生产审核报告中提出的实施计划,组织和落实清洁生产实施方案。

该法同时对协助企业组织开展清洁生产审核工作的咨询服务机构应当具备的条件、法律责任,以及政府部门在资金上的支持等做了规定。

4.2.4 《重点企业清洁生产审核程序的规定》

为规范有序地开展全国重点企业清洁生产审核工作,根据《中华人民共和国清洁生产促进法》、《清洁生产审核暂行办法》的规定,2005 年 12 月 13 日,国家环保总局发布《关于印发重点企业清洁生产审核程序的规定的通知》,主要内容有《重点企业清洁生产审核程序的规定》和《需重点审核的有毒有害物质名录》。

重点企业是指《中华人民共和国清洁生产促进法》第二十八条第二、三款规定应当实施清洁生产审核的企业,包括:

(1) 污染物超标排放或者污染物排放总量超过规定限额的污染严重企业(简称"第一类重点企业")。

(2) 生产中使用或排放有毒有害物质的企业(有毒有害物质是指被列入《危险货物品名表》(GB 12268)、《危险化学品名录》、《国家危险废物名录》和《剧毒化学品名录》中的剧毒、强腐蚀性、强刺激性、放射性(不包括核电设施和军工核设施)、致癌、致畸等物质,简称"第二类重点企业")。

按照《中华人民共和国清洁生产促进法》第二十八条第二、三款规定,对"一、二类"重点企业应当实施清洁生产审核,亦称为"强制性审核"。

该办法分别对上述重点企业名单的确定、公布程序做出了规定,对第一类重点企业,按照管理权限,由企业所在地县级以上环境保护行政主管部门根据日常监督检查的情况,提出本辖区内应当实施清洁生产审核企业的初选名单,附环境监测机构出具的监测报告或有毒有害原辅料进货凭证、分析报告,将初选名单及企业基本情况报送设区的市级环境保护行政主管部门;设区的市级环境保护行政主管部门对初选企业情况进行核实后,报上一级环境保护行政主管部门;各省、自治区、直辖市、计划单列市环境保护行政主管部门按照《清洁生产促进法》的规定,对企业名单确定后,在当地主要媒体公布应当实施清洁生产审核企业的名单。公布的内容应包括:企业名称、企业注册地址(生产车间不在注册地的要公布其所在地的地址)、类型(第一类重点企业或第二类重点企业)。企业所在地环境保护行政主管部门在名单公布后,依据管理权限书面通知企业。第二类重点企业名单的确定及公布程序,由各级环境保护行政主管部门会同同级相关行政主管部门参照上述规定执行。

规定要求列入公布名单的第一类重点企业,应在名单公布后一个月内在当地主要媒体公布其主要污染物的排放情况,接受公众监督。

规定说明,重点企业的清洁生产审核工作可以由企业自行组织开展,或委托相应的中介机构完成。自行组织开展清洁生产审核的企业应在名单公布后 45 个工作日之内,将审核计划、审核组织、人员的基本情况报当地环境保护行政主管部门。委托中介机构进行清洁生产审核的企业应在名单公布后 45 个工作日之内,将审核机构的基本情况及能证明清洁生产审核技术服务合同签订时间和履行合同期限的材料报当地环境保护行政主管部门。上述企业应在名单公布后两个月内开始清洁生产审核工作,并在名单公布后一年内完成。第二类重点企业每隔五年至少应实施一次审核。

对未按上述规定执行清洁生产审核的重点企业，由其所在地的省、自治区、直辖市、计划单列市环境保护行政主管部门责令其开展强制性清洁生产审核，并按期提交清洁生产审核报告。

自行组织开展清洁生产审核的企业应具有 5 名以上经国家培训合格的清洁生产审核人员并有相应的工作经验，其中至少有 1 名人员具备高级职称并有 5 年以上企业清洁生产审核经历。为企业提供清洁生产审核服务的中介机构应符合下述基本条件：

企业完成清洁生产审核后，应将审核结果报告所在地的县级以上地方人民政府环境保护行政主管部门，同时抄报省、自治区、直辖市、计划单列市环境保护行政主管部门及同级发展改革（经济贸易）行政主管部门。各省、自治区、直辖市、计划单列市环境保护行政主管部门应组织或委托有关单位，对重点企业的清洁生产审核结果进行评审验收。

国家环保总局组织或委托有关单位，对环境影响超越省级行政界区企业的清洁生产审核结果进行抽查。各级环境保护行政主管部门应当积极指导和督促企业完成清洁生产实施方案。每年 12 月 31 日之前，各省、自治区、直辖市、计划单列市环境保护行政主管部门应将本行政区域内清洁生产审核情况以及下年度的重点地区、重点企业清洁生产审核计划报送国家环保总局，并抄报国家发展和改革委员会。国家环保总局会同相关行政主管部门定期对重点企业清洁生产审核的实施情况进行监督和检查。

国务院环境保护部 2008 年 7 月下发了《关于进一步加强重点企业清洁生产审核工作的通知》（环发〔2008〕60 号），进一步明确了环保部门在重点企业清洁生产审核工作中的职责和作用，要求抓好重点企业清洁生产审核、评估和验收，加强清洁生产审核与现有环境管理制度的结合，规范管理清洁生产审核咨询机构，提高审核质量。规定了《重点企业清洁生产审核评估、验收实施指南》和需重点审核的有毒有害物质名录（第二批）。

4.3　清洁生产标准

清洁生产标准是由国家环境保护总局组织制定并发布的国家标准，该标准的制定是为了贯彻实施《中华人民共和国环境保护法》和《中华人民共和国清洁生产促进法》，进一步推动中国的清洁生产，防止生态破坏，保护人民健康，促进经济发展，为企业开展清洁生产提供技术支持和导向。

清洁生产标准是中国环境标准的重要补充。按目前的环境标准体系，清洁生产标准属国家环境保护行业推荐性标准，标准代号为"HJ/T"。清洁生产标准体现了污染预防思想以及资源节约与环境保护的基本要求，强调要符合产品生命周期分析理论，体现了全过程污染预防思想，并覆盖了从原材料的选取到生产过程和产品的处理处置的各个环节。国家环保总局将清洁生产的应用范围确定在企业清洁生产审核、企业清洁生产潜力与机会的判断以及清洁生产绩效评定和公告上。

2002 年 1 月，国家环保总局发布环发〔2002〕2 号文，启动了全国清洁生产标准的编制工作。清洁生产标准的编制和发布，是落实《中华人民共和国清洁生产促进法》赋予环保部门有关职责，从环保角度出发，引导和推动企业清洁生产的需要；是环保工作加快推进历史性转变，提高环境准入门槛，推动实现环境优化、经济增长的重要手段；是完善国家环境标准体系,加强污染全过程控制的需要。

经过近几年的宣传、推广,国家环保总局的清洁生产标准已经在全国环保系统、工业行业和企业中具备广泛的影响,成为清洁生产领域的基础性标准。各级环保部门已逐步将清洁生产标准作为环境管理工作的依据,作为重点企业清洁生产审核、环境影响评价、环境友好企业评估、生态工业园区示范建设等工作的重要依据。

4.3.1　清洁生产标准的基本框架

根据清洁生产战略,清洁生产标准体现污染预防思想,考虑产品的生命周期。为此重点考察生产工艺与装备选择的先进性、资源能源利用和产品的可持续性、污染物产生的最小化、废物处理处置的合理性和环境管理的有效性。

由于各个行业的生产过程、工艺特点、产品、原料、经济技术水平和管理水平不同,因此应根据不同行业的情况建立各行业的清洁生产环境标准。清洁生产的环境标准基本内容和框架体系主要包括以下几个方面。

(1)三级环境标准。第一级为该行业清洁生产国际先进水平,便于企业和管理部门了解和掌握国际国内该行业的生产发展水平和自己的差距,激励企业向高标准、高要求靠近;第二级为该行业清洁生产国内先进水平,便于企业和管理部门根据自己的实际情况选择清洁生产的努力目标;第三级为该行业清洁生产基本要求,体现清洁生产持续改进的思想,在达到清洁生产基本要求的基础上,还应向更高的目标前进。

(2)六类指标。即生产工艺与装备要求、资源能源利用指标、产品指标、污染物产生指标、废物回收利用指标和环境管理要求。在这六类指标项下又包含若干具体定量或定性的指标。前五类指标是技术性指标,体现的是技术手段促进清洁生产的要求;后一类指标是管理性指标,体现的是管理手段促进清洁生产的要求。

4.3.2　中国行业清洁生产标准

自 2002 年以来,国家环保总局委托中国环境科学研究院组织开展了 50 多个行业的清洁生产标准制定工作,截至 2010 年 3 月,共分批发布了 53 个清洁生产行业标准,取得了一定的标准编制工作经验。行业清洁生产标准汇总见表 4-1。

表 4-1　行业清洁生产标准汇总一览表(2009 年底前)

序号	标准名称		标准号	发布日期	实施日期
1	清洁生产标准	葡萄酒制造业	HJ 452—2008	2008-12-24	2009-03-01
2	清洁生产标准	印制电路板制造业	HJ 450—2008	2008-11-21	2009-02-01
3	清洁生产标准	合成革工业	HJ 449—2008	2008-11-21	2009-02-01
4	清洁生产标准	制革工业(牛轻革)	HJ 448—2008	2008-11-21	2009-02-01
5	清洁生产标准	铅蓄电池工业	HJ 447—2008	2008-11-21	2009-02-01
6	清洁生产标准	煤炭采选业	HJ 446—2008	2008-11-21	2009-02-01
7	清洁生产标准	淀粉工业	HJ/T 445—2008	2008-09-27	2008-11-01
8	清洁生产标准	味精工业	HJ/T 444—2008	2008-09-27	2008-11-01
9	清洁生产标准	石油炼制业(沥青)	HJ/T 443—2008	2008-09-27	2008-11-01
10	清洁生产标准	电石行业	HJ/T 430—2008	2008-04-08	2008-08-01

序号	标准名称		标准号	发布日期	实施日期
11	清洁生产标准	化纤行业（涤纶）	HJ/T 429—2008	2008-04-08	2008-08-01
12	清洁生产标准	钢铁行业（炼钢）	HJ/T 428—2008	2008-04-08	2008-08-01
13	清洁生产标准	钢铁行业（高炉炼铁）	HJ/T 427—2008	2008-04-08	2008-08-01
14	清洁生产标准	钢铁行业（烧结）	HJ/T 426—2008	2008-04-08	2008-08-01
15	清洁生产标准	制定技术导则	HJ/T 425—2008	2008-04-08	2008-08-01
16	清洁生产标准	白酒制造业	HJ/T 402—2007	2007-12-20	2008-03-01
17	清洁生产标准	烟草加工业	HJ/T 401—2007	2007-12-20	2008-03-01
18	清洁生产标准	平板玻璃行业	HJ/T 361—2007	2007-03-28	2007-10-01
19	清洁生产标准	彩色显像（示）管生产	HJ/T 360—2007	2007-03-28	2007-10-01
20	清洁生产标准	化纤行业（氨纶）	HJ/T 359—2007	2007-03-28	2007-10-01
21	清洁生产标准	镍选矿行业	HJ/T 358—2007	2007-03-28	2007-10-01
22	清洁生产标准	电解锰行业	HJ/T 357—2007	2007-03-28	2007-10-01
23	清洁生产标准	造纸工业（硫酸盐化学木浆生产工艺）	HJ/T 340—2007	2007-03-28	2007-07-01
24	清洁生产标准	造纸工业（漂白化学烧碱法麦草浆生产工艺）	HJ/T 339—2007	2007-03-28	2007-07-01
25	清洁生产标准	钢铁行业（中厚板轧钢）	HJ/T 318—2006	2006-11-12	2007-02-01
26	清洁生产标准	造纸工业（漂白碱法蔗渣浆生产工艺）	HJ/T 317—2006	2006-11-12	2007-02-01
27	清洁生产标准	乳制品制造业（纯牛乳及全脂乳粉）	HJ/T 316—2006	2006-11-12	2007-02-01
28	清洁生产标准	人造板行业（中密度纤维板）	HJ/T 315—2006	2006-11-12	2007-02-01
29	清洁生产标准	电镀行业	HJ/T 314—2006	2006-11-12	2007-02-01
30	清洁生产标准	铁矿采选业	HJ/T 294—2006	2006-8-15	2006-12-01
31	清洁生产标准	汽车制造业（涂装）	HJ/T 293—2006	2006-8-15	2006-12-01
32	清洁生产标准	基本化学原料制造业（环氧乙烷/乙二醇）	HJ/T 190—2006	2006-07-03	2006-10-01
33	清洁生产标准	钢铁行业	HJ/T 189—2006	2006-07-03	2006-10-01
34	清洁生产标准	氮肥制造业	HJ/T 188—2006	2006-07-03	2006-10-01
35	清洁生产标准	电解铝业	HJ/T 187—2006	2006-07-03	2006-10-01
36	清洁生产标准	甘蔗制糖业	HJ/T 186—2006	2006-07-03	2006-10-01
37	清洁生产标准	纺织业（棉印染）	HJ/T 185—2006	2006-07-03	2006-10-01
38	清洁生产标准	食用植物油工业（豆油和豆粕）	HJ/T 184—2006	2006-07-03	2006-10-01
39	清洁生产标准	啤酒制造业	HJ/T 183—2006	2006-07-03	2006-10-01
40	清洁生产标准	制革行业（猪轻革）	HJ/T 127—2003	2003-4-18	2003-06-01
41	清洁生产标准	炼焦行业	HJ/T 126—2003	2003-4-18	2003-06-01
42	清洁生产标准	石油炼制业	HJ/T 125—2003	2003-4-18	2003-06-01
43	清洁生产标准	水泥行业	HJ/T 467—2009	2009-03-25	2009-07-01
44	清洁生产标准	造纸行业（废纸制浆）	HJ/T 468—2009	2009-03-25	2009-07-01
45	清洁生产标准	钢铁行业（铁合金）	HJ/T 470—2009	2009-04-10	2009-08-01
46	清洁生产标准	氧化铝业	HJ/T 473—2009	2009-08-10	2009-10-01

续表

序号	标准名称		标准号	发布日期	实施日期
47	清洁生产标准	纯碱工业	HJ/T 474—2009	2009-08-10	2009-10-01
48	清洁生产标准	氯碱工业(烧碱)	HJ/T 475—2009	2009-08-10	2009-10-01
49	清洁生产标准	氯碱工业(聚氯乙烯)	HJ/T 476—2009	2009-08-10	2009-10-01
50	清洁生产标准	废铅酸蓄电池铅回收业	HJ/T 510—2009	2009-11-16	2010-01-01
51	清洁生产标准	粗铅冶炼业	HJ/T 512—2009	2009-11-13	2010-02-01
52	清洁生产标准	铅电解业	HJ/T 513—2009	2009-11-13	2010-02-01
53	清洁生产标准	宾馆饭店业	HJ/T 514—2003	2009-11-30	2010-03-01

另外,环境保护部于 2009 年 3 月 25 日发布《清洁生产审核指南　指定技术导则》(HJ 469—2009)。但相对国内的行业数量对清洁生产环境标准的需求来说,目前中国行业清洁生产标准的建立速度还是较缓慢。

4.4　强制性清洁生产审核制度

在中国应建立和实施强制性清洁生产审核制度,其理由有如下 3 点。

(1) 中国的国情需要引入强制性清洁生产审核制度。

目前我国工业污染仍然是环境污染和环境事故的最重要因素,有相当数量的企业是超标运行,不能达到国家或地方污染物排放标准的要求。

如大气污染物主要来自工业企业。据统计,我国六大发电集团排放的大气污染物占全国大气污染物排放总量的 25%;钢铁、有色、焦炭等行业所占比例也很高。工业污染具有突发性、灾难性的特征,特别是使用和排放有毒有害物质的工业企业,环境风险更大。全国有化工企业 21 000 多家,其中 50% 以上分布在长江、黄河两岸,一旦发生问题,后果不堪设想;比如,松花江水污染事件、广东北江水污染事件,后果都很严重。

因此,强制性清洁生产审核制度的建立和实施,覆盖了对环境污染贡献率较大的"双超"和"双有"企业,可促使这些企业通过清洁生产审核和清洁生产方案的实施,提高技术装备水平、资源利用水平和环境管理水平,达到节约能源(资源)、减少污染物排放的目标。

(2) 我国现有环境管理制度需要引入强制性清洁生产审核制度。

从 1973 年召开的第一次全国环境保护会议到目前为止,我国在积极探索环境管理的办法中,找到了具有中国特色的环境管理八项制度,即:环境保护目标责任制度、城市环境综合整治与定量考核制度、污染集中控制制度、限期治理制度、排污申报登记和排污许可证制度、环境影响评价制度、"三同时"制度、排污收费制度。

这八项制度在保护环境、防治污染以及工业污染源的管理中起到了重要作用,但是如果对八项制度的内涵进行分析和探讨,不难发现这些制度主要体现了末端治理的思想,重点是对污染物排放提出的管理要求。例如,"三同时验收制度"其实质是鼓励上污染治理设施;"限期治理制度"也是事后补救措施,对于在生产服务过程中减污的要求并不显著;就是"环境影响评价制度"符合防患于未然的思想,但是评价工作的中心是污染物达标排放,并没有重视资源、能源利用率。因此,从环境管理制度建设的层面上来说还需要引入强制性清洁生产审核制度。

　　另外，从对新老污染源管理的层面上来讲，虽然新污染源项目要通过环境影响评价和三同时验收，但是项目运行后污染治理设施往往不能正常运行，污染物偷排现象屡禁不止；对老污染源的管理更加困难，老污染源中有许多是"双超"企业，技术工艺落后，生产设备陈旧，资源能源浪费严重；还有不少企业大量使用有毒有害物质，造成重大污染事故隐患。出现这种情况的一条重要原因，就是现有的八项环境管理制度都没有渗透到生产全过程，而强制性清洁生产审核正是对现有环境管理制度的有效补充，以一种操作性很强的方式将环境管理引入生产、产品和服务过程的污染预防。通过各级环境保护行政主管部门的推动、舆论的监督，充分运用清洁生产审核的方法和手段，找出高物耗、高能耗、高污染的原因，有的放矢地提出对策、制订方案，从源头上降低污染物的数量和毒性，从而达到"节能、降耗、减污、增效"的目的。

　　(3) 实现我国"十二五"规划提出的节能降耗和污染减排的目标必须推行强制性清洁生产审核制度。

　　我国《国家环境保护"十二五"规划》中明确规定：到 2015 年，单位工业增加值用水量降低 30%，农业灌溉用水有效利用系数提高到 0.53；非化石能源占一次能源消费比重达到 11.4%；单位国民生产总值能源消耗降低 16%，单位国民生产总值二氧化硫、化学需氧量分别减少 8%，氨氮、氮氧化物排放分别减少 10%。

　　清洁生产是污染物减排最直接、最有效的方法，是实现"十二五"节能减排目标的重要手段。清洁生产审核则是实行清洁生产的前提和基础，是通过对生产过程再设计、产业结构再调整，达到优化经济发展模式的最直接手段。清洁生产审核制度是重要的监督管理减排措施，是对现有环境管理制度的有效补充，对我国企业污染物达标排放和节能减排具有明显作用。

　　国务院 2007 年 5 月 3 日下发的《节能减排综合性工作方案》(国发〔2007〕15 号)中明确提出要加大实施清洁生产审核力度，并将强制性清洁生产审核的范围扩大到"没有完成节能减排任务的企业"。

复习与思考

　　1. 目前中国有哪些促进清洁生产的政策？

　　2. 为什么要制定《清洁生产促进法》？

　　3. 简述《中华人民共和国清洁生产促进法》的基本内容。

　　4. 制定《清洁生产促进法》的指导思想和原则是什么？

　　5.《清洁生产促进法》适用于哪些领域？

　　6. 查找你感兴趣的某一行业清洁生产标准，试述在六大类指标项下又包含哪些具体的定量或定性指标，三级清洁生产标准之间对各指标的要求有何差异。

　　7. 为什么在中国应建立和实施强制性清洁生产审核制度？

第 5 章

清洁生产审核

5.1 清洁生产审核概述

5.1.1 清洁生产审核的概念和目标

《清洁生产审核暂行办法》所称的清洁生产审核,是指按照一定程序,对生产和服务过程进行调查和诊断,找出能耗高、物耗高、污染重的原因,提出减少有毒有害物料的使用、产生,降低能耗、物耗以及废物产生的方案,进而选定技术经济及环境可行的清洁生产方案的过程。

企业的清洁生产审核是一种对污染来源、废物产生原因及其整体解决方案的系统地分析和实施过程,旨在通过实行预防污染的分析和评估,寻找尽可能高效率利用资源(如:原辅材料、能源、水资源等),减少或消除废物的产生和排放的方法,是企业实行清洁生产的重要前提和基础。持续的清洁生产审核活动会不断产生各种清洁生产的方案,有利于组织在生产和服务过程中逐步实施,从而使其环境绩效持续得到改进。

开展清洁生产审核的目标如下:

(1) 核对有关单元操作、原材料、产品、用水、能源和废弃物的资料;

(2) 确定废弃物的来源、数量以及类型,确定废弃物削减的目标,制定经济有效的削减废弃物产生的对策;

(3) 提高企业对由削减废弃物获得效益的认识和知识;

(4) 判定企业效率低的瓶颈部位和管理不善的地方;

(5) 提高企业经济效益、产品质量和服务质量。

5.1.2 清洁生产审核的对象和特点

组织实施清洁生产审核的最终目的是减少污染、保护环境、节约资源、降低费用,增强组织和全社会的福利。清洁生产审核的对象是组织,其目的有两个:一是判定出组织中不符合清洁生产的方面和做法;二是提出方案并解决这些问题,从而实现清洁生产。

清洁生产审核虽然起源并发展于第二产业,但其原理和程序同样适用于第一产业和第三产业。因此,无论是工业型组织,如工业生产企业,还是非工业型组织,如服务行业的酒店、农场等任意类型的组织,均可开展清洁生产审核活动。

第一产业——农业。农业的迅猛发展,在丰富了人们的餐桌的同时,也产生了农业环境的污染,尤其是近年来农业面源污染呈现上升趋势。例如随着畜禽养殖业的快速发展,其环境污染总量、污染程度和分布区域都发生了极大的变化。目前我国畜禽养殖业正逐步向集约化、专业化方向发展，不仅污染量大幅度增加，而且污染呈集中趋势，出现了许多大型污染源；畜禽养殖业正逐渐向城郊地区集中，加大了对城镇环境的压力。由于畜禽养殖业多样化经营的特点，使得这种污染在许多地方以面源的形式出现，呈现出"面上开花"的状况。同时养殖业和种植业日益分离，畜禽粪便用于农田肥料的比重大幅度下降；畜禽粪便乱排乱堆的现象越来越普遍，使环境污染日益加重。农业方面的环境问题还表现在水资源的极大浪费、化肥污染、农药的污染等许多方面。

第二产业——工业。工业企业是推进清洁生产的重中之重，尤其是重点企业是清洁生产审核的重点。《重点企业清洁生产审核程序的规定》中规定的重点企业包括：

（1）污染物超标排放或者污染物排放总量超过规定限额的污染严重企业（即"双超"类重点企业）。

（2）生产中使用或排放有毒有害物质的企业（有毒有害物质是指被列入《危险货物品名录》（GB 12268）、《危险化学品名录》、《国家危险废物名录》和《剧毒化学品目录》中的剧毒、强腐蚀性、强刺激性、放射性（不包括核电设施和军工核设施）、致癌、致畸等物质，即"双有"类重点企业）。

第三产业——服务业。如餐饮业、酒店、洗浴业等，在水污染、大气污染和噪声扰民问题上已越来越引起人们的关注。相当一部分城市餐饮业造成的大气污染、洗浴业造成的水资源过度消耗，已到了不容忽视的地步；相当一部分学校、银行等组织，资源浪费的问题也十分突出。这些行业节能、降耗潜力巨大。

清洁生产审核具有如下特点：

（1）具有鲜明的目的性。清洁生产审核特别强调节能、降耗、减污，并与现代企业的管理要求相一致，具有鲜明的目的性。

（2）具有系统性。清洁生产审核以生产过程为主体，考虑与生产过程相关的各个方面，从原材料投入到产品改进，从技术革新到加强管理等，设计了一套发现问题、解决问题、持续实施的系统而完整的方法。

（3）突出预防性。清洁生产审核的目标就是减少废弃物的产生，从源头消减污染，从而达到预防污染的目的，这个思想贯穿在整个审核过程的始终。

（4）符合经济性。污染物一经产生需要花费很高的代价去收集、处理和处置，使其无害化，这也就是末端处理费用往往使许多企业难以承担的原因，而清洁生产审核倡导在污染物产生之前就予以削减，不仅可减轻末端处理的负担，同时减少了原材料的浪费，提高了原材料的利用率和产品的得率。事实上，国内外许多经过清洁生产审核的企业都证明了清洁生产审核可以给企业带来经济效益。

（5）强调持续性。清洁生产审核非常强调持续性，无论是审核重点的选择还是方案的滚动实施均体现了从点到面、逐步改善的持续性原则。

（6）注重可操作性。清洁生产审核的每一个步骤均能与企业的实际情况相结合，在审核程序上是规范的，即不漏过任何一个清洁生产机会，而在方案实施上则是灵活的，即当企业的经济条件有限时，可先实施一些无/低费方案，以积累资金，逐步实施中/高费方案。

5.1.3 清洁生产审核的思路

清洁生产审核首先是对组织现在的和计划进行的产品生产和服务实行预防污染的分析和评估。在实行预防污染分析和评估的过程中,制定并实施减少能源、资源和原材料使用,消除或减少产品和生产过程中有毒物质的使用,减少各种废弃物排放的数量及其毒性的方案。

清洁生产审核的总体思路可以用 3 个英文单词——where(哪里)、why(为什么)、how(如何)来概括。具体来说就是查明废弃物产生的位置、分析废弃物产生的原因以及如何减少或消除这些废弃物。图 5-1 表述了清洁生产审核的思路。

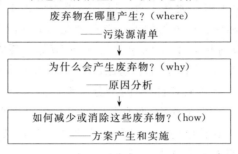

图 5-1 清洁生产审核思路框图

（1）废弃物在哪里产生？可以通过现场调查和物料平衡找出废弃物的产生部位并确定其产生量。

（2）为什么会产生废弃物？这要求分析产品生产过程的每一个环节。

（3）如何消除这些废弃物？针对每一个废弃物产生的原因,设计相应的清洁生产方案,包括无/低费方案和中/高费方案,通过实施这些清洁生产方案来消除这些废弃物产生的原因,达到减少废弃物产生的目的。

审核思路中提出要分析污染物产生的原因和提出预防或减少污染产生的方案,这两项工作该如何去做呢？这就涉及审核中思考这些问题的 8 个途径或者说生产过程的 8 个方面。首先,我们来说明生产过程的 8 个方面。清洁生产强调在生产过程中预防或减少污染物的产生,由此,清洁生产非常关注生产过程,这也是清洁生产与末端治理的重要区别之一。那么,从清洁生产的角度又是如何看待企业的生产和服务过程的呢？

抛开生产过程千差万别的个性,概括出其共性,得出如图 5-2 所示的生产过程框架图。

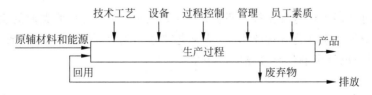

图 5-2 生产过程框架图

从图 5-2 可以看出,一个生产和服务过程可抽象成 8 个方面,即原辅材料和能源、技术工艺、设备、过程控制、管理、员工素质 6 个方面的输入,得出产品和废弃物 2 个方面的输出。不得不产生的废弃物,要优先采取可回收利用或循环使用措施,剩余部分才向外界环境排放。也就是说，清洁生产审核思路中提出的分析污染物产生的原因和提出预防或减少污染产生的方案都要从这8个途径或8个方面入手。

1. 原辅材料和能源

原材料和辅助材料本身所具有的特性，例如毒性、难降解性等，在一定程度上决定了产品及其生产过程对环境的危害程度，因而选择对环境无害的原辅材料是清洁生产所要考虑的重要方面。

企业是我国能源消耗的主体，以冶金、电力、石化、有色、建材、印染等行业为主，尤其对于重点能耗企业（国家规定年综合能耗1万t以上标煤企业为重点能耗企业；各省市部委将年综合耗能5000t以上标煤企业也列为重点能耗企业），节约能源是常抓不懈的主题。我国的节能方针是"开发和节约并重，以节约为主"。可见节能降耗将是我国今后经济发展相当长时期的主要任务。据统计，产品能耗中国比国外平均水平多40%，我国仅机电行业的节能潜力就在1000亿kW·h左右，节能空间十分巨大。同时，有些能源在使用过程中（例如煤、油等的燃烧过程）直接产生废弃物，而有些则间接产生废弃物（例如一般电的使用本身不产生废弃物，但火电、水电和核电的生产过程均会产生一定的废弃物），因而节约能源、使用二次能源和清洁能源也将有利于减少污染物的产生。

除原辅材料和能源本身所具有的特性以外，原辅材料的储存、发放、运输，原辅材料的投入方式和投入量等也都有可能导致废弃物的产生。

2. 技术工艺

生产过程的技术工艺水平基本上决定了废弃物的数量和种类，先进而有效的技术可以提高原材料的利用效率，从而减少废弃物的产生。结合技术改造预防污染是实现清洁生产的一条重要途径。反应步骤过长、连续生产能力差、生产稳定性差、工艺条件过高等技术工艺上的原因都可能导致废弃物的产生。

3. 设备

设备作为技术工艺的具体体现在生产过程中也具有重要作用，设备的适用性及其维护、保养情况等均会影响到废弃物的产生。

4. 过程控制

过程控制对许多生产过程是极为重要的，例如化工、炼油及其他类似的生产过程，反应参数是否处于受控状态并达到优化水平（或工艺要求），对产品的得率和优质品的得率具有直接的影响，因而也就影响到废弃物的产生量。

5. 产品

产品本身决定了生产过程，同时产品性能、种类和结构等的变化往往要求生产过程作相应的改变和调整，因而也会影响到废弃物的种类和数量。此外，产品的包装方式和用材、体积大小、报废后的处置方式以及产品储运和搬运过程等，都是在分析和研究与产品相关的环境问题时应加以考虑的因素。

6．废弃物

废弃物本身所具有的特性和所处的状态直接关系到它是否可在现场再用和循环使用。"废弃物"只有当其离开生产过程时才成为废弃物,否则仍为生产过程中的有用材料和物质,对其应尽可能回收,以减少废弃物排放的数量。

7．管理

我国目前大部分企业的管理现状和水平也是导致物料、能源的浪费和废物增加的一个主要原因。加强管理是企业发展的永恒主题,任何管理上的松懈和遗漏,如岗位操作过程不够完善、缺乏有效的奖惩制度等,都会严重影响到废弃物的产生。通过组织的"自我决策、自我控制、自我管理"方式,可把环境管理融于组织全面管理之中。

8．员工素质

任何生产过程中,无论自动化程度多高,从广义上讲均需要人的参与,因而员工素质的提高及积极性的激励也是有效控制生产过程和废弃物产生的重要因素。缺乏专业技术人员、缺乏熟练的操作工人和优良的管理人员以及员工缺乏积极性和进取精神等都有可能导致废物的增加。

废物产生的数量往往与能源、资源利用率密切相关。清洁生产审核的一个重要内容就是通过提高能源、资源利用效率减少废物产生量,达到环境与经济"双赢"目的。当然,以上8个方面的划分并不是绝对的,在许多情况下存在着相互交叉和渗透的情况,例如一套大型设备可能就决定了技术工艺水平;过程控制不仅与仪器、仪表有关系,还与管理及员工有很大的联系等,但这8个方面仍各有侧重点,原因分析时应归结到主要的原因上。注意对于每一个废弃物产生源都要从以上8个方面进行原因分析,并针对原因提出相应的解决方案(方案类型也在这8个方面之内),但这并不是说每个废弃物产生都存在8个方面的原因,它可能是其中的一个或几个。

5.2 清洁生产审核程序

组织实施清洁生产审核是推行清洁生产的重要途径。基于我国清洁生产审核示范项目的经验,并根据国外有关废物最小化评价和废物排放审核方法与实施的经验,国家清洁生产中心开发了我国的清洁生产的审核程序,包括7个阶段、35个步骤。组织清洁生产审核工作程序如图5-3所示。其中第二阶段预评估、第三阶段评估、第四阶段方案的产生和筛选以及第六阶段方案实施是整个审核过程中的重点阶段。

整个清洁生产审核过程分为两个时段审核,即第一时段审核和第二时段审核。第一时段审核包括筹划和组织、预评估、评估及方案的产生和筛选4个阶段。第一时段审核完成后应总结阶段性成果,提供清洁生产审核中期报告,以利于清洁生产审核的深入进行。第二时段审核包括方案的可行性分析、方案实施和持续清洁生产3个阶段。第二时段审核完成后应对清洁生产审核全过程进行总结,提交清洁生产审核(最终)报告,并展开下一阶段清洁生产(审核)工作。

活动　　　　　　　　　　　　　　　　　　　　产出

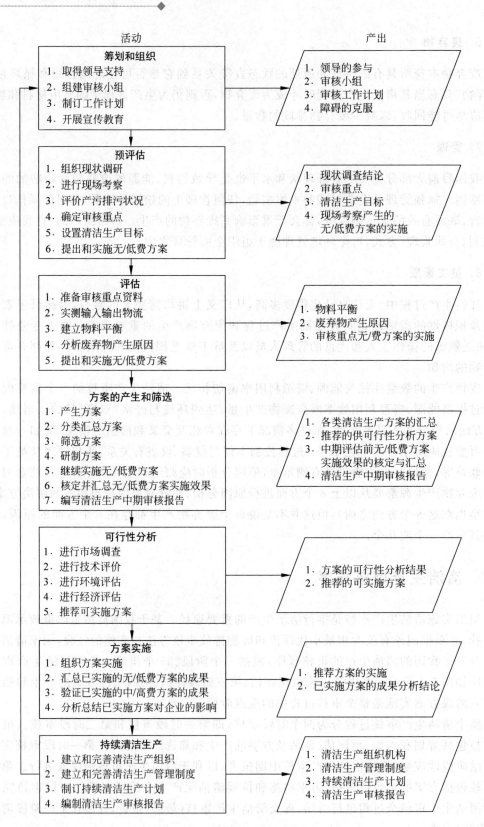

筹划和组织
1. 取得领导支持
2. 组建审核小组
3. 制订工作计划
4. 开展宣传教育

1. 领导的参与
2. 审核小组
3. 审核工作计划
4. 障碍的克服

预评估
1. 组织现状调研
2. 进行现场考察
3. 评价产污排污状况
4. 确定审核重点
5. 设置清洁生产目标
6. 提出和实施无/低费方案

1. 现状调查结论
2. 审核重点
3. 清洁生产目标
4. 现场考察产生的
　 无/低费方案的实施

评估
1. 准备审核重点资料
2. 实测输入输出物流
3. 建立物料平衡
4. 分析废弃物产生原因
5. 提出和实施无/低费方案

1. 物料平衡
2. 废弃物产生原因
3. 审核重点无/费方案的实施

方案的产生和筛选
1. 产生方案
2. 分类汇总方案
3. 筛选方案
4. 研制方案
5. 继续实施无/低费方案
6. 核定并汇总无/低费方案实施效果
7. 编写清洁生产中期审核报告

1. 各类清洁生产方案的汇总
2. 推荐的供可行性分析方案
3. 中期评估前无/低费方案
　 实施效果的核定与汇总
4. 清洁生产中期审核报告

可行性分析
1. 进行市场调查
2. 进行技术评价
3. 进行环境评估
4. 进行经济评估
5. 推荐可实施方案

1. 方案的可行性分析结果
2. 推荐的可实施方案

方案实施
1. 组织方案实施
2. 汇总已实施的无/低费方案的成果
3. 验证已实施的中/高费方案的成果
4. 分析总结已实施方案对企业的影响

1. 推荐方案的实施
2. 已实施方案的成果分析结论

持续清洁生产
1. 建立和完善清洁生产组织
2. 建立和完善清洁生产管理制度
3. 制订持续清洁生产计划
4. 编制清洁生产审核报告

1. 清洁生产组织机构
2. 清洁生产管理制度
3. 持续清洁生产计划
4. 清洁生产审核报告

图 5-3　清洁生产审核程序图

5.2.1　筹划和组织(审核准备)

筹划和组织是进行清洁生产审核工作的第一个阶段。这一阶段的工作目的是通过宣传教育使组织的领导和职工对清洁生产有一个初步的、比较正确的认识,清除思想上和观念上的障碍;了解组织清洁生产审核的工作内容、要求及工作程序。本阶段工作的重点是取得企业高层领导的支持和参与,组建清洁生产审核小组,制订审核工作计划和宣传清洁生产思想。

1. 取得领导支持

清洁生产审核是一件综合性很强的工作,涉及组织的各个部门。随着审核工作的不断深入,审核的工作重点和参与审核工作的部门及人员也会发生变化。因此,高层领导的支持和参与是保证审核工作顺利进行不可缺少的前提条件。同时,高层领导的支持和参与直接决定了审核过程中提出的清洁生产方案是否符合实际、是否能够得到实施。

1) 解释说明清洁生产可能给组织带来的利益

了解清洁生产审核可能给组织带来的巨大好处,是组织高层领导支持和参与清洁生产审核的动力和重要前提。清洁生产审核可给组织带来经济效益、生产效益、环境效益、无形资产的提高和推动技术与管理方面的改进等诸多好处,从而可以增强组织的市场竞争能力。

(1) 经济效益

① 由于减少了废物和排放物及其相关的收费和处理费用,降低了物料和能源消耗,增加了产品产量和改进了产品质量,可获得综合性经济效益;

② 实施无/低费方案可以清楚地说明经济效益,这将增强实施可行性的中/高费方案的自信心。

(2) 生产效益

① 由于技术上的改进使废物/排放物和能耗减少到最低限度,增强了工艺和生产的可靠性;

② 由于技术上的改进,增加了产品产量并改进了产品质量;

③ 由于采取清洁生产措施,例如减少有毒和有害物质的使用,可以改善健康和安全状况。

(3) 环境效益

① 对组织实施更严格的环境要求是国际国内大势所趋;

② 提高环境形象是当代组织的重要竞争手段;

③ 清洁生产是国内外大势所趋;

④ 清洁生产审核尤其是无/低费方案的实施可以很快产生明显的环境效益。

(4) 增加无形资产

① 无形资产有时可能比有形资产更有价值;

② 清洁生产审核有助于组织由粗放型经营向集约型经营过渡;

③ 清洁生产审核是对组织领导加强本组织管理的一次有力支持;

④ 清洁生产审核是提高劳动者素质的有效途径。

（5）技术方面的改进

① 清洁生产审核是一套包括发现和实施无/低费方案，以及产生、筛选和逐步实施技改方案在内的完整程序，其鼓励采用节能、低耗、高效的清洁生产技术；

② 清洁生产审核的可行性分析，使企业的技改方案更加切合实际并充分利用国内外最新信息。

（6）管理方面的改进

由于管理者关心员工的福利，可能增强职工的参与热情和责任感。

2）清洁生产审核所需投入

实施清洁生产会对组织产生正面、良好的影响，但也需要组织相应的投入并承担一定的风险，主要体现在以下几个方面：

（1）需要管理人员、技术人员和操作工人必要的时间投入；

（2）需要一定的监测设备和监测费用投入；

（3）承担聘请外部专家费用；

（4）承担编制审核报告费用；

（5）承担实施中/高费用清洁生产方案可能产生不利影响的风险，包括技术风险和市场风险。

2．组建审核小组

计划开展清洁生产审核的组织，首先要在本组织内组建一个有权威的审核小组，这是顺利实施企业清洁生产审核的组织保证。

1）审核小组组长

审核小组组长是审核小组的核心，一般情况下，最好由企业高层领导人兼任组长，或由企业高层领导任命一位具有如下条件的人员担任，并授予必要权限：

（1）具备企业的生产、工艺、管理与新技术的相关知识和经验；

（2）掌握污染防治的原则和技术，并熟悉有关的环保法规；

（3）了解审核工作程序，熟悉审核小组成员情况，具备领导和组织工作的才能并善于和其他部门合作等。

2）审核小组成员

审核小组的成员数目根据组织的实际情况来定，一般情况下需要3～5位全时从事审核工作的人员。审核小组成员应具备以下条件：

（1）具备组织清洁生产审核的知识或工作经验；

（2）掌握企业的生产、工艺、管理等方面的情况及新技术信息；

（3）熟悉企业的废弃物产生、治理和管理情况以及国家和地区环保法规和政策等；

（4）具有宣传、组织工作的能力和经验。

视组织的具体情况，审核小组中还应包括一些非全时制的人员，视实际需要，人数可为几人到十几人不等，也可随着审核的不断深入，及时补充所需的各类人员。例如当组织内部缺乏必要的技术力量时，可聘请外部专家以顾问形式加入审核小组；到了评估阶段，进行物料平衡时，审核重点的管理人员和技术人员应及时介入，以利于工作的深入开展。外部专家的作用为：传授清洁生产的基本思想，传授清洁生产审核每一步骤的要点和方法，能破除习惯思想发现明显的清洁生产机会,能及时发现工艺设备和实际操作问题,能提出解决问题的建议,能提供国内外同行业技术水平和污染排放的参照数据,能及时发现污染严重的环节和提出解决问题的建议。审核小组的成员在确定审核重点的前后应及时调整。审核小组必须有一位成员来自本组织的财务部门。该成员不一定全时制投入审核,但要了解审核的全部过程,不宜中途换人。

来自组织财务部门的审核成员,应该介入审核过程中一切与财务计算有关的活动,准确计算组织清洁生产审核的投入和收益,并将其详细地单独列账。中小型企业和不具备清洁生产审核技能的大型企业,其审核工作要取得外部专家的支持。如果审核工作有外部专家的帮助和指导,本组织的审核小组还应负责与外部专家的联络、研究外部专家的建议并尽量吸收其有用的意见。

在组建审核小组时,各组织可按自身的工作管理惯例和实际需要灵活选择其形式,例如成立由高层领导组成的审核领导小组,负责全盘协调工作,在该领导小组之下再组建主要由技术人员组成的审核工作小组,具体负责清洁生产审核工作。

审核小组成员职责与投入时间等应列表说明,表中要列出审核小组成员的姓名、在小组中的职务、专业、职称、应投入的时间,以及具体职责等。

3) 明确任务

由于领导小组负责对实施方案作出决定并对清洁生产审核的结果负责,因此,充分明确领导小组和审核小组的任务是重要的。

审核小组的任务包括:

(1) 制订工作计划;

(2) 开展宣传教育——人员培训及其他形式;

(3) 确定审核重点和目标;

(4) 组织和实施审核工作;

(5) 编写审核报告;

(6) 总结经验,并提出持续清洁生产的建议。

3. 制订工作计划

制订一个比较详细的清洁生产审核工作计划,有助于审核工作按一定的程序和步骤进行。只有组织好人力与物力,各司其职,协调配合,审核工作才会获得满意的效果,组织的清洁生产目标才能逐步实现。

审核小组成立后,要及时编制审核工作计划表,该表应包括审核过程的所有主要工作,包括这些工作的序号、内容、进度、负责人姓名、参与部门名称、参与人姓名以及各项工作的产出等。

4. 开展宣传教育

广泛开展宣传教育活动,争取组织内各部门和广大职工的支持,尤其是现场操作人员的积极参与,是清洁生产审核工作顺利进行和取得更大成效的必要条件。

宣传教育可采用下列方式:①利用企业现行各种例会;②下达开展清洁生产审核的正式文件;③内部广播;④电视、录像;⑤黑板报;⑥组织报告会、研讨班、培训班;⑦企业内部局域网；⑧开展各种咨询等。

宣传教育的内容一般为：①技术发展、清洁生产以及清洁生产审核的概念；②清洁生产和末端治理的内容及其利与弊；③国内外企业清洁生产审核的成功实例；④清洁生产审核中的障碍及其克服的可能性；⑤清洁生产审核工作的内容与要求；⑥本企业鼓励清洁生产审核的各种措施；⑦本企业各部门已取得的审核效果，它们的具体做法等；⑧清洁生产方案的产生及其可能的效益与意义。宣传教育的内容要随审核工作阶段的变化而作相应调整。

5.2.2　预评估（预审核）

预评估是清洁生产审核的初始阶段，是发现问题和解决问题的起点。主要任务是通过对企业全貌进行调查分析，评价企业的产排污状况，分析和发现企业清洁生产的潜力和机会；确定审核重点，设置清洁生产目标；同时对发现的问题找出对策，实施明显的简单易行的无/低费废物削减方案。

预审核工作程序见图 5-4。

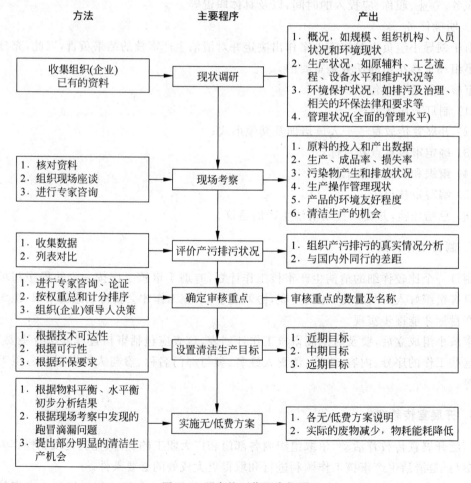

图 5-4　预审核工作程序框图

1. 组织现状调研

组织现状调研主要通过收集资料、查阅档案，与有关人士座谈等来进行。主要内容包括：

1）企业概况

（1）企业发展简史、规模、产值、利税、组织结构、人员状况和发展规划等。

（2）企业所在地的地理、地质、水文、气象、地形和生态环境等基本情况。

2）企业的生产状况

（1）企业主要原辅料、主要产品、能源及用水情况，要求以表格形式列出总耗及单耗，并列出主要车间或分厂的情况。

（2）企业的主要工艺流程。以框图表示主要工艺流程，要求标出主要原辅料、水、能源及废弃物的流入、流出和去向。

（3）企业设备水平及维护状况，如完好率、泄漏率等。

3）企业的环境保护状况

（1）主要污染源及其排放情况，包括状态、数量、毒性等。

（2）主要污染源的治理现状，包括处理方法、效果、问题及单位废弃物的年处理费等。

（3）"三废"的循环，综合利用情况，包括方法、效果、效益以及存在问题。

（4）企业涉及的有关环保法规与要求，如排污许可证、区域总量控制、行业排放标准等。

4）企业的管理状况

企业的管理状况包括从原料采购和库存、生产及操作直到产品出厂的全面管理水平。

2. 进行现场考察

随着生产的发展，一些工艺流程、装置和管线可能已做过多次调整和更新，这些可能无法在图纸、说明书、设备清单及有关手册上反映出来。此外，实际生产操作和工艺参数控制等往往和原始设计及规程不同。因此，需要进行现场考察，以便对现状调研的结果加以核实和修正，并发现生产中的问题。同时，通过现场考察，在全厂范围内发现明显的无/低费清洁生产方案。

1）现场考察内容

（1）对整个生产过程进行实际考察。即从原料开始，逐一考察原料库、生产车间、成品库，直到"三废"处理设施。

（2）重点考察各产污排污环节、水耗和（或）能耗大的环节、设备事故多发的环节或部位。

（3）考察实际生产管理状况，如岗位责任制执行情况，工人技术水平及实际操作状况，车间技术人员及工人的清洁生产意识等。

2）现场考察方法

（1）核查分析有关设计资料和图纸，工艺流程图及其说明，物料衡算、能（热）量衡算的情况，设备与管线的选型与布置等；另外，还要查阅岗位记录、生产报表（月平均及年平均统计报表）、原料及成品库存记录、废弃物报表、监测报表等。

（2）与工人和工程技术人员座谈，了解并核查实际的生产与排污情况，听取意见和建议，发现关键问题和部位，同时，征集无/低费清洁生产方案。

3. 评价产污排污状况

在对比分析国内外同类企业产污排污及能源、原材料利用状况的基础上，对本企业的产污原因进行初步分析，并评价执行环保能源法规情况。

1) 对比国内外同类企业产污排污状况

在资料调研、现场考察及专家咨询的基础上，汇总国内外同类工艺、同等装备、同类产品先进企业的生产、消耗、产污排污及管理水平，与本企业的各项指标相对照，并列表说明。

2) 初步分析产污及能源利用效率低的原因

（1）对比国内外同类企业的先进水平，结合本企业的原料、工艺、产品、设备等实际状况，确定本企业的理论产污排污及能源利用效率水平。

（2）调查汇总企业目前的实际产污排污及能源利用效率状况。

（3）从影响生产过程的 8 个方面出发，对产污排污的理论值与实际状况之间的差距进行初步分析，并评价在现状条件下，企业的产污排污及能源利用状况是否合理。

3) 评价企业环保执法状况

评价企业执行国家及当地环保法规及行业排放标准的情况，包括达标情况、缴纳排污费及处罚情况等。

4) 作出评价结论

对比国内外同类企业的产污排污及能源利用效率水平，对企业在现有原料、工艺、产品、设备及管理水平下，其产污排污状况的真实性、合理性及有关数据的可信度予以初步评价。

4. 确定审核重点

通过前面三步的工作，已基本探明了企业现存的问题及薄弱环节，可从中确定出本轮审核的重点。审核重点的确定，应结合企业的实际综合考虑。

本部分内容主要适用于工艺复杂、生产单元多、生产规模大的大中型企业，对工艺简单、产品单一的中小企业，可不必经过备选审核重点阶段，而依据定性分析，直接确定审核重点。

1) 确定备选审核重点

首先根据所获得的信息，列出企业主要问题，从中选出若干问题或环节作为备选审核重点。

企业生产通常由若干单元操作构成。单元操作指具有物料的输入、加工和输出功能，完成某一特定工艺过程的一个或多个工序或工艺设备。原则上，所有单元操作均可作为潜在的审核重点。根据调研结果，通盘考虑企业的财力、物力和人力等实际条件，选出若干车间、工段或单元操作作为备选审核重点。

（1）原则

应优先考虑以下内容作为备选审核重点：

① 污染严重的环节或部位；

② 物耗能耗大的环节或部位；

③ 环境及公众压力大的环节或问题；

④ 有明显的清洁生产机会。

（2）方法

将所收集的数据进行整理、汇总和换算，并列表说明，以便为后续步骤"确定审核重点"提供依据。填写数据时，应注意：

① 物质能源消耗及废弃物量应以各备选重点的月或年的总发生量统计；

② 能耗一栏根据企业实际情况调整,可以是标煤、电、油等能源形式。

2)确定审核重点

采用一定方法,把备选审核重点排序,从中确定本轮审核的重点。同时,也为今后的清洁生产审核提供优选名单。本轮审核重点的数量取决于企业的实际情况,一般一次选择一个审核重点。识别审核重点的方法有很多种,可以概括为:

(1)简单比较。根据各备选重点的废弃物排放量和毒性及物质能源消耗等情况,进行对比、分析和讨论,通常将污染最严重、消耗最大、清洁生产机会最明显的部位定为第一轮审核重点。

(2)权重总和计分排序法。工艺复杂、产品品种和原材料多样的企业往往难以通过定性比较确定出重点。此外,简单比较一般只能提供本轮审核的重点,难以为今后的清洁生产提供足够的依据。为提高决策的科学性和客观性,采用半定量方法进行分析。

常用方法为权重总和计分排序法。

权重是指各个因素具有权衡轻重作用的数值,统计学中又称"全数"。此数值的多少代表了该因素的重要程度。权重总和计分排序法是通过综合考虑各因素的权重及其得分,得出每一个因素的加权得分值,然后将这些加权得分值进行叠加,以求出权重总和,再比较各权重总和值来作出选择的方法。

确定权重因素应考虑下述原则:

(1)重点突出,主要为实现组织清洁生产、污染预防目标服务;

(2)因素之间避免相互交叉;

(3)因素含义明了,易于打分;

(4)数量适当(五个左右)。

权重因素的种类包括:

(1)基本因素

① 环境方面:减少废物、有毒有害物的排放量;或使其改变组分,易降解,易处理,减小有害性(如毒性、易燃性、反应性、腐蚀性等);对工人安全和健康的危害,以及其他不利环境影响较小;遵循环境法规,达到环境标准。

② 经济方面:减少投资;降低加工成本;降低工艺运行费用;降低环境责任费用(排污费、污染罚款、事故赔偿费);物料或废物可循环利用或应用;产品质量提高。

③ 技术方面:技术成熟,技术水平先进;可找到有经验的技术人员;国内同行业有成功的例子;运行维修容易;

④ 实施方面:对工厂当前正常生产以及其他生产部门影响小;施工容易,周期短,占空间小;工人易于接受。

(2)附加因素

① 前景方面:符合国家经济发展政策,符合行业结构调整和发展政策,符合市场需求。

② 能源方面:水、电、汽、热的消耗减小;或水、汽、热可循环利用或回收利用。

根据各因素的重要程度,将权重值简单分为三个层次:高重要性(权重值为8~10);中等重要性(权重值为4~7);低重要性(权重值为1~3)。从已进行的清洁生产工作来看,对各权重因素值(W)规定如下范围较合适:

• 废物量 $W=10$

- 环境代价 $W=8\sim9$
- 废物的毒性 $W=7\sim8$
- 清洁生产的潜力 $W=4\sim6$
- 车间的关心与合作程度 $W=1\sim3$
- 发展前景 $W=1\sim3$

根据我国清洁生产的实践及专家讨论结果，在筛选审核重点时，通常考虑下述几个因素（对各因素的重要程度，即权重值（W），可参照以下数值）：

- 废弃物量 $W=10$
- 主要消耗 $W=7\sim9$
- 环保费用 $W=7\sim9$
- 市场发展潜力 $W=4\sim6$
- 车间积极性能 $W=1\sim3$

注：（1）上述权重值仅为一个范围，实际审核时每个因素必须确定一个数值，一旦确定，则在整个审核过程中不得改动。

（2）可根据企业实际情况增加废弃物毒性因素等。

（3）统计废弃物量时，应选取企业最主要的污染形式，而不是把水、气、渣累计起来。

（4）可根据实际增补如 COD 总量项目。

审核小组或有关专家根据收集的信息，结合有关环保要求及企业发展规划，对每个备选重点就上述各因素按备选审核重点情况汇总表提供的数据或信息打分，分值（R）从1至10，以最高者为满分（10分）。将打分与权重值相乘（$R\times W$），并求所有乘积之和（$\sum R\times W$），即为该备选重点总得分排序，最高者即为本次审核重点，余者类推，参见表 5-1 所给例子。

表 5-1　某厂权重总和计分排序法确定审核重点

因素	权重值 $W(1\sim10)$	备选审核重点得分					
		一车间		二车间		三车间	
		$R(1\sim10)$	$R\times W$	$R(1\sim10)$	$R\times W$	$R(1\sim10)$	$R\times W$
废弃物量	10	10	100	6	60	4	40
主要消耗	9	5	45	10	90	8	72
环保费用	8	10	80	4	32	1	8
废弃物毒性	7	4	28	10	70	5	35
市场发展潜力	5	6	30	10	50	8	40
车间积极性	2	5	10	10	20	7	14
总分（$\sum R\times W$）			293		322		209
排序			2		1		3

如某厂有三个车间为备选重点（见表 5-2）。厂方认为废水为其最主要污染形式，其数量依次为一车间为 1000t/a，二车间为 600t/a，三车间为 400t/a。因此，废弃物量一车间最大，定为满分（10分），乘权重后为 100；二车间废弃物量是一车间的 6/10，得分即为 60；三车间则为 40。其余各项得分以此类推，把得分相加即为该车间的总分。打分时应注意：

（1）严格根据数据打分，以避免随意性和倾向性。

（2）没有定量数据的项目，集体讨论后打分。

表 5-2 某厂备选审核重点情况汇总

序号	备选审核重点名称	废弃物量/(t/a)		主要消耗							环保费用/(万元/a)					
		水	渣	原料消耗		水耗		能耗		小计/(万元/a)	厂内末端治理费	厂外处理处置费	排污费	罚款	其他	小计
				总量/(t/a)	费用/(万元/a)	总量/(万t/a)	费用/(万元/a)	标煤总量/(t/a)	费用/(万元/a)							
1	一车间	1000	6	1000	30	10	20	500	6	56	40	20	60	15	5	140
2	二车间	600	2	2000	50	25	50	1500	18	118	20	0	40	0	0	60
3	三车间	400	0.2	800	40	20	40	750	9	89	5	0	10	0	0	15

注：以工业用水 2 元/t，标煤 120 元/t 计算。

5. 设置清洁生产目标

设置定量化的硬性指标，才能使清洁生产真正落实，并能据此检验与考核，达到通过清洁生产预防污染的目的。

1）原则

（1）容易被人理解、易于接受且易于实现。

（2）清洁生产指标是针对审核重点的定量化、可操作并有激励作用的指标。要求不仅有减污、降耗或节能的绝对量，还要有相对量指标，并与现状对照。

（3）具有时限性，要分近期和远期。近期一般指到本轮审核基本结束并完成审核报告时为止，参见表 5-3。

2）依据

（1）根据外部的环境管理要求，如达标排放，限期治理等；

（2）根据本企业历史最高水平；

（3）参照国内外同行业类似规模、工艺或技术装备的厂家的水平；

（4）参照同行业清洁生产标准或行业清洁生产评价体系中的水平指标。

表 5-3 为某化工厂一车间设置的清洁生产目标。

表 5-3 某化工厂一车间清洁生产目标

序号	项目	现状	近期目标		远期目标	
			绝对量/(t/a)	相对量/%	绝对量/(t/a)	相对量/%
1	多元醇 A 得率	68%		增加 1.8		增加 3.2
2	废水排放量	150 000t/a	削减 30 000	削减 20	削减 60 000	削减 40
3	COD 排放量	1200t/a	削减 250	削减 20.8	削减 600	削减 50
4	固体废物排放量	80t/a	削减 20	削减 25	削减 80	削减 100

6. 提出和实施无/低费方案

预审核过程中，在全厂范围内各个环节发现的问题，有相当部分可迅速采取措施解决。将这些无须投资或投资很少、容易在短期（如审核期间）见效的措施称为无/低费方案；另一类需要投资较高、技术性较强、投资期较长的方案叫中高费方案。

预审核阶段的无/低费方案是通过调研，特别是现场考察和座谈，而不必对生产过程作深入分析便能发现的方案，是针对全厂的；而审核阶段的无/低费方案是必须深入分析物料平衡结果才能发现的，是针对审核重点的。

1）目的

其目的是贯彻清洁生产边审核边实施的原则，以及时取得成效，滚动式地推进审核工作。

2）方法

采用的方法有座谈、咨询、现场查看、散发清洁生产建议表，及时改进、及时实施、及时总结，对于涉及重大改变的无/低费方案，应遵循企业正常的技术管理程序。

常见的无/低费方案如下：

（1）原辅料及能源

① 采购量与需求相匹配；

② 加强原料质量（如纯度、水分等）的控制；

③ 根据生产操作调整包装的大小及形式。

（2）技术工艺

① 改进备料方法；

② 增加捕集装置，减少物料或成品损失；

③ 改用易于处理、处置的清洗剂。

（3）过程控制

① 选择在最佳配料比下进行生产；

② 增加检测计量仪表；

③ 校准检测计量仪表；

④ 改善过程控制及在线监控；

⑤ 调整优化反应的参数，如温度、压力等。

（4）设备

① 改进并加强设备定期检查和维护，减少跑、冒、滴、漏；

② 及时修补完善输热、输汽管线的隔热保温。

（5）产品

① 改进包装及其标志或说明；

② 加强库存管理。

（6）管理

① 清扫地面时改用干扫法或拖地法，以取代水冲洗法；

② 减少物料溅落并及时收集；

③ 严格岗位责任制及操作规程。

（7）废弃物

① 冷凝液的循环利用；

② 现场分类、收集可回收的物料与废弃物；

③ 余热利用；

④ 清污分流。

（8）员工

① 加强员工技术与环保意识的培训；

② 采用各种形式的精神与物质激励措施。

5.2.3 评估（审核）

本阶段是对组织审核重点的原材料、生产过程以及浪费的产生进行审核。审核是通过对审核重点的物料平衡、水平衡、能量衡算及价值流分析，分析物料、能量流失和其他浪费的环节，找出废弃物产生的原因，查找物料储运、生产运行、管理以及废弃物排放等方面存在的问题，寻找与国内外先进水平的差距，为清洁生产方案的产生提供依据。

本阶段的工作重点是实测输入输出物流，建立物料平衡，分析废弃物产生原因。审核程序见图 5-5。

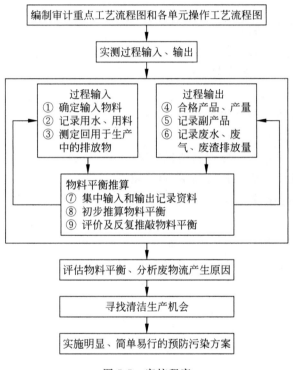

图 5-5 审核程序

1. 准备审核重点资料

收集审核重点及其相关工序或工段的有关资料，绘制工艺流程图。

1）收集资料

（1）收集基础资料

① 工艺资料

· 工艺流程图；

· 工艺设计的物料、热量平衡数据；

· 工艺操作手册和说明；

- 设备技术规范和运行维护记录；
- 管道系统布局图；
- 车间内平面布置图。

② 原材料和产品及生产管理资料
- 产品的组成及月、年度产量表；
- 物料消耗统计表；
- 产品和原材料库存记录；
- 原料进厂检验记录；
- 能源费用；
- 车间成本费用报告；
- 生产进度表。

③ 废弃物资料
- 年度废弃物排放报告；
- 废弃物（水、气、渣）分析报告；
- 废弃物管理、处理和处置费用；
- 排污费；
- 废弃物处理设施运行和维护费用。

④ 国内外同行业资料
- 国内外同行业单位产品原辅料消耗情况（审核重点）；
- 国内外同行业单位产品排污情况（审核重点）。

列表与本企业情况比较。

（2）现场调查

补充与验证已有数据。

① 不同操作周期的取样、化验。

② 现场提问。

③ 现场考察、记录：
- 追踪所有物流；
- 建立产品、原料、添加剂及废弃物等物流的记录。

2）编制审核重点的工艺流程图

为了更充分和较全面地对审核重点进行实测和分析，首先应掌握审核重点的工艺过程和输入、输出物流情况。工艺流程图以图解的方式整理、标示工艺过程及进入和排出系统的物料、能源以及废物流的情况。审核重点工艺流程示意图见图 5-6。

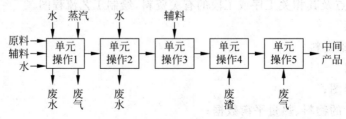

图 5-6　审核重点工艺流程

3）编制单元操作工艺流程图和功能说明表

当审核重点包含较多的单元操作，而一张审核重点流程图难以反映各单元操作的具体情况时，应在审核重点工艺流程图的基础上，分别编制各单元操作的工艺流程图（标明进出单元操作的输入、输出物流）和功能说明表。图5-7为对应图5-6单元操作1的工艺流程示意图。表5-4为某啤酒厂审核重点（酿造车间）各单元操作功能说明表。

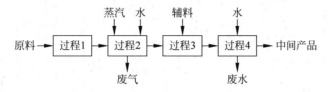

图5-7　单元操作1的详细工艺流程

表5-4　各单元操作功能说明

单元操作名称	功能简介
粉碎	将原辅料粉碎成粉、粒状，以利于糖化过程物质分解
糖化	利用麦芽所含酶，将原料中高分子物质分解制成麦汁
麦汁过滤	将糖化醪中原料溶出物质与麦芽糖分开，得到澄清麦汁
麦汁煮沸	灭菌、灭酶、蒸出多余水分，使麦汁浓缩至要求浓度
旋流澄清	使麦汁静置，分离出热凝固物
冷却	析出冷凝固物，使麦汁吸氧、降到发酵所需温度
麦汁发酵	添加酵母发酵麦汁成酒液
过滤	去除残存酵母及杂质，得到清亮透明的酒液

4）编制工艺设备流程图

工艺设备流程图主要是为实测和分析服务。与工艺流程图主要强调工艺过程不同，它强调的是设备和进出设备的物流。设备流程图要求按工艺流程，分别标明重点设备输入、输出物流及监测点。图5-8给出一套催化裂化装置工艺设备流程图示例。

2. 实测输入输出物流

审核人员要了解与每一个操作相关的功能和工艺变量，核对单元操作和整个工艺的所有资料（包括原材料、中间产品、产品的物料管理与操作方式），以便为以后的审核工作所用。

对于复杂的生产工艺流程，可能一个单元操作就表明一个简单的生产工艺流程（特别对那些主要工艺来说，单元操作更是如此），必须一一列出、分析，并绘制审核重点的输入与输出示意图（图5-9）。

1）准备及要求

（1）准备工作

① 制订现场实测计划。

- 确定监测项目、监测点；
- 确定实测时间和周期。

② 校验监测仪器和计量器具。

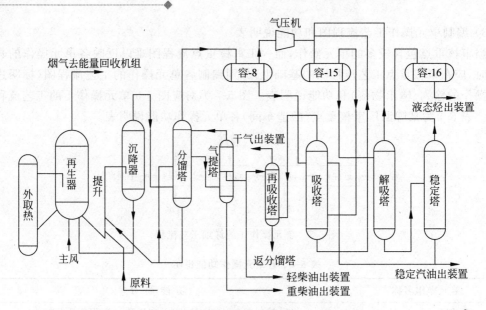

图 5-8　某煤油厂催化裂化装置工艺设备流程图

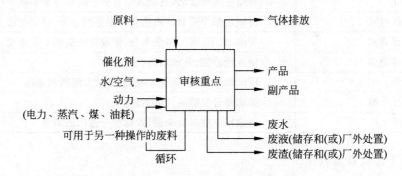

图 5-9　审核重点的输入与输出示意图

（2）要求

① 监测项目。应对审核重点全部的输入、输出物流进行实测，包括原料、辅料、水、产品、中间产品及废弃物等。物流中组分的测定根据实际工艺情况而定，有些工艺应测（例如电镀液中的 Cu、Cr 等），有些工艺则不一定都测（例如炼油过程中各类烃的具体含量），原则是监测项目应满足对废弃物流的分析。

② 监测点。监测点的设置须满足物料衡算的要求，即主要的物流进出口要监测，但对因工艺条件所限无法监测的某些中间过程，可用理论计算数值代替。

③ 实测时间和周期。对周期性（间歇）生产的企业，按正常一个生产周期（即一次配料由投入到产品产出为一个生产周期）进行逐个工序的实测，而且至少实测三个周期。

对于连续生产的企业，应连续（跟班）监测72h。

输入、输出物流的实测要注意同步性。即在同一生产周期内完成相应的输入和输出物流的实测。

④ 实测的条件。正常工况，按正确的检测方法进行实测。

⑤ 现场记录。边实测边记录，及时记录原始数据，并标出测定时的工艺条件（温度、压力等）。

⑥ 数据单位。数据收集的单位要统一，并注意与生产报表及年、月统计表的可比性。

间歇操作的产品,采用单位产品进行统计,如 t/t、t/m³ 等;连续生产的产品,可用单位时间产量进行统计,如 t/a、t/月等。

2)实测

(1)实测输入物流。输入物流指所有投入生产的输入物,包括进入生产过程的原料、辅料、水、气以及中间产品、循环利用物等。

包括:

- 数量;
- 组分(应有利于废物流分析);
- 实测时的工艺条件。

(2)实测输出物流。输出物流指所有排出单元操作或某台设备、某一管线的排出物,包括产品、中间产品、副产品、循环利用物以及废弃物(废气、废渣、废水等)。

包括:

- 数量;
- 组分(应有利于废物流分析);
- 实测时的工艺条件。

将输入、输出的取样分析结果标在单元操作工艺流程图上。计算厂外废物流、废物运送到厂外处理前有时还需在厂内储存。在储存期要防止有泄漏和新的污染产生;废物在运送到厂外处理时,也要防止跑、冒、滴、漏,以免产生二次污染。

3)汇总数据

汇总各单元操作数据。将现场实测的数据经过整理、换算并汇总于一张或几张表上,具体可参照表 5-5。

表 5-5 各单元操作数据汇总

单元操作	输入物					输出物					去向
	名称	数量	成分			名称	数量	成分			
			名称	浓度	数量			名称	浓度	数量	
单元操作 1											
单元操作 2											
单元操作 3											

注:① 数量按单位产品的量或单位时间的量填写。

② 成分指输入和输出物中含有的贵重成分或(和)对环境有毒有害成分。

③ 汇总审核重点数据。在单元操作数据的基础上,将审核重点的输入和输出数据汇总成表,使其更加清楚明了,表的形式可参照表 5-6。对于输入、输出物料不能简单加和的,可根据组分的特点自行编制类似表格。

表 5-6 审核重点输入、输出数据汇总   单位:

输入		输出	
输入物	数量	输出物	数量
原料 1		产品	
原料 2		副产品	
辅料 1		废水	
辅料 2		废气	
水		废渣	
合计		合计	

3. 建立物料平衡

进行物料平衡的目的,旨在准确地判断审核重点的废弃物流,定量地确定废弃物的数量、成分以及去向,从而发现过去无组织排放或未被注意的物料流失,并为产生和研制清洁生产方案提供科学依据。

从理论上讲,物料平衡应满足以下公式:

$$输入 = 输出$$

1) 进行预平衡测算

根据物料平衡原理和实测结果,考察输入、输出物流的总量和主要组分达到的平衡情况。一般来说,如果输入总量与输出总量之间的偏差在 5% 以内,则可以用物料平衡的结果进行随后有关评估与分析,但对于贵重原料、有毒成分等的平衡偏差应更小或应满足行业要求;如果偏差不符合上述要求,则须检查造成较大偏差的原因,可能是实测数据不准或存在无组织物料排放等情况,这种情况下应重新实测或补充监测。

2) 编制物料平衡图

物料平衡图是针对审核重点编制的,即用图解的方式将预平衡测算结果标示出来。但在此之前须编制审核重点的物料流程图,即把各单元操作的输入、输出标在审核重点的工艺流程图上。图 5-10 和图 5-11 分别为某啤酒厂审核重点(酿造车间)的物料流程图和物料平衡图。当审核重点涉及贵重原料和有毒成分时,物料平衡图应标明其成分和数量。或对每一成分单独编制物料平衡图。

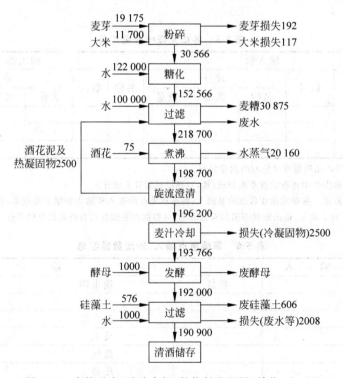

图 5-10 审核重点(酿造车间)的物料流程图(单位：kg/d)

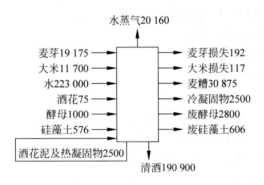

图 5-11 审核重点(酿酒车间)的物料平衡图(单位：kg/d)

物料流程图以单元操作作为基本单位,各单元操作用方框图表示,输入画在左边,主要的产品、副产品和中间产品按流程提示,而其他输出则画在右边。

物料平衡图以审核重点的整体为单位。输入画在左边,主要的产品、副产品和中间产品标在右边,气体排放物标在上边,循环和回用物料标在左下角,其他输出则标在下边。

从严格意义上说,水平衡是物料平衡的一部分。水若参与反应,则是物料的一部分。但在许多情况下,它并不直接参与反应,而是作为清洗和冷却之用。在这种情况下并当审核重点的耗水量较大时,为了了解耗水过程寻找减少水耗的方法,应另外编制水平衡图。

注：有些情况下,审核重点的水平衡并不能全面反映问题或水耗在全厂占有重要地位,可考虑就全厂编制一个水平衡图。

3) 阐述物料平衡结果

在实测输入、输出物流及物料平衡的基础上寻找废弃物及其产生部位,阐述物料平衡结果,对审核重点的生产过程作出评估。主要内容如下：

(1) 物料平衡的偏差;

(2) 实际原料利用率;

(3) 物料流失部分(无组织排放)及其他废弃物产生环节和产生部位;

(4) 废弃物(包括流失的物料)的种类、数量和所占比例以及对生产和环境的影响部位。

4. 分析废弃物产生及能耗、物耗消耗高的原因

一般说来,如果输入总量与输出总量之间的误差在 5% 以内,则可以用物料平衡的结果进行随后的有关评估与分析;否则须检查造成较大误差的原因,重新进行实测和物料平衡。针对每一个物料流失和废弃物产生部位的每一种物料和废弃物进行分析,找出它们产生的原因。分析可从影响生产过程的 8 个方面进行。

1) 原辅料和能源

原辅料指生产中的主要原料和辅助用料(包括添加剂、催化剂、水等);能源指维持正常生产所用的动力源(包括电、煤、蒸汽、油等)。因原辅料及能源导致产生废弃物主要有以下几个方面的原因：

(1) 原辅料不纯或(和)未净化;

(2) 原辅料储存、发放、运输的流失;

(3) 原辅料的投入量和(或)配比的不合理；

(4) 原辅料及能源的超定额消耗；

(5) 有毒、有害原辅料的使用；

(6) 未利用清洁能源和二次资源。

2) 技术工艺

因技术工艺而导致产生废弃物有以下几个方面的原因：

(1) 技术工艺落后，原料转化率低；

(2) 设备布置不合理，无效传输线路过长；

(3) 反应及转化步骤过长；

(4) 连续生产能力差；

(5) 工艺条件要求过严；

(6) 生产稳定性差；

(7) 需使用对环境有害的物料。

3) 设备

因设备而导致产生废弃物有以下几个方面的原因：

(1) 设备破旧、漏损；

(2) 设备自动化控制水平低；

(3) 有关设备之间配置不合理；

(4) 主体设备和公用设施不匹配；

(5) 设备缺乏有效维护和保养；

(6) 设备的功能不能满足工艺要求。

4) 过程控制

因过程控制而导致产生废弃物主要有以下几个方面的原因：

(1) 计量检测、分析仪表不齐全或监测精度达不到要求；

(2) 某些工艺参数(例如温度、压力、流量、浓度等)未能得到有效控制；

(3) 过程控制水平不能满足技术工艺要求。

5) 产品

产品包括审核重点内生产的产品、中间产品、副产品和循环利用物。因产品而导致产生废弃物主要有以下几个方面的原因：

(1) 产品储存和搬运中的破损、漏失；

(2) 产品的转化率低于国内外先进水平；

(3) 不利于环境的产品规格和包装。

6) 废弃物

因废弃物本身具有的特性而未加利用导致产生废弃物主要有以下几个方面的原因：

(1) 对可利用废弃物未进行再用和循环使用；

(2) 废弃物的物理化学性能不利于后续的处理和处置；

(3) 单位产品废弃物产生量高于国内外先进水平。

7) 管理

因管理而导致产生废弃物主要有以下几个方面的原因：

(1)有利于清洁生产的管理条例、岗位操作规程等未能得到有效执行。

（2）现行的管理制度不能满足清洁生产的需要：

① 岗位操作规程不够严格；

② 生产记录（包括原料、产品和废弃物）不完整；

③ 信息交换不畅；

④ 缺乏有效的奖惩办法。

8）员工

因员工而导致产生废弃物主要有以下几个方面的原因：

（1）员工的素质不能满足生产需求：

① 缺乏优秀管理人员；

② 缺乏专业技术人员；

③ 缺乏熟练操作人员；

④ 员工的技能不能满足本岗位的要求。

（2）缺乏对员工主动参与清洁生产的激励措施。

5. 提出和实施无/低费方案

主要针对审核重点，根据废弃物产生原因分析，提出并实施无/低费方案。

5.2.4 实施方案的产生和筛选

方案产生和筛选是企业进行清洁生产审核工作的第四个阶段。本阶段的目的是通过方案的产生、筛选、研制，为下一阶段的可行性分析提供足够的中/高费清洁生产方案。本阶段的工作重点是根据评估阶段的结果，制定审核重点的清洁生产方案；在分类汇总基础上（包括已产生的非审核重点的清洁生产方案，主要是无/低费方案），经过筛选确定出两个以上中/高费方案供下一阶段进行可行性分析；同时对已实施的无/低费方案进行实施效果核定与汇总；最后编写清洁生产中期审核报告。

1. 产生方案

清洁生产方案的数量、质量和可实施性直接关系到企业清洁生产审核的成效，是审核过程的一个关键环节，因而应广泛发动群众征集、产生各类方案。

（1）广泛采集，创新思路。

在全厂范围内利用各种渠道和多种形式进行宣传动员、鼓励全体员工提出清洁生产方案或合理化建议。通过实例教育，克服思想障碍，制定奖励措施以鼓励创造性思想和方案的产生。

（2）根据物料平衡和针对废弃物产生原因的分析产生方案。

进行物料平衡和废弃物产生原因分析的目的就是要为清洁生产方案的产生提供依据。因而方案的产生要紧密结合这些结果，只有这样才能使所产生的方案具有针对性。

（3）广泛收集国内外同行业先进技术。

类比是产生方案的一种快捷、有效的方法。应组织工程技术人员广泛收集国内外同行业的先进技术，并以此为基础，结合本企业的实际情况，制定清洁生产方案。

（4）组织行业专家进行技术咨询。

当企业利用本身的力量难以完成某些方案的产生时，可以借助于外部力量，组织行业专家进行技术咨询，这对启发思路、畅通信息将会很有帮助。

（5）全面系统地产生方案。

清洁生产涉及企业生产和管理的各个方面，虽然物料平衡和废弃物产生原因分析将大大有助于方案的产生，但是在其他方面可能也存在着一些清洁生产机会，因而可从影响生产过程的 8 个方面全面系统地产生方案，如图 5-12 所示。

① 原辅材料和能源替代；

② 技术工艺改造；

③ 设备维护和更新；

④ 过程优化控制；

⑤ 产品更换或改进；

⑥ 废弃物回收利用和循环使用；

⑦ 加强管理；

⑧ 员工素质的提高以及积极性的激励。

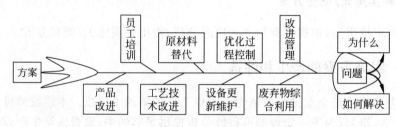

图 5-12　影响生产过程的 8 个方面结构

2. 分类汇总方案

对所有的清洁生产方案，不论已实施的还是未实施的，不论是属于审核重点的还是不属于审核重点的，均按原辅材料和能源替代、技术工艺改造、设备维护和更新、过程优化控制、产品更换或改进、废弃物回收利用和循环使用、加强管理、员工素质的提高以及积极性的激励等 8 个方面列表简述其原理和实施后的预期效果。

3. 筛选方案

在进行方案筛选时可采用两种方法，一是用比较简单的方法进行初步筛选，二是采用权重总和计分排序法进行筛选和排序。

1）初步筛选

初步筛选是要对已产生的所有清洁生产方案进行简单检查和评估，从而分出可行的无/低费方案、初步可行的中/高费方案和不可行方案三大类。其中，可行的无/低费方案可立即实施；初步可行的中/高费方案供下一步进行研制和进一步筛选；不可行的方案则搁置或否定。

（1）确定初步筛选因素。初步筛选因素可考虑技术可行性、环境效果、经济效益、实施难易程度以及对生产和产品的影响等几个方面。

① 技术可行性。主要考虑该方案的成熟程度,例如是否已在企业内部其他部门采用过或同行业其他企业采用过,以及采用的条件是否基本一致等。

② 环境效果。主要考虑该方案是否可以减少废弃物的数量和毒性,是否能改善工人的操作环境等。

③ 经济效益。主要考虑投资和运行费用能否承受得起,是否有经济效益,能否减少废弃物的处理处置费用等。

④ 实施的难易程度。主要考虑是否在现有的场地、公用设施、技术人员等条件下即可实施或稍作改进即可实施,实施的时间长短等。

⑤ 对生产和产品的影响。主要考虑方案的实施过程中对企业正常生产的影响程度以及方案实施后对产量、质量的影响。

(2) 进行初步筛选。在进行方案的初步筛选时,可采用简易筛选方法,即组织企业领导和工程技术人员进行讨论来决策。方案的简易筛选方法基本步骤如下:第一步,参照前述筛选因素的确定方法,结合本企业的实际情况确定筛选因素;第二步,确定每个方案与这些筛选因素之间的关系,若是正面影响关系,则打"√",若是反面影响关系则打"×";第三步,综合评价,得出结论。具体参照表5-7。

表 5-7 方案简易筛选方法

筛选因素	方案编号				
	F_1	F_2	F_3	⋯	F_n
技术可行性	√	×	√	⋯	√
环境效果	√	√	√	⋯	×
经济效果	√	√	×	⋯	√
⋮	⋮	⋮	⋮	⋮	⋮
结论	√	×	×	⋯	×

2) 权重总和计分排序

权重总和计分排序法适合于处理方案数量较多或指标较多相互比较有困难的情况,一般仅用于中/高费方案的筛选和排序。

方案的权重总和计分排序法基本与预审核重点的权重总和计分排序法相同,只是权重因素和权重值可能有些不同。权重因素和权重值的选取可参照下述执行。

(1) 环境效果。权重值 $W = 8 \sim 10$。主要考虑是否减少对环境有害物质的排放量及其毒性,是否减少了对工人安全和健康的危害,是否能够达到环境标准等。

(2) 经济可行性。权重值 $W = 7 \sim 10$。主要考虑费用效益比是否合理。

(3) 技术可行性。权重值 $W = 6 \sim 8$。主要考虑技术是否成熟、先进;能否找到有经验的技术人员;国内外同行业是否有成功的先例;是否易于操作、维护等。

(4) 可实施性。权重值 $W = 4 \sim 6$。主要考虑方案实施过程中对生产的影响大小;施工难度,施工周期;工人是否易于接受等。

具体方法参见表5-8。

表 5-8   方案的权重总和计分排序

权重因素	权重值 (W)	方案得分								
		方案 1		方案 2		方案 3		...	方案 n	
		R	$R \times W$	R	$R \times W$	R	$R \times W$		R	$R \times W$
环境效果										
经济可行性										
技术可行性										
可实施性										
总分 $\left(\sum R \times W \right)$										
排序										

3）汇总筛选结果

按可行的无/低费方案、初步可行的中/高费方案和不可行方案列表汇总方案的筛选结果。

4．研制方案

经过筛选得出的初步可行的中/高费清洁生产方案，因为投资额较大，而且一般对生产工艺过程有一定程度的影响，因而需要进一步研制。主要是进行一些工程化分析，从而提供两个以上方案供下一阶段作可行性分析。

1）内容

方案的研制内容包括以下四个方面：

（1）方案的工艺流程详图；

（2）方案的主要设备清单；

（3）方案的费用和效益估算；

（4）编写方案说明。

对每一个初步可行的中/高费清洁生产方案均应编写方案说明，主要包括技术原理、主要设备、主要的技术及经济指标、可能的环境影响等。

2）原则

一般说来，对筛选出来的每一个中/高费方案进行研制和细化时都应考虑以下几个原则：

（1）系统性

考察每个单元操作在一个新的生产工艺流程中所处的层次、地位和作用，以及与其他单元操作的关系，从而确定新方案对其他生产过程的影响，并综合考虑经济效益和环境效果。

（2）综合性

对一个新的工艺流程要综合考虑其经济效益和环境效果，而且还要照顾到排放物的综合利用及其利与弊，以及促进在加工产品和利用产品的过程中自然物流与经济物流的转化。

（3）闭合性

闭合性系指一个新的工艺流程在生产过程中物流的闭合性。物流的闭合性是指清洁生产和传统工业生产之间的原则区别。即尽量使工艺流程对生产过程中的载体（例如水、溶剂等）实现闭路循环，达到无废水或最大限度地减少废水的排放。

（4）无害性

清洁生产工艺应该是无害（或至少是少害）的生态工艺，要求不污染（或轻污染）空气、水体和地表土壤（或轻污染）；不危害操作工人和附近居民的健康；不损坏风景区、休憩地的美学价值；生产的产品要提高其环保性，使用可降解原材料和包装材料。

（5）合理性

合理性旨在合理利用原料，优化产品的设计和结构，降低能耗和物耗，减少劳动量和劳动强度等。

5. 继续实施无/低费方案

经过分类和分析，对一些投资费用较少、见效较快的方案，要继续贯彻边审核边削减污染物的原则，组织人员、物力实施经筛选确定的可行的无/低费方案，以扩大清洁生产的发展。

6. 核定并汇总无/低费方案实施效果

对已实施的无/低费方案，包括在预审核和审核阶段所实施的无/低费方案，应及时核定其效果并进行汇总分析。核定及汇总内容包括方案序号、名称、实施时间、投资、运行费用、经济效益和环境效果。

7. 编写清洁生产中期审核报告

清洁生产中期审核报告在方案产生和筛选工作完成之后进行，是对前面所有工作的总结。清洁生产中期审核报告的内容如下：

1. 筹划和组织
1.1　审核小组
1.2　审核工作计划
1.3　宣传和教育
要求图表：
审核小组成员表
审核工作计划表
2. 预评估
2.1　企业概况
包括产品、生产、人员及环保等概况。
2.2　产污和排污现状分析
包括国内外情况对比、产污原因初步分析以及组织的环保执法情况等。
2.3　确定审核重点
2.4　清洁生产目标

要求图表：

企业平面布置简图

企业的组织机构图

企业主要工艺流程图

企业输入物料汇总表

企业产品汇总表

企业主要废物特性表

企业历年废物流情况表

企业废物产生原因分析表

清洁生产目标一览表

3. 评估

3.1　审核重点概况

包括审核重点的工艺流程图、工艺设备流程图和各单元操作流程图。

3.2　输入输出物流的测定

3.3　物料平衡

3.4　废物产生原因分析

要求图表：

审核重点平面布置图

审核重点组织机构图

审核重点工艺流程图

审核重点各单元操作工艺流程图

审核重点单元操作功能说明表

审核重点工艺设备流程图

审核重点物流实测准备表

审核重点物流实测数据表

审核重点物料流程图

审核重点物料平衡图

审核重点废物产生原因分析表

4. 方案产生和筛选

4.1　方案汇总

包括所有的已实施、未实施，可行、不可行的方案。

4.2　方案筛选

4.3　方案研制

主要针对中/高费方案。

4.4　无/低费方案的实施效果分析

要求图表：

方案汇总表

方案权重总和计分排序表

方案筛选结果汇总表

方案说明表

无/低费方案实施效果的核定与汇总表

5.2.5 实施方案的确定(可行性分析)

实施方案的确定是企业进行清洁生产审核工作的第五个阶段。本阶段的目的是对筛选出来的中/高费清洁生产方案进行分析和评估,以选择最佳的、可实施的清洁生产方案。本阶段的工作重点是:在结合市场调查和收集一定资料的基础上,进行方案的技术、环境、经济的可行性分析和比较,从中选择和推荐最佳的可行方案。

最佳的可行方案是指在技术上先进适用、在经济上合理有利又能保护环境的最优方案。

1. 市场调查

清洁生产方案涉及以下情况时,需首先进行市场调查(否则不需要市场调研),为方案的技术与经济可行性分析奠定基础:

(1) 拟对产品结构进行调整;

(2) 有新的产品(或副产品)产生;

(3) 将得到用于其他生产过程的原材料。

1) 调查市场需求

包括:

(1) 国内同类产品的价格、市场总需求量;

(2) 当前同类产品的总供应量;

(3) 产品进入国际市场的能力;

(4) 产品的销售对象(地区或部门);

(5) 市场对产品的改进意见。

2) 预测市场需求

包括:

(1) 国内市场发展趋势预测;

(2) 国际市场发展趋势分析;

(3) 产品开发生产销售周期与市场发展的关系。

3) 确定方案的技术途径

通过市场调查和市场需求预测,对原来方案中的技术途径和生产规模可能会作相应调整。在进行技术、环境、经济评估之前,要最后确定方案的技术途径。每一方案中应包括2~3种不同的技术途径,以供选择,其内容应包括以下几个方面:

(1) 方案技术工艺流程详图;

(2) 方案实施途径及要点;

(3) 主要设备清单及配套设施要求;

(4) 方案所达到的技术经济指标;

(5) 可产生的环境、经济效益预测;

(6) 对方案的投资总费用进行技术评估。

2．技术评估

技术评估的目的是说明方案中所推选的技术与国内外其他技术相比有其先进性，在本企业生产中有实用性，而且在具体技术改造中有可行性和可实施性。技术评估应着重评价以下几方面：

(1) 方案设计中采用的工艺路线、技术设备在经济合理的条件下的先进性、适用性；

(2) 与国家有关的技术政策和能源政策的相符性；

(3) 技术引进或设备进口要符合我国国情，引进技术后要有消化吸收能力；

(4) 资源的利用率和技术途径合理；

(5) 技术设备操作上安全、可靠；

(6) 技术成熟（如国内有实施的先例）。

3．环境评估

清洁生产方案都应该有显著的环境效益，但也要防止在实施后会对环境有新的影响，因此对生产设备的改进、生产工艺的变更、产品及原材料的替代等清洁生产方案必须进行环境评估，环境评估是方案可行性分析的核心。评估应包括以下内容：

(1) 资源的消耗与资源可永续利用要求的关系；

(2) 生产中废弃物排放量的变化；

(3) 污染物组分的毒性及其降解情况；

(4) 污染物的二次污染；

(5) 操作环境对人员健康的影响；

(6) 废弃物的复用、循环利用和再生回收。

环境评估要特别重视：

(1) 产品和过程的生命周期分析；

(2) 固、液、气态废物和排放物的变化；

(3) 能源的污染；

(4) 对人员健康的影响；

(5) 安全性。

4．经济评估

本阶段所指的经济评估是从企业的角度，按照国内现行市场价格，计算出方案实施后在财务上的获利能力和清偿能力，它应在方案通过技术评估和环境评估后再进行，若前二者不通过则不必进行方案的经济评估。经济评估的基本目标是要说明资源利用的优势，它是以项目投资所能产生的效益为评价内容，通过计算方案实施时所需各种费用的投入和所节约的费用以及各种附加的效益，通过分析比较以选择最少耗费和取得最佳经济效益的方案，为投资决策提供科学的依据。

1) 清洁生产经济效益的统计方法

清洁生产既有直接的经济效益也有间接的经济效益，要完善清洁生产经济效益的统计方法，独立建账，明细分类。清洁生产的经济效益包括图5-13中几方面的收益。

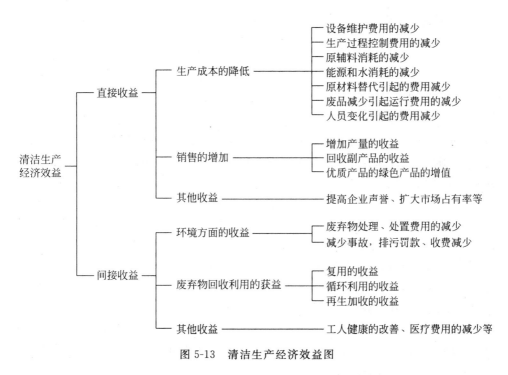

图 5-13 清洁生产经济效益图

2）经济评估方法

经济评估主要采用现金流量分析和财务动态获利性分析方法。

主要经济评估指标如图 5-14 所示。

图 5-14 主要经济评估指标

3）经济评估指标及其计算

（1）总投资费用（I）

在对项目有政策补贴或其他来源补贴时：

$$总投资费用（I）= 总投资 - 补贴$$

其中，总投资包括项目建设投资、建设期利息、项目流动资金。

（2）年净现金流量（F）。从企业角度出发，企业的经营成本、工商税和其他税金，以及利息支付都是现金流出。销售收入是现金流入，企业从建设总投资中提取的折旧费可由企业用于偿还贷款，故也是企业现金流入的一部分。

净现金流量是现金流入和现金流出之差额，年净现金流量就是一年内现金流入和现金流出的代数和：

$$年净现金流量（F）= 销售收入 - 经营成本 - 各类税 + 年折旧费$$
$$= 年净利润 + 年折旧费$$

（3）投资偿还期（N）。这个指标是指项目投产后，以项目获得的年净现金流量来回收项目建设总投资所需的年限。可用下列公式计算：

$$N = \frac{I}{F}$$

式中，I——总投资费用；

F——年净现金流量。

（4）净现值（NPV）。净现值是指在项目经济寿命期内（或折旧年限内）将每年的净现金流量按规定的贴现率折现到计算期初的基年（一般为投资期初）现值之和。

其计算公式为

$$NPV = \sum_{j=1}^{n} \frac{F}{(1+i)^j} - I$$

式中，i——贴现率；

n——项目寿命周期（或折旧年限）；

j——年份。

净现值是动态获利性分析指标之一。

（5）净现值率（NPVR）。净现值率为单位投资额所得到的净收益现值。如果两个项目投资方案的净现值相同，而投资额不同时，则应以单位投资能得到的净现值进行比较，即以净现值率进行选择。其计算公式为

$$NPVR = \frac{NPV}{I} \times 100\%$$

净现值和净现值率均按规定的贴现率进行计算确定，它们还不能体现出项目本身内在的实际投资收益率。因此，还需采用内部收益率指标来判断项目的真实收益水平。

（6）内部收益率（IRR）。项目的内部收益率是在整个经济寿命期内（或折旧年限内）累计逐年现金流入的总额等于现金流出的总额，即投资项目在计算期内，使净现值为零的贴现率。可按下式计算：

$$NPV = \sum_{j=1}^{n} \frac{F}{(1+IRR)^j} - I = 0$$

计算内部收益率的简易方法为试差法，公式为

$$IRR = i_1 + \frac{NPV_1(i_2 - i_1)}{NPV_1 + |NPV_2|}$$

式中，i_1——当净现值 NPV_1 为接近于零的正值时的贴现率；

i_2——当净现值 NPV_2 为接近于零的负值时的贴现率。

NPV_1、NPV_2 分别为试算贴现率 i_1 和 i_2 时对应的净现值。i_1 与 i_2 可查表获得。i_1 与 i_2 的差值为 $1\% \sim 2\%$。

4）经济评估准则

（1）投资偿还期（N）应小于定额投资偿还期（视项目不同而定）。定额投资偿还期一般是由各个工业部门结合企业生产特点，在总结过去建设经验和统计资料的基础上，统一确定的回收期限，有的也是根据贷款条件而定。一般：

中费项目 　　　$N < 3$ 年

较高费项目　　　　$N<5$ 年

高费项目　　　　　$N<10$ 年

如投资偿还期小于定额偿还期,则项目投资方案可接受。

(2)净现值为正值:NPV≥0。当项目的净现值大于或等于零时(即为正值),则认为此项目投资可行;如净现值为负值,就说明该项目的投资收益率低于贴现率,则应放弃此项目投资;在对两个以上投资方案进行选择时,则应选择净现值为最大的方案。

(3)净现值率最大。在比较两个以上投资方案时,不仅要考虑项目的净现值大小,而且要求选择净现值率为最大的方案。

(4)内部收益率(IPR)应大于基准收益率或银行贷款利率:IRR≥i。内部收益率是项目投资的最高盈利率,也是项目投资所能支付贷款的最高临界利率,如果贷款利率高于内部收益率,则项目投资就会造成亏损。因此,内部收益率反映了实际投资效益,可用以确定能接受投资方案的最低条件。

5. 推荐可实施方案

列表比较各投资方案的技术、环境、经济评估结果,确定最佳可行的推荐方案,再按国家或地方的程序进行项目实施前的准备,其间大致经过如下步骤:

(1)编写项目建议书;

(2)编写项目可行性研究报告;

(3)财务评价;

(4)技术报告(设备选型、报价);

(5)环境影响评价;

(6)投资决策。

5.2.6 方案实施

方案实施是企业清洁生产审核的第六个阶段,目的是通过推荐方案(经分析可行的中/高费最佳可行方案)的实施,使企业实现技术进步,获得显著的经济和环境效益;通过评估已实施的清洁生产方案成果,激励企业推行清洁生产。本阶段的工作重点是:总结前几个审核阶段已实施的清洁生产方案成果,统筹规划推荐方案的实施。

1. 组织方案实施

1)统筹规划

可行性分析完成之后,从统筹方案实施的资金开始,直至正常运行与生产,这是一个非常烦琐的过程,因此有必要统筹规划,以利于该段工作的顺利进行。建议首先应该把其间所做的工作一一列出,制定一个比较详细的实施计划和时间进度表。需要筹划的内容有:

(1)筹措资金;

(2)设计;

（3）征地、现场开发；

（4）申请施工许可；

（5）兴建厂房；

（6）设备选型、调研设计、加工或订货；

（7）落实配套公共设施；

（8）设备安装；

（9）组织操作、维修、管理班子；

（10）制订各项规程；

（11）人员培训；

（12）原辅料准备；

（13）应急计划（突发情况或障碍）；

（14）施工与企业正常生产的协调；

（15）试运行与验收；

（16）正常运行与生产。

需要指出的是，在时间进度表中还应列出具体的负责单位，以利于责任分工。统筹规划时建议采用甘特图形式制订实施进度表。某建材企业的实施方案进度见表5-9。

表5-9　某建材企业的实施方案进度表

内容	20＿＿＿＿＿年												负责单位
	1月	2月	3月	4月	5月	6月	7月	8月	9月	10月	11月	12月	
1. 设计	▬	▬	▬										专业设计院
2. 设备考察			▬										环保科
3. 设备选型、订货				▬									环保科
4. 落实公共设施服务					▬								电力车间
5. 设备安装						▬	▬						专业安装队
6. 人员培训							▬	▬					烧成车间
7. 试车								▬	▬				环保科
8. 正常生产										▬	▬	▬	烧成车间

实施方案名称：采用微震布袋除尘器回收立窑烟尘。

2）筹措资金

（1）资金的来源。资金的来源有两个渠道。

① 企业内部自筹资金。企业内部资金包括两个部分,一是现有资金,二是通过实施清洁生产无/低费方案,逐步积累资金,为实施中/高费方案做好准备。

② 企业外部资金,包括:

- 国内借贷资金,如国内银行贷款等;
- 国外借贷资金,如世界银行贷款等;
- 其他资金来源,如国际合作项目赠款、环保资金返回款、政府财政专项拨款、发行股票和债券融资等。

(2) 合理安排有限的资金。若同时有数个方案需要投资实施,则要考虑如何合理有效地利用有限的资金。

在方案可分别实施且不影响生产的条件下,可以对方案实施顺序进行优化,先实施某个或某几个方案,然后利用方案实施后的收益作为其他方案的启动资金,使方案滚动实施。

3) 实施方案

推荐方案的立项、设计、施工、验收等,按照国家、地方或部门的有关规定执行。无/低费方案的实施过程还要符合企业的管理要求和项目的组织、实施程序。

2. 汇总已实施的无/低费方案的成果

已实施的无/低费方案的成果有两个主要方面:环境效益和经济效益。通过调研、实测和计算,分别对比各项环境指标,包括物耗、水耗、电耗等资源消耗指标以及废水量、废气量和固废量等废弃物产生指标在方案实施前后的变化,从而获得无/低费方案实施后的环境效果;分别对比产值、原材料费用、能源费用、公共设施费用、水费、污染控制费用、维修费、税金以及净利润等经济指标在方案实施前后的变化,从而获得无/低费方案实施后的经济效益,最后对本轮清洁生产审核中无/低费方案的实施情况作一阶段性总结。

3. 评价已实施的中/高费方案的成果

为了积累经验,进一步完善所实施的方案,对已实施的方案除了在方案实施前要做必要、周详的准备,并在方案的实施过程中进行严格的监督管理外,还要对已实施的中/高费方案成果进行技术、环境、经济和综合评价。将实施产生的效益与预期的效益相比较,用来进一步改进实绩。对于计划实施的方案,应给出方案预计产生的效益分析汇总。

1) 技术评价

主要评价各项技术指标是否达到原设计要求,若没有达到要求,如何改进等。内容主要包括:

(1) 生产流程是否合理;

(2) 生产程序和操作规程有无问题;

(3) 设备容量是否满足生产要求;

(4) 对生产能力与产品质量的影响如何;

(5) 仪表管线布置是否需要调整;

(6) 自动化程度和自动分析测试及监测指示方面还需哪些改进;

(7) 在生产管理方面还需做什么修改或补充;

（8）设备实际运行水平与国内、国际同行的水平有何差距；

（9）设备的技术管理、维修、保养人员是否齐备。

2）环境评价

环境评价主要对中/高费方案实施前后各项环境指标进行追踪并与方案的设计值相比较，考察方案的环境效果以及企业环境形象的改善。通过方案实施前后的数字差，可以获得方案的环境效益，又通过方案的设计值与方案实施后的实际值的对比，即方案理论值与实际值进行对比，可以分析两者差距，相应地可对方案进行完善。

环境评价包括以下 6 个方面的内容：

（1）实测方案实施后，废物排放是否达到审核重点要求达到的预防污染目标，废水、废气、废渣、噪声的实际削减量。

（2）内部回用/循环利用程度如何，还应做的改进。

（3）单位产品产量和产值的能耗、物耗、水耗降低的程度。

（4）单位产品产量和产值的废物排放量，排放浓度的变化情况；有无新的污染物产生；是否易处置，易降解。

（5）产品使用和报废回收过程中还有哪些环境风险因素存在。

（6）生产过程中有害于健康、生态、环境的各种因素是否得到消除以及应进一步改善的条件和问题。

可按表 5-10 的格式列表对比进行环境评价。

表 5-10 环境效果对比情况

项目	方案实施前	设计的方案	方案实施后
废水量			
水污染量			
废气量			
大气污染物量			
固废量			
能耗			
物耗			
水耗			
⋮			

3）经济评价

经济评价是评价中/高费清洁生产方案实施效果的重要手段。分别对比产值、原材料费用、能源费用、公共设施费用、水费、污染控制费用、维修费、税金以及净利润等经济指标在方案实施前后的变化以及实际值与设计值的差距，从而获得中/高费方案实施后所产生的经济效益的情况。

4）综合评价

通过对每一中/高费清洁生产方案进行技术、环境、经济三方面的分别评价，可以对已实施的各个方案成功与否作出综合、全面的评价结论。

4．分析总结已实施方案对企业的影响

对无/低费和中/高费清洁生产方案经过征集、设计、实施等环节，使企业面貌有了改观，有必要进行阶段性总结，以巩固清洁生产成果。

1）汇总环境效益和经济效益

将已实施的无/低费和中/高费清洁生产方案成果汇总成表，内容包括实施时间、投资运行费、经济效益和环境效果，并进行分析。

2）对比各项单位产品指标

虽然可以定性地从技术工艺水平、过程控制水平、企业管理水平、员工素质等众多方面考察清洁生产带给企业的变化，但最有说服力、最能体现清洁生产效益的是考察审核前后企业各项单位产品指标的变化情况。

通过定性、定量分析，企业可以从中体会清洁生产的优势，总结经验以利于在企业内推行清洁生产；另一方面也要利用以上方法，从定性、定量两方面与国内外同类型企业的先进水平进行对比，寻找差距，分析原因以利改进，从而在深层次上寻求清洁生产机会。

3）宣传清洁生产成果

在总结已实施的无/低费和中/高费方案清洁生产成果的基础上，组织宣传材料，在企业内广为宣传，为继续推行清洁生产打好基础。

5.2.7　持续清洁生产

持续清洁生产是企业清洁生产审核的最后一个阶段，目的是使清洁生产工作在企业内长期、持续地推行下去。本阶段工作重点是建立推行和管理清洁生产工作的组织机构、建立促进实施清洁生产的管理制度、制定持续清洁生产计划以及编写清洁生产审核报告。

1．建立和完善清洁生产组织

清洁生产是一个动态的、相对的概念，是一个连续的过程，因而须有一个固定的机构、稳定的工作人员来组织和协调这方面工作，以巩固已取得的清洁生产成果，并使清洁生产工作持续地开展下去。

1）明确任务

企业清洁生产组织机构的任务有以下四个方面：

(1) 组织协调并监督实施本次审核提出的清洁生产方案；

(2) 经常性地组织对企业职工的清洁生产教育和培训；

(3) 选择下一轮清洁生产审核重点，并启动新的清洁生产审核；

(4) 负责清洁生产活动的日常管理。

2）落实归属

清洁生产机构要想起到应有的作用，及时完成任务，必须落实其归属问题。企业的规模、类型和现有机构等千差万别，因而清洁生产机构的归属也有多种形式，各企业可根据自身的实际情况具体掌握。可考虑以下几种形式：

(1) 单独设立清洁生产办公室，直接归属厂长领导；

(2) 在环保部门中设立清洁生产机构；

（3）在管理部门或技术部门中设立清洁生产机构。

不论是以何种形式设立的清洁生产机构，企业的高层领导要有专人直接领导该机构的工作，因为清洁生产涉及生产、环保、技术、管理等各个部门，必须有高层领导的协调才能有效地开展工作。

3）确定专人负责

为避免清洁生产机构流于形式，确定专人负责是很有必要的。该职员须具备以下能力：

（1）熟练掌握清洁生产审核知识；

（2）熟悉企业的环保情况；

（3）了解企业的生产和技术情况；

（4）较强的工作协调能力；

（5）较强的工作责任心和敬业精神。

2. 建立和完善清洁生产管理制度

清洁生产管理制度包括把审核成果纳入企业的日常管理轨道、建立激励机制和保证稳定的清洁生产资金来源。

1）把审核成果纳入企业的日常管理

把清洁生产的审核成果及时纳入企业的日常管理轨道，是巩固清洁生产成效、防止走过场的重要手段，特别是对通过清洁生产审核产生的一些无/低方案，如何使它们形成制度显得尤为重要。

（1）把清洁生产审核提出的加强管理的措施文件化，形成制度；

（2）把清洁生产审核提出的岗位操作改进措施写入岗位的操作规程，并要求严格遵照执行；

（3）把清洁生产审核提出的工艺过程控制的改进措施，写入企业的技术规范。

2）建立和完善清洁生产激励机制

在奖金、工资分配、提升、降级、上岗、下岗、表彰、批评等诸多方面充分与清洁生产挂钩，建立清洁生产激励机制，以调动全体职工参与清洁生产的积极性。

3）保证稳定的清洁生产资金来源

清洁生产的资金来源可以有多种渠道，例如贷款、集资等，但是清洁生产管理制度的一项重要作用是保证实施清洁生产所产生的经济效益全部或部分地用于清洁生产和清洁生产审核，以持续滚动地推进清洁生产。建议企业财务对清洁生产的投资和效益单独建账。

3. 制订持续清洁生产计划

清洁生产并非一朝一夕就可完成，因而应制订持续清洁生产计划，使清洁生产有组织、有计划地在企业中进行下去。持续清洁生产计划应包括：

（1）清洁生产审核工作计划：指下一轮的清洁生产审核。新一轮清洁生产审核的起动并非一定要等到本轮审核的所有方案都实施以后才进行，只要大部分可行的无/低费方案得到实施，取得初步的清洁生产成效，并在总结已取得的清洁生产经验的基础上，即可开始新的一轮审核。

（2）清洁生产方案的实施计划：指经本轮审核提出的可行的无/低费方案和通过可行

性分析的中/高费方案。

（3）清洁生产新技术的研究与开发计划：根据本轮审核发现的问题，研究与开发新的清洁生产技术。

（4）企业职工的清洁生产培训计划。

4．编制清洁生产审核报告

编写清洁生产审核报告的目的是总结本轮清洁生产审核成果，为组织落实各种清洁生产生产方案、持续清洁生产计划提供一个重要的平台。以下是对编制清洁生产审核报告的要求。

前言

项目的基本情况，包括名称、成立背景、产品等，以及企业被审核之前在该行业的清洁生产审核现状。

第1章　审核准备

基本同"中期审核报告"，只需根据实际工作进展加以补充、改进和深化。

第2章　预审核

基本同"中期审核报告"，只需根据实际工作进展加以补充、改进和深化。

第3章　审核

基本同"中期审核报告"，只需根据实际工作进展加以补充、改进和深化。

第4章　方案产生和筛选

基本同"中期审核报告"，只需根据实际工作进展加以补充、改进和深化，但"4.4 无/低费方案的实施效果分析"中的内容归到第6章中编写。

第5章　可行性分析

5.1　市场调查和分析

仅当清洁生产方案涉及产品结构调整、产生新的产品和副产品以及得到用于其他生产过程的原材料时才需编写本节，否则不用编写。

5.2　环境评估

5.3　技术评估

5.4　经济评估

5.5　确定推荐方案

本章要求有如下图表：

方案经济评估指标汇总表

方案简述及可行性分析结果表

第6章　方案实施

6.1　方案实施情况简述

6.2　已实施的无/低费方案的成果汇总

6.3　已实施的中/高费方案的成果验证

6.4　已实施方案对企业的影响分析

本章要求有如下图表：

已实施的无/低费方案环境效果对比一览表；

已实施的中/高费方案环境效果对比一览表；

已实施的清洁生产方案实施效果的核定与汇总表；

审核前后企业各项单位产品指标对比表。

第7章　持续清洁生产

7.1　清洁生产的组织

7.2　清洁生产的管理制度

7.3　持续清洁生产计划

结论

结论包括以下内容：

企业产污、排污现状（审核结束时）所处水平及其真实性、合理性评价；

是否达到所设置的清洁生产目标；

已实施的清洁生产方案的成果总结；

拟实施的清洁生产方案的效果预测。

5.3　某汽车公司清洁生产审核案例

5.3.1　某汽车公司基本概况

某汽车有限公司是一家合资整车生产经营企业。公司成立于 2003 年 7 月，注册资本 2 亿美元，年产值近 200 亿元，公司现有在册员工 2607 人，其中具有大、中专以上学历的员工占 70% 左右。具有整车生产能力 12 万辆。

公司以绿色工厂为目标建设，采取水性涂料喷涂，将有害物质（VOC）降到原来的 1/10。在工厂排污方面，加强循环使用及净化功能，各项指标大大优于国家标准。通过生产工序的短流程化，降低了水、电、气等能源的消耗。同时，导入新的摩擦输送链生产线，大幅降低了作业环境噪声。大量运用辅助设备及机械手，减轻了人工搬运物件的工作负荷。诸多新技术、新系统的运用，使更高品质、更高效率的绿色工厂得以实现。

公司正在创建环境友好型企业，为此于 2006 年 12 月通过了 ISO 14001 环境管理体系认证，并于 2007 年 2 月至 7 月对全公司各生产部位进行了清洁生产审核，以进一步降低能耗、物耗，减少污染物的产生和排放，提高企业环境保护水平，全面达到环境友好型企业的要求。

5.3.2　清洁生产审核程序及内容

1. 审核准备

（1）获得企业高层领导的支持和参与。

公司高层非常重视清洁生产审核工作，认识到清洁生产审核是推进企业清洁生产工作的重要手段，总经理亲自对此作出部署，公司发文要求各单位、部门积极参与审核。公司派出 4 名专业技术人员参加了国家清洁生产中心举办的清洁生产审核师培训班学习，并通过了资格考核，同时还聘请了清洁生产审核专家对公司 44 名有关人员进行清洁生产审核培训，各职能部门、生产车间主要负责人、技术骨干、环保员等管理人员均参加了培训。清洁生产工作由环境管理委员会全面负责,各部门、车间领导各负其责,公司全体干部、职工全面参与。

（2）组建企业清洁生产审核小组。

以环境管理代表、副总经理担任此次清洁审核领导小组负责人,清洁生产审核工作小组长设在规划发展科,各科环保员任联络员。聘请了清洁生产审核专家和汽车行业专家进行指导。

清洁生产咨询机构成立了公司清洁生产审核项目组,指导企业开展清洁生产审核工作。

（3）审核工作计划。

在专家小组的具体指导下,公司清洁生产审核小组按手册要求编制了详细的审核计划,见表5-11。

表 5-11　清洁生产审核工作计划

阶段	工作内容	完成时间	责任部门	考核部门	产出
1. 筹划和组织	1. 取得领导支持 2. 组建审核小组 3. 制订工作计划 4. 开展宣传教育	2007年2月	审核小组	审核小组	1. 领导的参与 2. 审核小组 3. 审核工作计划 4. 障碍的克服
2. 预评估	1. 进行现状调研 2. 进行现场考察 3. 评价产污状况 4. 确定审核重点 5. 设置清洁生产目标 6. 提出和实施无/低费方案	2007年3月	审核小组、相关部门	审核小组	1. 现状调查结论 2. 审核重点 3. 清洁生产目标 4. 现场考察产生的无/低费方案的实施
3. 评估	1. 准备审核重点资料 2. 实测输入输出物流 3. 建立物料平衡 4. 分析废弃物产生原因 5. 提出和实施无/低费方案	2007年4月	审核小组、相关部门	审核小组	1. 物料平衡 2. 废弃物产生原因 3. 审核重点无/低费的方案
4. 方案产生和筛选	1. 产生方案 2. 筛选方案 3. 研制方案 4. 继续实施无/低费方案 5. 核定并汇总无/低费方案实施效果	2007年4月	审核小组、相关部门	审核小组	1. 各类清洁生产方案的汇总 2. 推荐的供可行性分析方案 3. 中期评估前无/低费方案实施效果的核定与汇总
5. 可行性分析	1. 进行市场调查 2. 进行技术评估 3. 进行环境评估 4. 进行经济评估 5. 推荐可实施方案	2007年5月	审核小组、相关部门	审核小组	1. 市场调查和市场需求预测结果 2. 技术、环境和经济评估结果 3. 推荐的可实施方案

阶段	工作内容	完成时间	责任部门	考核部门	产出
6. 方案实施	1. 组织方案实施 2. 汇总已实施的无/低费方案的成果 3. 验证已实施的中/高费方案的成果 4. 分析总结已实施方案对企业的影响	2007 年 5 月	审核小组、相关部门	审核小组	1. 推荐方案的实施 2. 已实施方案的成果分析结论
7. 持续清洁生产	1. 建立和完善清洁生产组织 2. 建立和完善清洁生产管理制度 3. 制订持续清洁生产计划 4. 编制清洁生产审核报告	2007 年 6 月	审核小组	审核小组	1. 清洁生产组织机构 2. 清洁生产管理制度 3. 持续清洁生产计划 4. 清洁生产审核报告
8. 审核验收	1. 总结本轮企业清洁生产审核成果 2. 清洁生产工作总结 3. 验收准备 4. 申报清洁生产审核验收	2007 年 7 月	审核小组、相关部门	公司环境管理委员会	1. 企业现状 2. 存在的问题 3. 企业自查、自改,实施清洁生产方案前后对比以及取得的成果

（4）开展宣传与教育。

由于清洁生产的思想是一项新的立足于整体预防环境战略的创造性思想,与以前末端治理为主的环境保护策略有着根本的区别,又涉及工艺、财务、节能、降耗等多部门和生产的全过程,因此,审核领导小组和工作小组的同志利用各种例会、电视录像、知识讲座以及下达文件,组织学习,广泛开展宣传教育活动,以提高全员对清洁生产审核的认识,使全体职工更进一步认识到清洁生产的重要性,提高了自觉参与清洁生产工作的积极性和责任。

2. 预评估

1）企业现状调查

公司生产工艺单元主要包括：发动机铸造、发动机机加工、发动机装配、冲压件生产、压铸件生产、注塑件生产、焊装、涂装、总装、质量检测等。公司总生产工艺流程图及涂装科生产工艺流程图见图 5-15 和图 5-16。

公司在产品制造过程中主要消耗物料及年消耗量（2006 年）为：钢材（8 703 964t）、涂料（912 666t）、稀释剂（2 279 117kg）、密封胶（575 390t）、汽油（481t）、柴油（70t）、天然气（519 万 m^3）、水（684 907 m^3）等。主要消耗部位发生在冲压科、涂装科、合成树脂科、焊装科和检验科,其中涂装科是物料消耗的重点部位。

2006 年全年耗水量 68 512t,单车耗水 10.38t,耗电量 54.24×10^6 kW·h,单车消耗

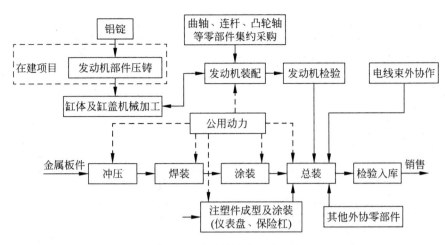

图 5-15 公司总生产工艺流程

852kW·h,万元产值综合能耗 0.2214t 标准煤。以上数据表明,企业在物耗、能耗状况上处于较先进水平。产生"三废"情况如下:

(1)废水

产生的废水包括生产废水和生活废水,生产废水主要是涂装科、合成树脂科涂装车间及机械加工科产生的工艺废水。各工艺废水性质如下:

① 脱脂废水:来自涂装科前处理的预脱脂、脱脂及脱脂后的清洗工序,主要污染物为化学需氧量、石油类、悬浮物、碱性物质,排往污水处理站处理。

② 磷化废水:来自磷化及磷化后水洗等工序,主要污染物为化学需氧量、锌、磷酸盐、悬浮物、镍、表面活性剂等;磷化废水先经过车间镍预处理后,再排往污水处理站统一处理。

③ 电泳废水:来自涂装科电泳及电泳后清洗工序,主要污染物为化学需氧量、生化需氧量、石油类、悬浮物等,排往污水处理站处理。

④ 喷漆废水:来自中涂、面漆的水旋式喷漆室循环水,主要污染物为化学需氧量、生化需氧量、石油类、悬浮物等。这些废水平时经过分离槽处理作为喷漆室的循环水使用,每半年更换一次,排放至污水处理站处理。

⑤ 机械加工科加工缸体、缸盖的切削液,主要污染物有化学耗氧物质及石油类污染物的清洗废水、废润滑油、乳化液等,经过车间处理后排放至污水处理站处理。

生活废水主要来自公司两个食堂清洗蔬菜及餐具的废水,经过隔油沉淀池后,排放到污水处理站处理。

公司污水排放总量 31.3 万 t/a,其中污染物有化学需氧量(COD)23.8t/a,氨氮 0.23t/a。

(2)废气

公司产生的大气污染物主要来源于工艺废气和燃料燃烧废气两大类,此外还有餐饮油烟废气。

工艺废气包括含漆雾废气、各烘干炉/脱臭炉有机废气、焊烟废气、含尘废气等,其中最主要的为涂装科及合成树脂科涂装车间的涂装废气。各类废气性质如下:

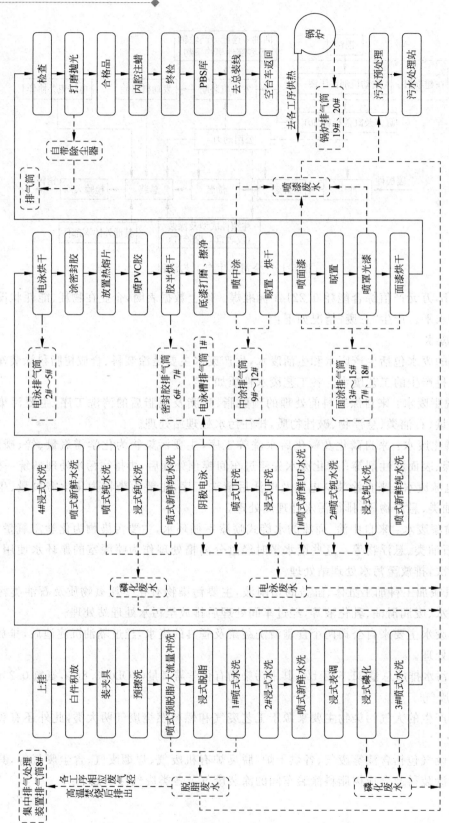

图 5-16 涂装料生产工艺流程

① 含漆雾废气：漆雾废气主要产生在涂装科和合成树脂科的中涂、面漆工序中的喷漆、补漆等工位。由于使用的中层、面层涂料几乎不含苯，仅含有少量的甲苯、二甲苯，因而该工序产生的含漆雾废气中主要污染物有甲苯、二甲苯、非甲烷总烃、丙烯酸漆雾、聚氨酯漆雾等。

中涂和面漆喷涂均在水旋室内，采用机械和手工喷涂相结合的方式进行喷涂，产生的漆雾由来自喷漆室上方的强风压入带有漆雾净化剂的旋流水中，聚在一起形成结块漆渣浮在水面而使废气得到净化。

② 电泳烘干/脱臭炉有机废气：电泳烘干室燃烧器使用天然气，燃烧后废气通过排气筒高空排放。

公司废气排放量 $3.66 \times 10^9 m^3/a$，其中主要污染物有二氧化硫 0.748t/a，烟尘（粉尘）5.3t/a，甲苯 4.07t/a，二甲苯 3.61t/a。

（3）固体废物

公司产生的固体废物主要有包装废料、焊接残渣、磷化渣、聚氯乙烯废渣、油漆废渣、废油、废有机溶剂、污泥、废油棉纱、金属边角料以及其他垃圾。全年固体废物总量 9057t，废油和有机溶剂 3 万 L，其治理情况见表 5-12。

表 5-12 固体废物的产生和治理情况

固体废物名称	产 生 数 量	毒 性 分 析	处 置 方 式
废钢铁	6294t	一般工业固废	100%回收
废塑料	301t	一般工业固废	100%回收
废油、有机溶剂	30 400L	危险废物	交有资质单位回收使用
废漆渣、磷化渣	464.17t	危险废物	交有资质单位回收处置
污水处理站污泥	761.97t	危险废物	交有资质单位回收处置
其他固体废物	1237t	一般工业固废	100%回收

工厂建有较完善的污水处理设施和除尘、废气处理设施，其中在涂装科建有含镍废水预处理装置一套，采用中和、混凝沉淀，压滤工艺，产生镍渣固废和预处理合格的水，装置处理能力为 10t/h；一套混凝/气浮漆渣分离装置，产生漆渣固废和循环水；在合成树脂科建有喷漆废水预处理装置一套；在机械加工科建有乳化液前处理装置一套，装置处理能力为 $30m^3/d$。公司建有综合污水处理站，采用混凝、隔油、气浮、CASS 生物处理等联合工艺，处理合格后排入市政管网，装置处理能力为 $1440m^3/d$，日处理量平均 $1200m^3$。

2）产污原因初步分析

根据资料调研和现场考查情况，初步分析污染物产生的原因如下：

（1）生产过程工艺污水的产生主要发生在涂装科和合成树脂科涂装工位，其产生的原因主要为：①制备纯水过程中产生浓水，被作为废水排放了；②在工件的表面处理工艺中，需要用到洗涤水和工艺水，洗涤水部分作为工艺水的补充，多余的部分作为废水排放，工艺水中部分指标超标后，需要不定期更换排放；③在对喷涂中废涂料的收集、处理工艺中，部分废涂料成分转移至水中，产生废水。

（2）废气产生部位主要发生在涂装科、注塑件涂装工位、焊装科、检测科和燃气锅炉，其中涂装废气主要是由于对工件的涂装表面进行干燥中产生的废蒸气，经 RTO 炉煅烧后排放,该部分由于采用了RTO炉回收VOC,使其实际排放中污染物成分浓度较低;焊装科废气主要为焊装烟尘,由焊接工艺所致,由于采用了有效的除尘装置,使其中的排尘量得到了控制。

固体废物种类较多,性质复杂,其产生的原因分别与工艺技术、设备和管理有关,改善工艺、改进设备运行状况、加强物料消耗和固体废物管理是减少产生的主要途径。

3）确定审核重点

对全厂主要生产岗位进行了考查,确定备选审核重点,各备选审核重点基本情况见表5-13。

表5-13　备选审核重点基本情况

车间序号	车间名称	主要消耗物料	主要废弃物
1	冲压	钢材、电、油	钢材余料、废油
2	焊装	焊材、电、油	废气、废渣、废油
3	涂装	涂料、密封胶、溶剂、化学药剂、水	废水、废气、固废
4	合成树脂	合成树脂、涂料、密封胶、溶剂、化学药剂、水	废水、废气、固废
5	机械加工	铝材、水、电、乳化剂	铝材余料、废水、废气
6	发动机装配	电、水	废水、固废
7	总装	机电配件、油、电	废水、固废
8	整车检验	油、水	废水、废气
9	锅炉	天然气、水、化学药剂	废水、废气、固废

在现场考察,对产、排污情况初步评价的基础上,清洁生产审核小组研究了本轮清洁生产审核的重点。

审核重点评价、选择的因素包括:①产生废弃物的种类和数量;②主要物料的消耗量;③能源、水的消耗量;④工艺技术、设备的改进;⑤清洁生产的机会等。

经过审核小组和专家对备选重点分别评价、打分(R),采用权重总和计分排序法选择审核重点。权重总和计分排序结果见表5-14,涂装科被确定为本轮清洁生产审核的重点。

表5-14　权重总和计分排序结果

因素	权重值 $W(1\sim10)$	备选审核重点计分									
		车间1		车间2		车间3		车间4		车间5	
		R	$R\times W$	R	$R\times W$	R	$R\times W$	R	$R\times W$	R	$R\times W$
废弃物	10	7	70	5	50	10	100	8	80	7	70
主要物料消耗	9	6	42	6	42	10	90	7	63	6	54
能源、水耗	7	7	49	5	35	9	63	7	49	6	42
工艺、设备	6	4	24	4	24	6	36	7	42	5	30
清洁生产机会	5	4	20	4	20	9	45	8	40	7	35
总分$\left(\sum R\times W\right)$		—	205	—	171	—	334	—	274	—	231
排序		—	4	—	5	—	1	—	2	—	3

因素	权重值 W(1~10)	备选审核重点计分							
		车间6		车间7		车间8		车间9	
		R	R×W	R	R×W	R	R×W	R	R×W
废弃物	10	2	20	3	30	6	60	5	50
主要物料消耗	9	3	27	4	36	3	27	3	27
能源、水耗	7	3	21	3	21	5	35	6	42
工艺、设备	6	2	12	3	18	4	24	3	18
清洁生产机会	5	2	10	3	15	4	20	4	20
总分 ($\sum R \times W$)	—	—	90	—	120	—	166	—	157
排序	—	—	9	—	8	—	6	—	7

4）设置清洁生产目标

根据企业的情况,结合汽车行业清洁生产标准,审核小组研究设置了公司清洁生产目标,见表5-15。目标项目的选择主要从减少物料、能源消耗以及削减污染物产生量等方面考虑。

表 5-15 企业清洁生产目标

序号	项目	现状 (2006年)	近期目标(2007年)		远期目标	
			目标值	减少量/%	目标值	减少量/%
1	耗水量/(t/台)	10.38	8.00	23.0	7.27	30.0
2	耗电量/(kW·h/台)	852	700	18.0	597	30.0
3	综合能耗/(t标煤/万元)	0.2214	0.1993	10.0	0.1771	20.0
4	COD排放量/(t/a)	23.8	22.6	5.0	1.7	10.0
5	涂料(涂装)/(kg/台)	13.83	13.28	4.0	13.14	5.0
6	密封胶/(kg/台)	8.72	8.28	5.0	7.85	10.0

5）提出并实施清洁生产无/低费方案

公司在全员范围通过发放清洁生产方案征集表广泛收集有关清洁生产方案,经过汇总、整理,提出了45项无/低费方案,从中筛选出31项可行的方案,按计划部署实施。可行的无/低费方案分类见表5-16。

表 5-16 提出的可行无/低费方案汇总

序号	方案名称	类别区分	方案责任人	预计效果(以年计)	
				环境效果	经济效果/元
1	WAX削减	液态蜡		7.194	141 946
2	表调使用时间延长	水		1.042	2554
		表调剂		2.139	14 976
3	上涂色漆WS削减	WS		0.601	14 116

续表

序号	方案名称	类别区分	方案责任人	预计效果（以年计）	
				环境效果	经济效果/元
4	中涂涂料损失削减	WS		0.449	39 968
		中涂涂料		0.212	9835
5	中涂涂料排放的消减	中涂涂料		5.430	223 611
6	分离槽成本控制	K3100		14.301	379 200
		K4500		4.301	195 017
7	镍处理成本控制	K8000		3.575	213 911
8	液态蜡炉开启、关闭时间调整	电		4752	3326
		气		5280	11 616
9	星期天分离槽停止运行	水		2880	7056
		电		131 808	92 266
10	周末中涂空调开动时间减少	电		122 196	85 537
		气			
11	周末面漆空调开动时间减少	电		82.464	57 725
		气			
12	烤炉定点开启和关闭	电		166 716	116 701
		气		132 924	292 433
13	输送全面实现软停机	电		33 779	23 645
14	CCR 周六、日停止电源	电		885	619
15	星期天不生产时，ED 循环泵停止一台	电		83 250	58 275
16	WIPE 前压缩空气吹扫自动控制	电		4966	4074
17	照明控制改善	电		269 280	188 496
18	前处理水洗槽更换频次降低	水		5400	3780
19	休息室换气风扇只开一半	电		1620	1134
20	前处理过滤袋再利用	过滤袋（个）		294	20 668
21	无纺布再利用	无纺布（米）		3204	1442
22	节约遮蔽纸	遮蔽纸			2160
23	节约高温胶带	高温胶带		1365	24 733
24	密封胶抹布使用量	抹布（条）		3132	36 018
25	更改研磨方法	砂纸			234 960
26	生产停止时关闭 3♯空调	电		22 590	23 719
27	回收贴膜工位剩余卷膜，用于 TUP 遮膜	膜			9600
28	焊装科压缩空气削减	电		36 586	52 265
29	总装玻璃胶适量化	玻璃胶		6.750	86 400
30	设施管理科中水回用到压泥机	水		22 590	55 345
31	冲压照明控制系统改善	电		11 177	7824

注：表中环境效果栏中的单位：电，kW·h；气，m³；物料，t。

3．评估

1）审核重点概况

通过预评估确定了涂装科为本次审核重点，审核小组对该部位进行了细致的考察，进一步收集了其平面布置图、组织机构图、工艺流程图、物料平衡资料、水平衡资料、生产管理资料等。

涂装科有一条车体涂装生产线，涂装主要工艺单元见图 5-17。

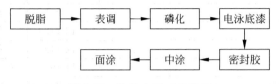

图 5-17 涂装主要工艺单元

（1）脱脂工序。脱脂指用热碱液清洗和有机溶剂清洗，碱液由强碱、弱酸、聚合碱性盐（如磷酸盐、硅酸盐等）、表面活性剂（阳离子型或非离子型）等适当配合而成。

（2）表调工序。指金属表面调整，浸入槽内进行化学反应，使金属表面粗糙。

（3）磷化工序。磷化处理是通过化学反应在金属表面形成一层磷化膜，可提高涂层的附着力、耐蚀性和耐水性。磷化处理后再进行 3 次水洗。

（4）电泳工序。车身接通高压直流电正极，溶液接通负极，数分钟后漆的成分就均匀地吸附在车身的内外表面甚至夹层内所有接触液面的地方。

（5）密封胶工序。密封胶主要粘贴由焊装车间焊接打点的位置，以保证下面的喷涂效果。

（6）中涂工序。通过中涂增加车身的鲜亮性及丰满度，作为上涂的填充及增加电泳涂层与上涂的结合紧密性。

（7）面涂工序。通过面涂色漆、清漆增加车身的鲜亮性、装饰性、耐久性及防腐性。

2）实测输入、输出物流

对审核重点制订了输入、输出物流的实测计划，计划内容包括实测项目、测试点布设、责任部门、负责人、测试仪器及设备的准备、实测时间及周期等。实测工作由涂装科负责组织，严格按照审核要求，完成连续实测及数据统计。由于工艺决定了部分物料的统计周期较长，因此本次实测结果统计时间单位为 1 个月，在该生产周期内实际生产车辆数为 9220 台，物料数量单位均归整为 kg。

3）物料平衡

涂装科输入、输出物料平衡结果见表 5-17，产生废弃物清单见表 5-18。涂装科物料平衡图见图 5-18，该平衡图未计入循环水和工艺辅料。工厂水平衡图见图 5-19。

表 5-17 涂装科输入/输出物料平衡结果   kg

序号	物料名称	输入	输出	备 注
1	脱脂剂			
2	表调剂	17 725		
3	磷化剂			

续表

序号	物料名称	输入	输出	备　注
4	密封胶	75 200		
5	电泳涂料	69 172.4		
6	溶剂涂料	12 452		
7	水性涂料	40 218		
8	水处理药剂	4644		
9	车身涂料		131 846	
10	磷化渣		960	按含水 20% 折算干重
11	底泥		13 440	按含水 20% 折算干重
12	漆渣		12 840	按含水 20% 折算干重
13	废涂料		11 250	
14	RTO 炉排放废气		16 891.6	
15	回收 VOC 气体		25 100	
16	其他废料		3760	
合计		219 411.4	216 087.6	平衡率 98.5%

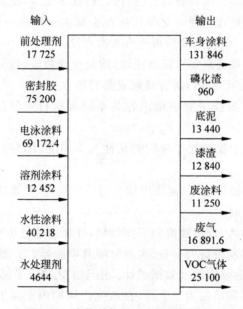

图 5-18　涂装科物料平衡图（单位：kg）

表 5-18　涂装科产生废弃物清单

废弃物名称	数量/kg	有害成分	性　质
磷化渣	1200	PO_4^{3-}, Ni^{2+}, Zn^{2+}	危险固废
底泥	16 800	LAS	危险固废
漆渣	16 050	树脂	危险固废
废涂料	11 250	树脂,有机溶剂	危险废物
VOC 气体	25 100	VOC	挥发性气体
水气	16 891.6	VOC	废气

续表

废弃物名称	数量/kg	有害成分	性　　质
废密封胶	3760	树脂,溶剂	危险固废
排放废气	4500 万 m³	甲苯、二甲苯、总烃	废气
污水	22 931m³	COD、油、Ni²⁺	废水

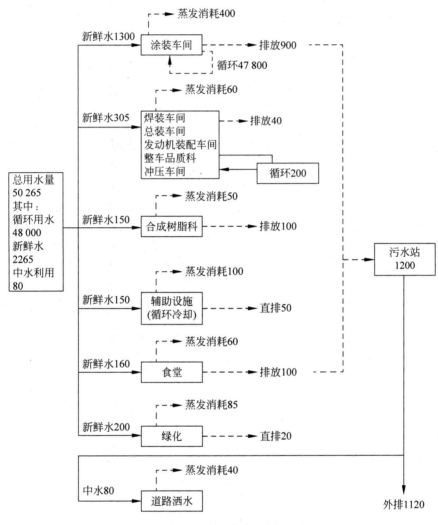

图 5-19　工厂水平衡图(单位：m³)

4）废弃物产生原因分析

根据物料平衡结果分析废弃物产生的原因如下：生产过程产生的废弃物与原材料、工艺技术、设备、过程控制、人员、管理、产品、废弃物特性八个方面有关,其中对工件的表面处理工艺和涂装废涂料的收集、处理工艺是废水产生的主要原因。干燥尾气经过 RTO 炉回收 VOC 后,排放废气中污染物成分浓度均较低,对环境影响较小。固体废物种类较多,性质复杂,其产生的原因分别与工艺技术、设备和管理有关,改善工艺、改进设备运行状况、加强物料消耗和固体废物管理是减少固体废物产生的主要途径。

5）处理对策

根据对废弃物产生原因的分析,为了减少废弃物的产生,除了改进工艺、提高设备运行状况外,通过改进管理减少废涂料的产生,提高密封胶的利用率,是减少固体废物产生的重要途径。

生产过程 VOC 和废气的产生量与所用涂料的性质有关,如果全部采用水性涂料或固体份较高的涂料,可以有效减少废弃物的产生量。

提高过程的控制水平,精密控制加水量,可以减少水消耗量和污水的产生量。

4．方案的产生与筛选

1）备选方案的产生

根据物料平衡结果和八个方面分别产生了清洁生产中/高费方案 10 项。

2）方案的筛选

采用简易的初步筛选和权重总和记分排序法筛选方案,见表 5-19。

表 5-19　方案筛选的结果

方案编号	方案名称	方案内容
方案一	中水回用工程	对污水管网的改造,回用污水处理站中水用于车间卫生、保洁、绿化和道路冲洗
方案二	冲压地坑含油废水处理	冲压科地下含油废水用泵抽至乳化液管道,送至污水处理站处理排放
方案三	前处理 No.3 水洗补加自动控制改造	在水洗补水管处加装流量计和电磁阀,实现补水投加自动控制
方案四	RO 浓水回收再利用	将 RO 纯水机排放的浓水进行回收再利用,用于车间保洁、前处理槽清洗等

5．方案可行性分析

方案一：中水回用工程

1）技术评估与分析

该方案通过对污水管网的改造,回用污水处理站中水用于车间卫生、保洁、绿化和道路冲洗,主要需要解决的技术问题是管网覆盖范围广、管道输送距离长,因此沿程和局部水力损失较大。对管网所需工作压力与投资所能满足的流速之间的拟合曲线表明,在采用 DN150 管径的情况下,保证工作压力 0.4MPa 可以满足输送水力损失的要求。

2）环境评估与分析

方案实施可使全厂中水回用率由 23% 提高到 48%,每年节约新鲜水用量 63 486t,减少综合污水排放量 6 万 t,使城市污水处理站年减少处理 6 万 t 污水,节约污水处理费 4.2 万元,产生明显的环境、社会效益。此外,在减少污水排放的同时也减少了 COD 排放量 4.56t/a,使 COD 总量下降近 19%。中水回用技术是国家环保政策大力提倡的节水、减污技术,也是清洁生产的典型方案。以上分析表明该方案的环境效益明显,是较好的清洁生产方案,应尽快予以实施。

3) 经济评估与分析

方案实施所产生的经济效益主要由节约新鲜水的用量产生,年节水 63 486t,按自来水单价 2.45 元/t 计算,产生经济效益 155 541 元/a。方案一评估各项经济指标见表 5-20。

表 5-20　方案一各项经济评价指标

指标名称	指　　标	备　　注
总投资费用/万元	151.3	
年节省总金额/万元	15.6	按正常生产年份数据计算
设备年折旧费/万元	7.8	按设备 10 年土建 20 年计算
年应税利润/万元	8.6	
年净利润/万元	7.1	
年增加现金流量/万元	14.9	
投资偿还期/a	11.3	
净现值/万元	15	
净现值率/%	9.91	
内部收益率/%	7.96	

由上述指标可以看出,项目投资回收期为 11.3 年,考虑到项目可运行时间长,其投资回收期可行。项目的净现值大于零,其内部收益率大于银行利率,盈利能力基本满足了行业要求,项目在经济上是可行的。

6. 方案的实施

1) 中/高费方案实施计划

公司根据清洁生产审核确定的中/高费方案,下发了"关于实施清洁生产项目的决定"文件,提出对"中水回用工程"、"冲压地坑含油废水处理"、"前处理 No.3 水洗补加自动控制改造"、"RO 浓水回收再利用"等清洁生产方案进行实施。为此制定了清洁生产方案实施计划和时间进度表。

公司财务部门落实了清洁生产项目的资金来源,规划发展科对各方案研究了实施对策。

目前"中水回用工程"、"冲压地坑含油废水处理"、"前处理 No.3 水洗补加自动控制改造"等项目已实施完成。"RO 浓水回收再利用"方案正在计划实施,已进入前期准备阶段。

2) 已实施方案的效果

到清洁生产审核现场工作结束为止,共实施了 34 个清洁生产方案,其中无/低费方案 31 个,中/高费方案 3 个,计划实施 1 个中/高费方案。实施方案共投入资金 154.8 万元。

已实施方案的技术指标均达到了原设计要求,取得了良好的环境效益和经济效益,全面完成了本次清洁生产审核中提出的清洁生产近期目标任务。依据各方案实施的实际效果数据,对取得的效益统计如下。

(1) 环境效益

年节约水 74 054t,节电 1.3×10^6 kW·h,节约其他物料约 67t,万元产值综合能耗从 0.2214t 标准煤下降为 0.1123t 标准煤(同比下降近 50%);COD 排放从 23.8t 下降为 19.1t,减少 4.7t(同比削减 20%)。

（2）经济效益

年净增经济效益203.17万元，其中年节约原材料费102.17万元、能源费91万元、其他10万元。

（3）技术进步

通过实施清洁生产方案，公司的生产技术有了明显的提高，整体水平达到同行业先进水平。审核目标完成情况详见表5-21。

表5-21　企业清洁生产审核目标完成情况

序号	项目	审核前	审核目标		目标完成情况	
			目标值	减少率/%	审核后	完成率/%
1	耗水量/(t/台)	10.38	8.00	23.0	7.69	113
2	耗电量/(kW·h/台)	852	700	18.0	559	191
3	综合能耗/(t标煤/万元)	0.2214	0.1993	10.0	0.1123	507
4	COD排放量/(t/a)	23.8	22.6	5.0	19.1	400
5	涂料(涂装)/(kg/台)	13.83	13.28	4.0	13.14	125
6	密封胶/(kg/台)	8.72	8.28	5.0	7.85	200

7．持续清洁生产

1）组织机构

在整个清洁生产过程中，由于领导小组重视，各有关部门紧密配合，使审核工作得以顺利完成并取得一定的成效，公司领导和员工对清洁生产的意义和方法有了更深刻的理解。公司清洁生产领导小组决定将清洁生产管理职能归属公司规划发展科，经常性地对职工进行清洁生产教育和培训，选择和确立下一轮清洁生产审核重点，以便有计划地开展清洁生产活动。

2）规章制度

公司将系列改进方案纳入了领导小组的管理范围，定期进行考核，有效地防止清洁生产流于形式和走过场。为了持续地推动清洁生产，公司在财务上采用单独建账，统计清洁生产产生的经济效益，并从中抽出部分资金建立奖励基金，用来激励和保障清洁生产活动的持续进行。

3）新目标与规划

企业推行清洁生产是一个不间断的实施过程，因此必须根据企业的实际情况制定持续清洁生产计划，使清洁生产有组织、有计划地持续进行下去，以便在全公司范围推行清洁生产。

通过审核也发现公司某些生产环节还存在一些问题，如：①机加车间乳化液吹洗现在采用敞开式，造成车间环境污染，现场气味较重，建议改为封闭式吹洗方式，并对废气进行处理排放；②涂装工艺中面漆现在采用的溶剂漆固体份为50%，未达到清洁生产标准《汽车制造业（涂装）（HJ/T 293—2006）》的指标要求，建议改用水性涂料、节能粉末涂料或固体份＞70%的涂料。

　　根据清洁生产方案实施计划,本次清洁生产审核完成后,企业将进行下一轮清洁生产工作,完成中、远期清洁生产目标任务(见表5-22),争创清洁生产先进企业,实现企业经济效益与环境效益的协调发展。

表5-22　企业清洁生产新目标

序号	项目	现状 (2007年)	新目标值	
			目标值	增减量/%
1	耗水量/(t/台)	7.69	7.31	5
2	耗电量/(kW·h/台)	559	536	4
3	综合能耗/(t标煤/万元)	0.1123	0.1078	4
4	COD排放量/(t/a)	19.1	18.5	3

复习与思考

　　1. 什么叫清洁生产审核? 它有什么意义?

　　2. 清洁生产审核的对象和特点是什么?

　　3. 简述清洁生产审核的思路。

　　4. 清洁生产审核的工作程序分为哪几个阶段? 各个阶段的主要工作内容和工作重点有哪些?

　　5. 结合某汽车公司清洁生产审核案例,阐述清洁生产审核各阶段的具体内容。

第 6 章

清洁生产指标体系及评价

　　随着《中华人民共和国清洁生产促进法》的实施和清洁生产工作的开展,建立科学的清洁生产评价体系显得非常必要。清洁生产评价是通过对企业原材料的选取、生产过程到产品、服务的全过程进行综合评价,评定企业现有生产过程、产品、服务各环节的清洁生产水平在国际和国内所处的位置,并制定相应的清洁生产措施和管理制度,以增强企业的市场竞争力,达到节约资源、保护环境和持续发展的目的。

图 6-1　清洁生产评
价步骤图

　　建立清洁生产指标体系,有助于评价企业开展清洁生产的状况,便于企业选择合适的清洁生产技术,促使企业积极推行清洁生产工作。清洁生产评价正逐步向量化评价的方向发展,量化的评价也主要通过选择指标体系,通过指标体系分值计算获得评价结果,主要的方法步骤如图 6-1 所示。

6.1　清洁生产指标体系

6.1.1　指标及指标体系的定义

　　指标(indicators)是预期中打算达到的指数、规格、标准,它既是科学水平的标志,也是进行定量比较的尺度。

　　指数(index)是一类特殊的指标,是一组集成的或经过权重化处理的参数或指标,它能提供经过数据综合而获得的高度凝聚的信息。

　　指标体系(indicators system)是指描述和评价某种事物的可度量参数的集合,是由一系列相互独立、相互联系、相互补充的数量、质量、状态等规定性指标所构成的有机评价系统。

　　清洁生产作为实现可持续发展的最佳途径,为我国建设资源节约型、环境友好型社会提供了重要基础,也越来越被企业界及社会各界所接受。我国现行的清洁生产评价工作,许多是进行定性论证和分析,缺乏定量评价指标,难以对清洁生产的水平和成果进行指标化管理,不利于《清洁生产促进法》的推进。同时,清洁生产指标体系的建立,明确了生产全过程控制的主要内容和目标,使企业和管理部门对清洁生产的实际效果和管理目标具体化,便于进行量化对比和设定目标,为将清洁生产融入环境管理起到实效提供了技术支持,对提高我国清洁生产整体水平具有重要的指导意义。

　　清洁生产指标体系(cleaner production indicators system)是由一系列相互独立、相互联系、相互补充的单项评价活动指标组成的有机整体,它所反映的是组织或更高层面上清洁生产的综合和整体状况。一个合理的清洁生产体系可以有效地促进组织清洁生产活动的开展以及整个社会的可持续发展。因此,清洁生产指标体系具有标杆的功能,是对清洁生产技术方案进行筛选的客观依据,为清洁生产绩效评价提供了一个比较标准。

制定和实施一套具有科学性、行政约束性和激励性的清洁生产评价指标体系,有利于实现清洁生产的指标化管理,为清洁生产的效果提供评价的尺度,从而为清洁生产技术和管理措施筛选及其实施效果评价提供了工具。

6.1.2 清洁生产指标体系的确定原则

清洁生产指标既是管理科学水平的标志,也是进行定量比较的尺度。清洁生产指标应该是指国家、地区、部门和企业根据一定的科学、技术、经济条件,在一定时期内确定的必须达到的具体清洁生产目标和水平。清洁生产指标应该分类清晰、层次分明、内容全面,兼具科学性、可行性、简洁性和开放性,并且应该随着经济、社会和环境的变化而变化。因此,清洁生产指标制定的具体原则如下。

1. 客观准确评价原则

指标体系所选用的评价指标、评价模式要客观充分地反映行业及其生产工艺的状况,真实、客观、完整、科学地评价生产工艺优劣性,保证清洁生产最终评价结果的准确性、公正性以及应用指导性。

2. 全生命周期评价原则

在评价一项技术时,不但要对工艺生产过程、产品的使用(或服务)阶段进行评价,还要考虑产品本身的状况和产品消费后的环境影响,即对产品设计、生产、储存、运输、消费和处理处置整个生命周期中原材料、能源消耗和污染物产生及其毒性的全面分析和评价,以体现全过程分析的思想。

3. 污染预防的原则

清洁生产指标的范围不需要涵盖所有的环境、社会、经济等指标,主要应反映出该行业所使用的主要的资源量及产生的废物量,包括使用能源、水量或其他资源的情况。通过对这些实际情况的评价,反映出项目的资源利用情况和节约的可能性,达到保护自然资源的目的。

4. 定量指标和定性指标相结合的原则

为了确保评价结果的准确性和科学性,必须建立定量性的评价模式,选取可定量化的指标,计算其结果。但评价对象的生产过程复杂且涉及面广,因此对于不能量化的指标也可以选取定性指标。采用的指标均应力求科学、合理、实用、可行。

5. 重点突出,简明易操作原则

生产过程中所涉及的清洁生产环节很多,清洁生产指标体系要突出重点,意义明确,结构清晰,可操作性强。清洁生产指标体系是为评价一个活动是否符合清洁生产战略而制定

的,是一套非常实用的体系。因此,既要考虑指标体系构架的整体性,又要考虑到体系使用时的全面数据支持。也就是要求指标体系综合性强,同时要避免面面俱到,烦琐庞杂;既能反映项目的主要情况,又简便,易于操作和使用。

6. 持续改进原则

清洁生产是一个持续改进的过程,要求企业在达到现有指标的基础上向更高的目标迈进,因此,指标体系也应该相对应的体现持续改进的原则,引导企业根据自身现有的情况,选择不同的清洁生产目标实现持续改进。

6.2　我国清洁生产指标体系构架

清洁生产指标体系应有助于比较不同地区、行业、企业清洁生产情况,评价组织开展清洁生产的状况,指导组织正确选择符合可持续发展要求的清洁生产技术。总体而言,清洁生产指标体系应当包括两个方面的内容,一是适用于不同行业的通用性标准,二是适用于某个行业的特定指标,而每一方面又由众多不同指标构成。

清洁生产指标体系一般按照宏观指标和微观指标分类。

6.2.1　宏观清洁生产指标体系

宏观清洁生产指标主要用于社会和区域层面上。在此层面上,清洁生产指标常与循环经济指标和生态工业指标重叠。

宏观清洁生产指标由经济发展、循环经济特征、生态环境保护、绿色管理四大类指标构成。

经济发展指标又分为经济发展水平指标（GDP 年平均增长率、人均 GDP、万元 GDP 综合能耗、万元 GDP 新鲜水耗等）和经济发展潜力指标（清洁生产投入占 GDP 的比例、清洁生产技术对 GDP 的贡献率等）。

循环经济特征指标,主要有资源生产率（用来综合表示产业和人民生活中有效利用资源情况）和循环利用率（表示投入到经济社会物质总量中循环利用量所占的比率）。

生态环境保护指标,主要有环境绩效指标、生态建设指标和生态环境改善潜力等指标。

绿色管理指标,主要有政策法规制度指标、管理与意识指标等。

6.2.2　微观清洁生产指标体系

微观清洁生产指标主要用于组织（或企业）这一层面。这一层面的清洁生产指标体系可以分为定量指标和定性指标两种类型。定量指标和定性指标体系一般皆包括一级评价指标和二级评价指标,可根据行业自身特点设立多级指标。一级评价指标是指标体系中具有普适性、概括性的指标。二级评价指标是一级评价指标之下,可代表行业清洁生产特点的、具体的、可操作的、可验证的指标。一级评价指标可分为资源与能源消耗指标、生产技术特征指标、产品特征指标、污染物产生指标、资源综合利用指标、环境管理与劳动安全卫生指标,可根据行业自身特点选择与确定,并给出明确定义。

　　根据清洁生产的一般要求,这些微观清洁生产指标体系中的资源与能源消耗指标、产品特征指标、污染物产生指标、资源综合利用指标等常为定量指标,生产技术特征指标、环境管理与劳动安全卫生指标等一般为定性指标。

　　定性要求一般以文字表述,根据对各产品的生产工艺和装备、环境管理等方面的要求及国内企业目前的水平划分不同的级别,促进企业不断提高;而定量要求一般以数值表述。

1．原辅材料与资源能源指标

　　原辅材料指标应能体现原材料的获取、加工、使用等方面对环境的综合影响,因而可从毒性、生态影响、可再生性、能源强度、可回收利用性这五个方面建立指标。

　　(1)毒性:原材料所含毒性成分对环境造成的影响程度。

　　(2)生态影响:原材料取得过程中的生态影响程度。

　　(3)可再生性:原材料可再生或可能再生的程度。

　　(4)能源强度:原材料在采掘和生产过程中消耗能源的程度。

　　(5)可回收利用性:原材料的可回收利用程度。

　　在正常的生产和操作情况下,生产单位产品对资源和能源的消耗程度可以部分地反映一个企业的技术工艺和管理水平,反映企业的生产过程在宏观上对生态系统的影响程度。因为在同等条件下,资源、能源消耗量越高,对环境的影响程度越大。

　　资源指标可以由单位产品的新鲜水消耗量、主要原材料单耗、主要原材料利用率以及水重复利用率等表示。

　　能源指标主要以单位产品电耗量、煤耗量以及综合能耗指标等表示。

2．产品特征指标

　　清洁生产对产品的性能也有特定的要求。从整个生命周期考虑,产品的销售、使用、维护以及报废后的处理处置均会对环境造成影响,因此应该考虑产品的设计和寿命优化,以增加产品的利用效率并减少对环境的影响。产品特征指标包括以下五方面。

　　(1)销售:产品的销售过程中,即从工厂运送到零售商和用户过程中对环境造成的影响程度。

　　(2)使用:产品在使用期内的正常使用可能对环境造成的影响程度。

　　(3)维护:产品的质量、性能以及维护造成的环境影响情况。

　　(4)寿命优化:在多数情况下产品的寿命是越长越好,因为可以减少对生产该种产品物料的需求。但有时并不尽然,例如,某一高耗能产品的寿命越长则总能耗越大,随着技术进步有可能产生同样功能的低耗能产品,而这种节能产生的环境效益有时会超过节省物料的环境效益,在这种情况下,产品的寿命越长对环境的危害越大。寿命优化就是要使产品的使用寿命、技术寿命(指产品的功能保持良好的时间)、美学寿命(指产品对用户具有吸引力的时间)处于优化状态,达到环境影响和使用性能的最佳结合。

　　(5)报废:产品失去使用价值而报废后处理处置过程对环境的影响程度。

3．污染物产生指标

　　污染物或废物被称为"放错地方的资源",而污染物产生指标能反映生产过程状况,直接说明工艺的先进性或管理水平的高低。通常情况下,污染物产生指标分三类,即水污染物产生指标、大气污染物产生指标和固体废物产生指标。

（1）水污染物产生指标。水污染物产生指标又可细分为两类,即单位产品废水产生量指标和单位产品主要水污染物产生量指标。

（2）大气污染物产生指标。大气污染物产生指标和水污染物产生指标类似,也可细分为单位产品废气产生量指标和单位产品主要大气污染物产生量指标。

（3）固体废物产生指标。对于固体废物产生指标,可简单地定义为"单位产品主要固体废物产生量"。

4. 资源综合利用特征指标

清洁生产在重视源头削减的同时,也强调对产生的污染物和废物的回收利用和资源化处理。

资源综合利用特征指标即废物回收利用指标,是指生产过程所产生的具有可回收利用特点和价值的废物的回收和利用的比率,只有对这些废物进行回收和利用才可减少对环境的影响。这类指标主要包括废物利用的比例、途径和技术,以及生产出的产品,可以具体到废水回收利用率、废气回收利用率、副产品回收利用率、固体废物回收利用率等。

5. 生产技术性能指标

生产技术性能主要包括:生产工艺、装备和过程控制系统等。生产工艺的先进程度和装备水平主要体现在污染预防水平上,直接决定资源能源的消耗以及产品的质量。这类指标一般为定性指标,主要包括:①生产技术的先进性;②技术装备水平;③过程控制水平。

6. 环境管理和劳动安全卫生指标

清洁生产要求企业由落后的粗放型经营方式向集约型的经营方式转变,因此,管理水平的高低对于清洁生产具有较大的影响。

环境管理方面的要求主要指组织的环境管理机构、生产管理、相关方管理、清洁生产审核和劳动安全卫生五个方面达到的水平。

（1）有健全的环境管理机构,为取得环境效益提供组织保障。

（2）有系统的生产管理,将环境因素纳入企业的发展规划和生产管理中,这对资源消耗量大、污染严重的企业来说尤为重要。

（3）相关方管理,即是否按照 ISO 14000 要求建立了相关方管理。

（4）清洁生产审核,考虑企业是否将清洁生产纳入日常生产中,并不断提高职工清洁生产意识,这需要企业领导的支持,也需要职工的自觉行动。

（5）劳动安全卫生方面的要求,主要是指组织可能对职工造成的危害及其防范措施是否健全和可行,是否符合国家有关标准或行业标准,并应经劳动行政、卫生行政、工会等有关部门审查同意等。劳动安全卫生指标还包括劳动安全设备的技术水平、防毒防尘、改善劳动条件专门拨款数量、事故损失额,以及职业健康影响等级、单位产出人员伤亡率、单位产出人员发病率、特定职业病发病率,还包括现场清洁卫生指标、现场安全状况、劳动安全和卫生管理措施及实施情况、设备事故率、设备监测和监督情况、监测和监督人员配备情况等。

6.3　清洁生产评价的方法和程序

科学客观评价企业的清洁生产水平,了解企业的清洁生产潜力有利于企业把握发展方向,实现持续发展。目前,清洁生产指标体系正在不断健全之中,清洁生产评价方法也不够完善和规范,清洁生产审核与评价结果也较粗糙、可操作性差。因此,在完善清洁生产指标体系的基础上,建立和实施一套科学的清洁生产评价方法,比较和认定各种清洁生产方案,对企业推进清洁生产、实施可持续发展具有重要意义。

清洁生产指标涉及面广,有定量指标和定性指标,相应地清洁生产评价方法也可采用定量条件下的评价和定量与定性相结合条件下的评价。

6.3.1　定量条件下的评价

为了对评价指标的原始数据进行"标准化"处理,使评价指标转换成在同一尺度上可以相互比较的量,因此该评价模式采用指数方法。该指标定量条件下的评价可分为单项评价指数、类别指标评价指数和综合评价指数。

1. 单项评价指数

单项评价指数是以类比项目相应的单项指标参考值作为评价标准计算得出。定量评价类别的分指标从其数值来看,可分为消极指标和积极指标两类情况,消极指标是指实际值越小越符合生产的要求(如能耗、水耗、污染物的产生与排放量等指标),积极指标是指实际值越大越利于清洁生产(如水重复利用率、高炉煤气回收率、高炉喷煤量、固体废物回收利用率等指标)。

对指标数值越低(小)越符合清洁生产要求的指标,如污染物排放浓度,评价指数计算公式为

$$I_i = \frac{C_i}{S_i}, \quad i = 1, 2, 3, \cdots, n$$

对指数值越高(大)越符合清洁生产要求的指标,如资源利用率、水重复利用率,评价指数计算公式为

$$I_i = \frac{S_i}{C_i}, \quad i = 1, 2, 3, \cdots, n$$

式中,I_i——单项评价指数;

C_i——目标项目某单项评价指标对象值(实际值或设计值);

S_i——类比项目某单项指标参考值(或评价基准值)。

评价指标基准值是衡量各定量评价指标是否符合清洁生产基本要求的评价基准,根据评价工作需要可取环境质量标准、排放标准或相关清洁生产技术标准要求的数值。

2. 类别指标评价指数

各分指标等标评价指数总和的平均值 Z_j 是反映 j 类别评价指标的重要参数。一般情况下,Z_j 越小,表明 j 类别指标的清洁生产水平越高,其中:

$$Z_j = \sum_{i=1}^{n} I_i / n, \quad j = 1, 2, 3, \cdots, m$$

式中，Z_j——j 类别指标各分指标等标评价指数总和的平均值；

　　i——分指标的序号；

　　j——类别指标的序号；

　　n——第 j 类别指标中分指标的项目总数；

　　m——评价指标体系下设的类别指标数。

3. 综合评价指数

为了既使评价全面，又能克服个别评价指标指数对评价结果准确性的掩盖，避免确定加权系数的主观影响，采用了一种兼顾极值或突出最大值型的综合评价指数。其计算公式为

$$I_p = [(I_{i,m}^2 + Z_{j,a}^2)/2]^{1/2}$$

式中，I_p——清洁生产综合评价指数；

　　$I_{i,m}$——各项评价指数中的最大值；

　　$Z_{j,a}$——类别评价指数的平均值，其计算式为

$$Z_{j,a} = \left(\sum_{j=1}^{m} I_j\right) \Big/ m, \quad j = 1, 2, 3, \cdots, m$$

m——评价指标体系下设的类别指标数。

4. 企业清洁生产等级的确定

一般推荐采用分级制的模式来评价综合评价指数的水平，即将综合指数分成 5 个等级，按清洁生产评价综合指数 I_p 所达到的水平给企业清洁生产定级，见表 6-1。

表 6-1　企业清洁生产的等级

项目	清洁生产	传统先进	一般	落后	淘汰
达到水平	国际先进水平	国内先进水平	国内平均水平	国内中下水平	淘汰水平
综合评价指数(I_p)	$I_p \leqslant 1.00$	$1.00 < I_p \leqslant 1.15$	$1.15 < I_p \leqslant 1.40$	$1.40 < I_p \leqslant 1.80$	$I_p > 1.80$

注：（1）清洁生产：指有关指标达到本行业领先水平，即：$I_p \leqslant 1.00$。

　（2）传统先进：指有关指标达到本行业先进水平，即 $1.00 < I_p \leqslant 1.15$。

　（3）一般：指有关指标达到本行业平均水平，即 $1.15 < I_p \leqslant 1.40$。

　（4）落后：指有关指标达到本行业中下水平，即 $1.40 < I_p \leqslant 1.80$。

　（5）淘汰：指有关指标达到本行业淘汰水平，即 $I_p > 1.80$。

如果类别评价指数(Z_j)>1.00 或单项评价指数的值(I_i)>1.00，表明该类别或单项评价指标出现了高于类比项目的指标，故可以据此寻找原因、分析情况，调整工艺路线或方案，使之达到类比项目的先进水平。

上述评价方法需参照环境质量标准、排放标准、行业标准或相关清洁生产技术标准数值，因此选取目标值最为关键。

6.3.2　定量与定性相结合条件下的评价

要对项目进行清洁生产评价，必须针对清洁生产指标确定出既能反映主体情况又简便

易行的评价方法。而清洁生产指标涉及面广,完全量化难度较大,实际评价过程拟针对不同的评价指标,确定不同的评价等级;对于易量化的指标评价等级可分细一些,不易量化的指标的等级则分粗一些,最后通过权重法将所有指标综合起来,从而判定项目的清洁生产程度。

1. 指标等级的确定

清洁生产指标可以分为定性指标和定量指标两大类。其中原辅材料指标、产品指标、管理指标在目前的情况下难以量化,属于定性指标,可以划分为较为粗略的等级。原辅材料指标和产品指标分为高、中、低3个等级,管理水平指标分为两个等级。定性指标数值的确定一般参考专家意见打分的方法。

资源指标和污染物排放指标易于量化,可以作定量评价,划分为较为详细的5个等级,即清洁、较清洁、一般、较差、很差。定量指标的数值可根据国内外同行业生产指标调查类比来确定。

为了统计和计算方便,定性评价和定量评价的等级分值范围均定为0～1。

1) 定性指标等级

(1) 高:表示所使用的原材料和产品对环境的有害影响比较小。

(2) 中:表示所使用的原材料和产品对环境的有害影响中等。

(3) 低:表示所使用的原材料和产品对环境的有害影响比较大。

可参照《危险货物品名表》(GB 12268)、《危险化学品目录》和《国家危险废物名录》等规定,结合本企业实际情况确定。

对定性评价分3个等级,按基本等量、就近取整的原则来划分不同等级的分值范围,具体见表6-2。

表6-2　原材料指标和产品指标(定性指标)的等级评分标准

等级	分值范围	低	中	高
等级分值	[0,1.0]	[0,0.30]	[0.30,0.70]	[0.70,1.0]

注:确定分值时取两位有效数字。

2) 定量指标等级

(1) 清洁:有关指标达到本行业领先水平。

(2) 较清洁:有关指标达到本行业先进水平。

(3) 一般:有关指标达到本行业平均水平。

(4) 较差:有关指标为本行业中下水平。

(5) 很差:有关指标为本行业较差水平。

对定量指标依据同样原则,但划分为5个等级,具体见表6-3。

表6-3　资源指标和污染物产生指标(定量指标)的等级评分标准

等级	分值范围	很差	较差	一般	较清洁	清洁
等级分值	[0,1.0]	[0,0.2]	[0.2,0.4]	[0.4,0.6]	[0.6,0.8]	[0.8,1.0]

注:确定分值时取两位有效数字。

一般来说，将国际先进水平作为最高的指标数值，参考国内的清洁生产评价方法，几项评价指标体系的具体划分如表 6-4 所示。

表 6-4　清洁生产指标评价体系

	评 价 指 标	说　　明
原辅材料指标	毒性 生态影响 可再生性 能源强度	按照原辅材料的毒性、生态影响、可再生性、能源强度等分为3个等级进行打分，1级表明基本没有毒性和生态影响，可再生性好，生产原辅材料消耗的能源强度较小，分值在1～0.7分。2级的分值在0.6～0.4分，3级的分值在0.3分以下
产品指标	使用性能 寿命优化 报废处理	按照产品的使用性能、寿命优化、报废后的处理分为3个等级，1级表明产品在使用过程中对环境基本没有污染，使用寿命和美观寿命最佳，报废后基本可以回收，分值在1～0.7分。2级的分值在0.6～0.4分，3级分值在0.3分以下
资源指标	单位产品耗水量 单位产品能源消耗 单位产品物耗量	达到国际先进水平的为1级，接近国际先进水平的为2级，达到和接近国内先进水平的为3～4级，低于国内先进水平的为5级。"接近"指的是在参考值指标的10%左右。1级分值为1～0.9分，2级0.8～0.7分，3级0.6～0.5分，4级0.4～0.3分，5级0.2分以下
污染物指标	废水排放量 COD排放量 固废排放量	与资源指标的分级体系与分值大致相同，同样参考国际、国内同行业生产指标
管理水平指标	企业清洁生产方针 职工清洁生产意识	由于管理水平概念比较笼统，企业的清洁生产方针和职工清洁生产意识分为两个等级。1级表明企业和职工对清洁生产有所了解并在实际生产过程中有所应用，分值在1～0.6分。2级表明企业和职工对于清洁生产了解得较少，清洁生产措施较少，分值在0.5～0分之间

需要说明的是，由于每个生产企业采用的原辅材料、生产的产品、生产工艺过程、污染物排放等项目有很大的区别，因此每个企业选择的具体指标会不同。

2．综合评价

清洁生产指标的评价方法采用百分制，首先对原材料指标、产品指标、资源消耗指标和污染物产生指标按等级评分标准分别进行打分，若有分指标则按分指标打分，然后分别乘以各自的权重值，最后累加起来得到总分。通过总分值等的比较可以基本判定建设项目整体所达到的清洁生产程度，另外各项分指标的数值也能反映出该建设项目所需改进的地方。

1）权重值的确定

权重值是衡量各评价指标在清洁生产评价指标体系中的重要程度。确定权重值时，不同的计算方法具有各自的特点和适用条件，应依据行业特点，单独使用某种计算方法或综合使用多种计算方法。

清洁生产评价的等级分值范围为0～1。为数据评价直观起见，考虑到指标的通用性，对清洁生产的评价方法采用百分制，一般设定指标的权重值在1～10之间，具体数值由指标的数量和在企业中的重要程度决定,所有权重值的和为100。

比如,为了保证评价方法的准确性和适用性,在各项指标(包括分指标)的权重确定过程中,1998年在国家环境保护局的"环境影响评价制度中的清洁生产内容和要求"项目研究中,采用了专家调查打分法。专家范围包括:清洁生产方法学专家、清洁生产行业专家、环评专家、清洁生产和环境影响评价政府管理官员。调查统计结果见表6-5。

表6-5　清洁生产指标权重值专家调查结果

评价指标	原材料指标					产品指标				资源指标			污染物产生指标	总权重值
	毒性	生态影响	可再生性	能源强度	可回收利用性	销售	使用	寿命优化	报废	能耗	水耗	其他		
权重	7	6	4	4	4	3	4	5	5	11	10	8	29	100
	25					17				29				

专家对生产过程的清洁生产指标比较关注,对资源指标和污染物产生指标分别都给出最高权重值29;原材料指标次之,权重值25;产品指标最低,权重值为17。污染物产生指标权重值为29,此类指标根据实际情况可选择包括几项大指标(例如废水、废气、固体废物),每项大指标又可含几项分指标。因为不同企业的污染物产生情况差别太大,因而未对各项大指标和分指标的权重值加以具体规定,可依据实际情况灵活处理,但各项大指标权重值之和应等于29,每一大指标下的分指标权重值之和应等于大指标的权重值。例如,如果污染物产生指标包括三项大指标,如废水、废气、固体废物,它们的权重值可以分别取为10、10、9,则废水所包含的分指标权重分值应为10,废气、固体废物依次为10和9;如果此项大指标仅包括一项指标,如造纸厂,污染物产生主要是废水,那么废水指标的权重就是污染物产生指标的权重,即为29,废水指标所包括的几项分指标,权重值之和也应为29。

资源指标包括三项指标:能耗、水耗、其他物耗,它们的权重值分别为11、10、8。如果这三项指标中每一项指标下面还分别包括几项分指标,则根据实际情况另行确定它们的权重,但分指标的权重之和应分别等于这三项指标的权重值,即为29。

原材料指标包括五项分指标:毒性、生态影响、可再生性、能源强度、可回收利用性。根据它们的重要程度,权重值分别为7、6、4、4、4。

产品指标包括四项指标:销售、使用、寿命优化、报废,它们的权重值分别为3、4、5、5。

目前随着我国清洁生产指标体系的不断完善,国家发改委针对不同行业的特点,颁布了一系列的清洁生产评价指标体系。

2)确定企业清洁生产的等级

清洁生产综合水平评价采用分级对比评价法,按照如下公式计算清洁生产水平得分:

$$E = \sum A_i W_i$$

式中,E——评价对象清洁生产水平等级得分;

A_i——评价对象第i种指标的清洁生产水平得分;

W_i——评价对象第i种指标的权重。

根据所获得的综合得分,可进行项目清洁生产水平的等级划分,具体情况见表6-6。

表 6-6　总体评价结果等级划分

项目	指标分数/分	说　明
清洁生产	>80	企业原材料的选取对环境的影响、产品对环境的影响、生产过程中资源的消耗程度以及污染物的排放量均处于同行业国际先进水平
较先进	70~80	总体国内或省先进水平，某些指标处于国际先进水平
一般	55~70	总体在省内处于中等、一般水平
落后	40~55	企业的总体清洁生产水平低于国内一般水平，其中某些指标的水平在国内可能属"较差"或"很差"之列
淘汰	<40	总体水平处于国内"较差"或"很差"水平，不仅消耗了过多的资源、产生了过量的污染物，而且在原材料的利用以及产品的使用及报废后的处置等方面均有可能对环境造成超出常规的不利影响

需要说明的是，由于清洁生产是一个相对的概念，因此清洁生产指标的评价结果也是相对的。从上述对清洁生产的评价等级和标准的分析可以看出，如果一个项目综合评分结果大于 80 分，从平均意义上说，该项目原材料的选取对环境的影响、产品对环境的影响、生产过程中资源的消耗程度以及污染物的产生量均处于同行业领先水平，因而从现有的技术条件看，该项目属"清洁生产"。同理，若综合评分结果在 70~80 分，可认为该项目为"传统先进"项目，即总体处于先进水平；若综合评分结果在 55~70 分，可认为该项目为"一般"项目，即总体处于中等、一般的水平；若综合评分结果在 40~55 分，可判定该项目为"落后"，即该项目的总体水平低于一般水平，其中某些指标的水平可能属"较差"或"很差"水平；若综合评分结果<40 分，可判定该项目总体水平处于国内"较差"或"很差"水平，不仅消耗了过多的资源、产生了过量的污染物，而且在原材料的利用以及产品的使用及报废后的处置等方面均有可能对环境造成超出常规的不利影响。

6.3.3　清洁生产评价程序

企业进行清洁生产的评价需按一定的程序有计划、分步骤地进行。判定清洁生产的定量评价基本程序见图 6-2。其中项目评价指标的原始数据主要来源于预审核、审核阶段中的资源、能源、原辅材料、工艺、设备、产品、环保、管理等分析数据。类比项目参考指标主要来源于国家行业标准、环境质量标准或对类比项目的实测、考察等调研资料。

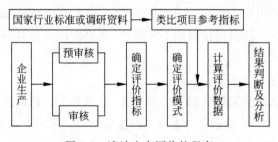

图 6-2　清洁生产评价的程序

6.3.4 清洁生产评价报告书的编写要求

1. 编写原则

(1) 清洁生产指标基准数据的选取要有充足的依据；

(2) 清洁生产指标及其权重的确定要充分考虑行业特点；

(3) 报告书中应给出清洁生产水平的结论。

2. 内容

(1) 选取清洁生产指标。根据项目的实际情况，按照清洁生产指标选取方法来确定项目的清洁生产指标。基本包括原材料与资源能源指标、污染物产生指标、产品指标和环境经济效益指标等。每一类指标所包括的各项指标要根据项目的实际需要慎重选择。

(2) 收集并确定清洁生产指标数据。根据清洁生产审核中的预审核和审核阶段的结果，确定出项目相应的各类清洁生产指标数值。

(3) 进行清洁生产指标评价。通过与行业典型工艺基准数据的对比，评价项目的清洁生产水平。

(4) 给出项目清洁生产状况的评价并提出建议。对主要原材料消耗、资源消耗和污染物产生情况做出评价，对存在的问题提出建议。

复习与思考

1. 试解释什么是清洁生产指标体系。

2. 试述清洁生产指标体系的选取原则，清洁生产指标体系应从哪些环节来考虑？

3. 清洁生产评价指标体系是如何进行等级划分的？国内常用的清洁生产评价指标有哪些？

4. 简述中国清洁生产指标的结构。

5. 清洁生产评价方法有哪些？

6. 根据清洁生产评价的结论，如何对企业开展清洁生产提出建议？

第 7 章

循环经济概述

7.1 循环经济的产生与发展

7.1.1 循环经济的产生

循环经济思想最早萌芽于环境保护运动思潮崛起的时代。

首先,从理论溯源上讲,经济学和生态学是当代的两个既密切关联又对立紧张的学科和领域。在世界范围内颇有影响的美国后现代思想家小约翰·科布(John B. Cobb, Jr)认为,经济学家和生态学家之间的争论乃是一种现代主义者和后现代主义者之间的争论。经济学和生态学之间的关系是人类今天面临的最重要问题。争论的实质是有关环境与发展的关系问题,并为彻底解决全球性问题提供最佳方案。生态学家们的思想虽然仍受到传统势力的挑战,但是他们的判断更接近于客观事实,即经济发展最重要的目标必须具有可持续性,否则当达到增长的极限时,整个人类将被卷入一场由可怕的破坏而导致的灾难之中。不管这场争论如何,但"后现代的绿色经济思想"、"后现代的稳态经济思想"、"后现代的可持续发展经济理论"等思想的出现,都是循环经济理念的萌芽,它的目的在于寻求一个"既是可持续的,又是可生活的社会"。

20 世纪 60 年代,美国经济学家肯尼思·E. 鲍尔丁(Kenneth E. Boulding)提出了"宇宙飞船经济理论",这是循环经济理论的雏形。鲍尔丁受当时发射的宇宙飞船的启发,用来分析地球经济的发展。他认为,宇宙飞船是一个孤立无援、与世隔绝的独立系统,靠不断消耗自身原存的资源存在,最终它将因资源耗尽而毁灭。唯一使之延长寿命的方法就是实现飞船内的资源循环,尽可能少地排出废物。同理,地球经济系统如同一艘宇宙飞船,尽管地球资源系统大得多,地球寿命也长得多,但是也只有实现对资源循环利用的循环经济,地球才能得以长存。显然,宇宙飞船经济理论具有很强的超前性,但当时并没有引起大家的足够重视。即使是到了人类社会开始大规模环境治理的 70 年代,循环经济的思想更多地还是先行者的一种超前性理念。当时,世界各国关心的仍然是污染物产生后如何治理以减少其危害,即所谓的末端治理。80 年代,人们才开始注意到要采用资源化的方式处理废弃物,但是对于是否应该从生产和消费的源头上防止污染产生,还没有形成统一的认识。

20 世纪 90 年代以后,特别是可持续发展理论形成后的近几年,源头预防和全过程控制代替末端治理开始成为各国环境与发展政策的真正主流。人们开始提出一系列体现循环经济思想的概念,如"零排放工厂"、"产品生命周期"、"为环境而设计"等。随着可持续发展理论日益完善,人们逐渐认识到,当代资源环境问题日益严重的根源在于工业化运动以来高开采、低利用、高排放为特征的线性经济模式,为此提出了人类社会的未来应建立一种以物质闭环流动为特征的经济,即循环经济,从而实现环境保护与经济发展的双赢,真正体现"代内公平"和"代际公平"这一可持续发展的公平性原则。随着"生态经济效益"、"工业生态学"等理论的提出与实践,标志着循环经济理论初步形成。

7.1.2 循环经济的发展历程

循环经济的发展经历了三个阶段:20世纪80年代的微观企业试点阶段、20世纪90年代的区域经济模式——生态工业园区阶段和21世纪初的循环型社会建设阶段。换言之,循环经济的发展趋势也正经历着由企业层面上的"小循环"到区域层面上"中循环"再到社会层面上的"大循环"的纵向过渡。

1. 单个企业的早期响应阶段

在企业层面上,可以称之为循环经济的"小循环"。根据生态效率的原则,推行清洁生产,减少产品和服务中物料和能源的使用量,实现污染物排放的最小化。20世纪80年代末,当时世界500强的杜邦公司开始了循环经济理念的应用试点。公司的研究人员把循环经济"3R"原则发展成为与化工生产相结合的"3R制造法",即资源投入减量化(reduce)、资源利用循环化(recycle)和废物资源化(reuse),以少排放甚至"零排放"废物。他们通过放弃使用某些环境有害型的化学物质、减少某些化学物质的使用量,以及发明回收本公司副产品的新工艺等,到1994年已经使生产造成的塑料废物减少了25%,空气污染物排放量减少了70%。同时,他们在废塑料如废弃的牛奶盒和一次性塑料容器中回收化学物质,开发出了耐用的乙烯材料等新产品。

2. 新型区域经济模式——生态工业园区的实践阶段

在区域层面上,可以称之为循环经济的"中循环"。20世纪80年代末到90年代初,一种循环经济化的工业区域——生态工业园区应运而生了。它是按照工业生态学的原理,通过企业或行业间的物质集成、能量集成和信息集成,形成企业或行业间的工业代谢和共生关系而建立的。特别是丹麦卡伦堡生态工业园在循环经济的生态型生产中脱颖而出,它通过企业间的副产品交换,把火电厂、炼油厂、制药厂和石膏厂联结起来,形成生态循环链,不仅大大减少了废物的产生量和处理的费用,还减少了新原料的投入,形成了生产发展和环境保护的良性循环。

目前,生态工业园区(ecological industrial parks,EIPs)已经成为循环经济的一个重要发展形态,作为许多国家工业园区改造的方向,也正在成为我国第三代工业园区的主要发展形态。

3. 循环型社会建设阶段

在社会层面上,可以称之为循环经济的"大循环"。它通过全社会的废旧物资的再生利用,实现消费过程中和消费过程后物质和能量的循环。在该阶段,许多国家通常以循环经济立法的方式加以推进,最终实现建立循环型社会。

7.1.3　发展循环经济的战略意义

（1）发展循环经济是实现可持续发展的必由之路。

1992年联合国环境与发展委员会在巴西里约热内卢召开的"环境与发展大会"，通过了《环境与发展宣言》和《21世纪议程》两个纲领性文件，标志着可持续发展的理念已得到全世界范围内的普遍认可。可持续发展战略强调的是环境与经济的协调，关注资源的永续利用和生态环境的保护，而循环经济则是从资源环境是支撑人类经济发展的物质基础出发，通过"资源—产品—废弃物—再生资源"的反馈式循环过程，使所有的物质和能量在这个永续的循环中得到持久合理的利用，实现用尽可能小的资源消耗和环境成本，获得尽可能大的经济效益和社会效益。因此，循环经济与可持续发展在根本上是一致的，发展循环经济是实现可持续发展的必由之路。

（2）发展循环经济是解决环境危机的根本途径。

大量的事实证明，水、大气、固体废物的大量产生，与资源利用效率低密切相关，同粗放式的经济增长模式存在着内在联系。废物只不过是另一种形式的资源，用合理的方式循环利用资源，不仅可以避免废物的大量产生，减少污染，还能减少新鲜资源的开采量，提高资源的利用效率。据测算，我国能源利用率若能达世界先进水平，每年可减少排放 SO_2 400万t；固体废物综合利用率如能提高一个百分点，每年可减少1000万t废物的排放；粉煤灰综合利用率若能提高20个百分点，就可以减少排放近4000万t，这将使环境危机得到很大程度的缓解。

（3）推行循环经济模式是适应国际贸易发展的需要。

世界许多国家的发展已经显示出，迫切需要通过能源、资源的有效利用和多次回收、再利用、再循环来设计、改造产品，并且改变相应的生产和消费模式。因此，国际贸易中也显示了未来的趋势是能够把社会发展从不断加剧的物耗型模式转向高效、循环利用资源的生产与消费模式的贸易导向。目前具有代表性的贸易-环境政策有：绿色标志、包装回收、再循环的环境法令和政策。也就是说，环境因素将成为国际贸易中的贸易壁垒。

发展循环经济是国际经济一体化和环境一体化趋势对于发展中国家的必然要求。正处于高速发展的工业化阶段的发展中国家，若不适应国际经济发展的要求将面临难以同他国竞争、贸易条件日益恶化的局面。因此，发展中国家应当积极适应国际经济、贸易发展中对产品生产和服务的生态化要求，抵御绿色贸易壁垒的消极影响，改变粗放的单向型线性特征的发展模式，提高经济增长的质量，从而提高国家在国际贸易中的竞争力。

（4）发展循环经济是全面实现小康社会的目标和建立和谐社会的必然选择。

改革开放以来，我国在经济建设上虽取得了瞩目的成就，但我国的环境问题也越来越突出。比如1990年到2001年，废水排放量从354亿t上升到428亿t，增长20.9%；工业废气排放量从85 000亿m³上升到160 863亿m³，增长89.3%；工业固体废物产生量从5.8亿t上升到8.9亿t，增长53.4%。所以，发展循环经济，走新型的生态化发展道路刻不容缓。

全面建设小康社会，就必须实现"可持续发展能力不断增强，生态环境得到改善，资源利用效率显著提高，促进人与自然的和谐，推动整个社会走上生产发展、生活富裕、生态良好的文明发展道路"。因此,发展循环经济是全面实现小康社会的目标和建立和谐社会的必然选择。

7.2　循环经济的内涵和主要原则

7.2.1　循环经济的定义

目前,循环经济的理论研究正处于发展之中,还没有十分严格的关于循环经济的定义。一般而言,循环经济(circular economy 或 recycle economy)一词是对物质闭环流动型(closing material cycle)经济的简称,是以物质、能量梯级和闭路循环使用为特征,在资源环境方面表现为资源高效利用,污染低排放,甚至污染"零排放"。

德国 1996 年出台的《循环经济和废物管理法》中,把循环经济定义为物质闭环流动型经济,明确企业生产者和产品交易者担负着维持循环经济发展的最主要责任。

我国还未形成一个关于循环经济的公认定义,但对含有"资源→产品→再生资源→再生产品"的物质反馈过程这一循环经济的实质,已被大家所接受。国家发展与改革委员会环境和资源综合利用司在研究中提出,循环经济应当是指通过资源的循环利用和节约,实现以最小的资源消耗、最小的污染获取最大的发展效益的经济增长模式;其原则是"减量化、再利用、资源化";其核心是资源的循环利用和节约,最大限度地提高资源的利用效率;其结果是节约资源、提高效益、减少环境污染。

循环经济倡导的是一种建立在物质不断循环利用基础上的经济发展模式,它要求把经济活动按照自然生态系统的模式,组织成一个物质反复循环流动的过程,使得整个经济系统以及生产和消费的过程基本上不产生或者只产生很少的废物。

简言之,循环经济是按照生态规律利用自然资源和环境容量,实现经济活动的生态化转向,它是实施可持续发展战略的必然选择和重要保证。

7.2.2　循环经济的内涵

所谓循环经济,本质上是一种生态经济,它要求运用生态学规律来指导人类社会的经济活动。与传统经济相比,循环经济的不同之处在于:传统经济是一种由"资源→产品→废物"单向流动的线性经济,其特征是高开采、低利用、高排放。在这种经济中,人们高强度地把地球上的物质和能源提取出来,然后又把污染物和废物毫无节制地排放到环境中去,对资源的利用是粗放的和一次性的,线性经济正是通过这种把部分资源持续不断地变成垃圾,以牺牲环境来换取经济的数量型增长的。与此不同,循环经济倡导的是一种与环境和谐的经济发展模式。它要求把经济活动组织成一个"资源→产品→再生资源→再生产品"的反馈式流程,其特征是低开采、高利用、低排放。所有物质和能源要能在这个不断进行的经济循环中得到合理和持久的利用,以把经济活动对自然环境的影响降低到尽可能小的程度。循环经济为工业化以来的传统经济转向可持续发展的经济提供了战略性的理论范式,从而可以从根本上消解长期以来环境与发展之间的尖锐冲突。循环经济和传统经济的比较可见表 7-1。

表 7-1　循环经济和传统经济的比较

比较项目	传统经济	循环经济
运动方式	物质单向流动的开放型线性经济（资源→产品→废物）	循环型物质能量循环的环状经济（资源→产品→再生资源→再生产品）
对资源的利用状况	粗放型经营，一次性利用；高开采、低利用	资源循环利用，科学经营管理；低开采，高利用
废物排放及对环境的影响	废物高排放；成本外部化，对环境不友好	废物零排放或低排放；对环境友好
追求目标	经济利益（产品利润最大化）	经济利益、环境利益与社会持续发展利益
经济增长方式	数量型增长	内涵型发展
环境治理方式	末端治理	预防为主，全过程控制
支持理论	政治经济学、福利经济学等传统经济理论	生态系统理论、工业生态学理论等
评价指标	第一经济指标（GDP、GNP、人均消费等）	绿色核算体系（绿色 GDP 等）

　　循环经济力求在经济发展中遵循生态学规律，将清洁生产、资源综合利用、生态设计和可持续消费等融为一体，实现废物减量化、资源化和无害化，达到经济系统和自然生态系统的物质和谐循环，维护自然生态平衡。简要来说，循环经济就是把清洁生产和废物的综合利用融为一体的经济，它本质上是一种生态经济，要求运用生态学规律来指导人类社会的经济活动。只有尊重生态学原理的经济才是可持续发展的经济。

　　循环经济的发展模式表现为"两低两高"，即低消耗、低污染、高利用率和高循环率，使物质资源得到充分、合理的利用，把经济活动对自然环境的影响降低到尽可能小的程度，是符合可持续发展原则的经济发展模式。其内涵要求做到以下几点。

　　（1）要符合生态效率。

　　把经济效益、社会效益和环境效益统一起来，充分使物质循环利用，做到物尽其用，这是循环经济发展的战略目标之一。循环经济的前提和本质是清洁生产，这一论点的理论基础是生态效率。生态效率追求物质和能源利用效率的最大化和废物产量的最小化，正是体现了循环经济对经济社会生活的本质要求。

　　（2）提高环境资源的配置效率。

　　循环经济的根本之源就是保护日益稀缺的环境资源，提高环境资源的配置效率。它根据自然生态的有机循环原理，一方面通过将不同的工业企业、不同类别的产业之间形成类似于自然生态链的产业生态链，从而达到充分利用资源、减少废物产生、物质循环利用、消除环境破坏、提高经济发展规模和质量的目的。另一方面它通过两个或两个以上的生产体系或环节之间的系统耦合，使物质和能量多级利用、高效产出并持续利用。

　　（3）要求产业发展的集群化和生态化。

　　大量企业的集群使集群内的经济要素和资源的配置效率得以提高，达到效益的极大化。由于产业的集群，容易在集群区域内形成有特殊的资源优势与产业优势和多类别的产业结构。这样才有可能形成核心的资源与核心的产业，成为生态工业产业链中的主导链，以此为基础，将其他类别的产业与之连接，组成生态工业网络系统。

　　但是，从内涵上讲，不能简单地把循环经济等同于再生利用，"再生利用"尚缺乏做到完全循环利用的技术,循环本质上是一种"递减式循环",而且通常需要消耗能源,况且许多产品和材料是无法进行再生利用的。因此,真正的"循环经济"应该力求减少进入生产和消费过程的物质量,从源头节约资源使用和减少污染物的排放,提高产品和服务的利用效率。

7.2.3　循环经济的技术特征

循环经济的技术体系以提高资源利用效率为基础,以资源的再生、循环利用和无害处理为手段,以经济社会可持续发展为目标,推进生态环境的保护。

循环经济是中国新型工业化的高级形式,主要有以下四大技术经济特征。

(1) 提高资源利用效率,减少生产过程的资源和能源消耗。这即是提高经济效益的重要基础,同时也是减少污染排放的重要前提。

(2) 延长和拓宽生产技术链,即将污染物尽可能地在生产企业内进行利用,以减少生产过程中污染物的排放。

(3) 对生产和生活用过的废旧产品进行全面回收,可以重复利用的废弃物通过技术处理成为二次资源无限次的循环利用。这将最大限度地减少初次资源的开采和利用,最大限度地节约利用不可再生的资源,最大限度地减少废弃物的排放。

(4) 对生产企业无法处理的废弃物进行集中回收和处理,扩大环保产业和资源再生产业,扩大就业,在全社会范围内实现循环经济。

7.2.4　循环经济的主要原则

循环经济的主要原则包括七大基础原则和三大操作原则。

1. 循环经济的七大基础原则

1) 大系统分析的原则

循环经济是比较全面地分析投入与产出的经济,它是在人口、资源、环境、经济、社会与科学技术的大系统中,研究符合客观规律,均衡经济、社会和生态效益的经济。人类的经济生产从自然界取得原料,并向自然界排出废物,而自然资源是有限的,生态系统的承载能力也是一定的,如果不把人口、经济、社会、资源与环境作为一个大系统来考虑,就会违反基本客观规律。

2) 生态成本总量控制的原则

如果把自然生态系统作为经济生产大系统的一部分来考虑,我们就应该考虑生产中生态系统的成本。所谓生态成本,是指当我们进行经济生产给生态系统带来破坏后,再人为修复所需要的代价。在向自然界索取资源时,必须考虑生态系统有多大的承载能力,人为修复被破坏的生态系统需要多大的代价,因此要有一个生态成本总量控制的概念。

3) 尽可能利用可再生资源的原则

循环经济要求尽可能利用太阳能、水、风能等可再生资源替代不可再生资源,使生产循环与生态循环耦合,合理地依托在自然生态循环之上。如利用太阳能替代石油,利用地表水代替深层地下水,用生态复合肥代替化肥等。

4）尽可能利用高科技的原则

国外目前提倡生产的"非物质化"，即尽可能以知识投入来替代物质投入，就我国目前发展水平来看，即以"信息化带动工业化"。目前称为高技术的信息技术、生物技术、新材料技术、新能源和可再生能源技术及管理科学技术等都是以大量减少物质和能量等自然资源的投入为基本特征的。

5）把生态系统建设作为基础设施建设的原则

传统经济只重视电力、热力、公路、铁路等基础设施建设，循环经济认为生态系统建设也是基础设施建设，如森林生态系统的建设、草原生态系统的建设、湿地生态系统的建设等。通过这些基础设施建设来提高生态系统对经济发展的承载能力。

6）建立绿色 GDP 统计与核算体系的原则

建立企业污染的负国民生产总值统计指标体系，即从工业增加值中减去测定的与污染总量相当的负工业增加值，并以循环经济的观点来核算。这样可以从根本上杜绝新的大污染源的产生，并有效制止污染的反弹。

7）建立绿色消费制度的原则

以税收和行政等手段，限制以不可再生资源为原料的一次性产品的生产与消费，促进一次性产品和包装容器的再利用，或者使用可降解的一次性用具。

2. 循环经济的三大操作原则

循环经济以"减量化（reduce）、再利用（rerse）、再循环（recycle）"作为其操作准则，简称为"3R"原则

1）减量化原则

减量化原则属于输入端方法，目的是减少进入生产和消费流程的物质量。换言之，人们必须学会预防废物的产生而不是产生后再去治理。在生产中，厂商可以通过减少每个产品的物质使用量、通过重新设计制造工艺来节约资源和减少污染物的排放。例如，对产品进行小型化设计和生产既可以节约资源，又可以减少污染物的排放；再如用光缆代替传统电缆，可以大幅度减少电话传输线对铜的使用，既节约了铜资源，又减少了铜污染。在消费中，人们可以通过选购包装少的、可循环利用的物品，购买耐用的高质量物品，来减少垃圾的产生量。

2）再利用原则

再利用原则属于过程性方法，目的是延长产品服务的时间；也就是说人们应尽可能多次地以多种方式使用人们生产和所购买的物品。如在生产中，制造商可以使用标准尺寸进行设计，使电子产品的许多元件可非常容易和便捷地更换，而不必更换整个产品。在生活中，人们在把一样物品扔掉之前，可以想一想家中、单位和其他人再利用它的可能性。通过再利用，可以防止物品过早地成为垃圾。

3）再循环原则

再循环原则即资源化原则，属于输出端方法，即把废弃物变成二次资源重新利用。资源化能够减少末端处理的废物量，减少末端处理如垃圾填埋场和焚烧场的压力，从而减少末端处理费用，既经济又环保。

需要指出的是"3R"原则在循环经济中的作用、地位并不是并列的。循环经济不是简单

地通过循环利用实现废弃物资源化,而是强调在优先减少资源能源消耗和减少废物产生的基础上综合运用"3R"原则。循环经济的根本目标是要求在经济流程中系统地避免和减少废物,而废物再生利用只是减少废物最终处理量的方式之一。德国在 1996 年颁布的《循环经济与废物管理法》中明确规定:避免产生—循环利用—最终处置。首先,要减少源头污染物的产生量,因此产业界在生产阶段和消费者在使用阶段就要尽量避免各种废物的排放;其次,是对于源头不能削减又可利用的废弃物和经过消费者使用的包装废物、旧货等要加以回收利用,使它们回到经济循环中去;只有当避免产生和回收利用都不能实现时,才允许将最终废物(称为处理性废物)进行环境无害化的处置。以固体废弃物为例,循环经济要求的分层次目标是,通过预防减少废弃物的产生;尽可能多次使用各种物品;完成使用功能后,尽可能使废弃物资源化,如堆肥、做成再生产品等;对于无法减少、再使用、再循环或者堆肥的废物进行无害化处置,如焚烧或其他处理;最后剩下的废物在合格的填埋场予以填埋。

"3R"原则的优先顺序是:减量化—再利用—再循环(资源化)。减量化原则优于再使用原则,再使用原则优于再循环利用原则,本质上再使用原则和再循环利用原则都是为减量化原则服务的。

减量化原则是循环经济的第一原则,其主张从源头就应有意识的节约资源、提高单位产品的资源利用率,目的是减少进入生产和消费过程的物质流量、降低废弃物的产生量。因此,减量化是一种预防性措施,在"3R"原则中具有优先权,是节约资源和减少废弃物产生的最有效方法。

再使用原则优于再循环利用原则,它是循环经济的第二原则,属于过程性方法。依据再使用原则,生产企业在产品的设计和加工生产中应严格执行通用标准,以便于设备的维修和升级换代,从而延长其使用寿命;在消费中应鼓励消费者购买可重复使用的物品或将淘汰的旧物品返回旧货市场供他人使用。

再循环利用原则本质上是一种末端治理方式,它是循环经济的第三原则,属于终端控制方法。废物的再生利用虽然可以减少废弃物的最终处理量,但不一定能够减少经济活动中物质和能量的流动速度和强度。再循环利用主要有以下特点:①依据再循环利用原则,为减少废物的最终处理量,应对有回收利用价值的废弃物进行再加工,使其重新进入市场或生产过程,从而减少一次资源的投入量;②再循环利用是针对所产生废物采取的措施,仅是减少废物最终处理量的方法之一,它不属于预防措施而是事后解决问题的一种手段,在减量化和再使用均无法避免废物产生时,才采取废物再生利用措施;③有些废物无法直接回收利用,要通过加工处理使其变成不同类型的新产品才能重新利用。再生利用技术是实现废弃物资源化的处理技术,该技术处理废弃物也需要消耗水、电和化石能源等物质,所需的成本较高,同时在此过程中也会产生新的废弃物。

7.3　循环经济的实施

7.3.1　实施循环经济的框架

循环经济具体体现在经济活动的三个重要层面上,分别通过运用"3R"原则实现三个层面的物质闭环流动。

1. 企业层面（小循环）

1992年世界工商企业可持续发展理事会（WBCSD）向环境与发展会议提交的报告《变革中的历程》提出生态经济效益的新概念。它要求组织企业生产层面上物料和能源的循环，从而达到污染排放的最小量化。WBCSD提出，实施生态经济效益的企业应该做到：

(1) 尽力减少产品和服务中的物料使用量；

(2) 减少产品和服务中的能源使用量；

(3) 减少有害、特别是有毒物质的排放；

(4) 促使和加强物质的循环使用；

(5) 最大限度地利用可再生资源；

(6) 设计和制造耐用性高的产品；

(7) 提高产品与服务的服务强度。

企业层面（小循环）是循环经济的微观层次，厂内物料循环主要有下列几种情况：

(1) 将工艺中流失的物料回收后仍作为原料返回原来的工序之中，如造纸厂"白水"中回收纤维再做纸浆。

(2) 将生产过程中生成的废物经适当处理后作为原料或原料替代物返回原生产流程中。如铜电解精炼中的废电解液，经处理后提出其中的铜再返回到电解精炼流程中；许多工艺用水，经初步处理后可回到原工艺中。

(3) 将某一工序中生成的废料经适当处理后用于另一工序中。

美国杜邦化学公司是实施企业循环经济的一个典型例子。20世纪80年代末，当时居世界大公司500强第23位的杜邦公司开始循环经济理念的实验。公司的研究人员把循环经济的"3R"原则发展成为与化工生产相结合的"3R制造法"，以少排放以至零排放废弃物，改变了只管资源投入，而不管废弃物排出的生产理念。通过改变、替代某些有害化学原料，生产工艺中减少化学原料使用量，回收本公司产品的新工艺等方法，到1994年，该公司已经使生产造成的废弃物减少了25%，空气污染物排放量减少了70%。同时，从废塑料和一次性塑料容器中回收化学原料、开发耐用的乙烯材料"维克"等新产品，达到了在企业内循环利用资源、减少污染物排放，局部做到零排放的成果。

2. 区域层面（中循环）

一个企业的内部循环毕竟有局限性，因此，鼓励企业间物质循环，组成"共生企业"就成为必然趋势。1989年在通用汽车公司研究部任职的福罗什和加劳布劳斯提出了"工业生态系统"的思想，他们在《科学美国人》杂志上发表了题为"可持续发展工业发展战略"的文章，提出了生态工业园区的新概念，要求在企业与企业之间形成废物的输出输入关系，其实质是运用循环经济思想组织企业共生层次上的物质和能源的循环。20世纪80年代末90年代初一种循环经济的"新工厂"——生态工业园区就应运而生了，即按照工业生态学的原理，通过企业间的物质集成、能量集成和信息集成，形成企业间的工业代谢和共生关系。

1993年起，生态工业园区建设逐渐在各国推开。为了推动这一工作，美国可持续发展总统委员会（PCSD）专门组建了生态工业园区特别工作组，此外除了早期的丹麦卡伦堡，在加拿大的哈利法克、荷兰的鹿特丹、奥地利的格拉兹等地也出现了类似的计划。此外，奥地利、法国、英国、意大利、瑞典、荷兰、爱尔兰、日本、印度尼西亚、菲律宾、印度等国都在开展生态工业园区的建设。

丹麦小镇卡伦堡近郊的生态工业园,堪称目前世界上最典型、最成功的生态工业园区。卡伦堡生态工业园区是在企业之间实现循环生产,即通过生态工业园区把不同的工厂联结起来,形成网络循环,使得一家工厂的废气、废热、废水、废渣等成为另一家工厂的原料和能源。这个生态工业园区的主要企业是火电厂、炼油厂、制药厂和石膏板厂。这四个企业形成一个生产链,一个企业通过贸易方式利用其他企业生产过程中产生的废弃物作为自己生产中的原料,形成了生产发展和环境保护的良性循环。

我国从1999年开始基于循环经济理念的生态工业示范园区的建设。首先启动广西贵港国家生态工业(制糖)示范园区的规划建设,除广西贵港之外,还有南海国家生态工业园区、包头国家生态工业示范园区,石河子国家生态工业示范园区,长沙黄兴国家生态工业示范园区,鲁北国家生态工业示范园区以及辽宁省在鞍山、本溪、大连、抚顺、阜新、葫芦岛、沈阳、盘锦等8市实施的循环经济试点。目前,我国海南、黑龙江、吉林、浙江、山东和福建等省已提出建设生态省的规划;辽宁提出了循环经济省的规划;天津、贵阳和南京等市已提出要建设循环经济生态型的城市。

我国最典型的一个案例就是广西贵港国家生态工业(制糖)示范园区。该园区以上市公司贵糖(集团)股份有限公司为核心,以蔗田系统、制糖系统、酒精系统、造纸系统、热电联产系统、环境综合处理系统为框架,通过盘活、优化、提升、扩张等步骤,建设生态工业(制糖)示范园区。

在区域层次上除建立生态工业园区式的工业生态系统(industrial ecology)外,还有生态农业园和生态园区(生活小区)等。

我国生态住宅园区也已启动试点,建设部于2001年提出《绿色生态住宅小区建设要点与技术导则》,为创造接近自然生态的生活环境,对绿色生态住宅的绿化面积、植物品种和数量、绿化工程建设、废物的管理和处置系统等做了规定。上海市住宅发展局和上海市环境保护局联合研究并进一步细化这一导则,于2003年提出了《上海市生态住宅小区技术实施细则(2001—2005)》(试行),对住宅小区的环境规划设计、建筑节能、室内空气质量、小区水环境、材料与资源、生活垃圾管理与收集系统等六个方面提出具体要求和评分。

3. 社会层面(大循环)

目前,发达国家的循环经济已经从20世纪80年代的微观企业试点到20世纪90年代区域经济的新型工厂——生态工业园区,进入了第三阶段——21世纪宏观经济立法阶段。更有人提出,21世纪应该建立以再利用和再循环为基础、以再生资源为主导的世界经济。早在1986年德国就颁布了《废弃物限制及废弃物处理法》,1991年,德国首次按照循环经济思路制定了《包装条例》,要求德国生产商和零售商对于用过的包装,首先要避免其产生,其次要对其回收利用,以大幅度减少包装废物填埋与焚烧的数量。1996年德国公布更为系统的《循环经济和废物管理法》,把物质闭路循环的思想从包装问题推广到所有的生活废物。规定对废物首先是避免产生,然后是循环使用和最终处置。

2001年4月,日本开始实行八项循环经济法律,即《推进建立循环型社会基本法》、《特定家用电器再商品化法》、《促进资源有效利用法》、《食品循环再生利用促进法》、《建筑工程资材再利用法》《容器包装再利用法》《绿色食品采购法》和《废弃物处理法》。目前,已形成以《循环型社会形成推进基本法》为核心和基础,以《废弃物处理法》和《资源有效利用促进法》及5部特定物品回收利用的法律为主体,并辅之以《绿色采购法》等3部法律构成了一个包括11部法律的比较完整的法律体系。《推进建立循环型社会基本法》作为母法,提出了建立循环型经济社会的根本原则:"根据相关方面共同发挥作用的原则,通过促进物质的循环,减轻环境负荷,谋求实现经济的健康发展,构筑可持续发展的社会。"可以说,这是世界上第一部循环经济法。此外,在美国、北欧、法国、英国、意大利、西班牙和荷兰等发达国家和地区,在新加坡、韩国等高收入的发展中国家都制定了多部单项的资源循环利用和发展循环经济的法律。

在社会层面上,主要是在全社会建立物资循环——针对消费后排放的循环经济,从社会整体循环的角度,发展旧物质调剂和资源回收产业(中国称为废旧物资业、日本称之为社会静脉产业),这样能在整个社会的范围内形成"自然资源—产品—再生资源"的循环经济环路。20世纪90年代起,以德国为代表,发达国家将生活垃圾处理的工作重点从无害化转向减量化和资源化,这实际上是在全社会范围内、在消费过程中和消费过程后的广阔层次上组织物质和能源的循环。其典型模式是德国的双轨制回收系统(DSD)。它针对消费后排放的废物,通过一个非政府组织,接受企业的委托,对其包装废物进行回收和分类,分别送到相应的资源再利用厂或直接返回到原制造厂进行循环利用。DSD系统在德国十分成功地实现了包装废物在整个社会层次上的回收利用。

7.3.2 实施循环经济的支持体系

循环经济在本质上是一种生态经济,在发展过程中,既要遵循生态学规律,同时又要遵循经济学规律。违背生态规律的经济增长,必将失去环境资源的支撑;而偏离经济规律的经济活动,也同样难以持久。实施循环经济的支持体系包括技术支撑体系、法律保障体系、政策体系、组织机构、道德与社会文化体系(公众参与)等。

1. 技术支撑体系

实施循环经济需要有技术保障,循环经济的技术载体是环境无害化技术或环境友好技术。环境无害化技术的特征是合理利用资源和能源,实施清洁生产,减少污染排放,尽可能地回收废物和产品,并以环境可接受的方式处置残余的废物。环境无害化技术主要包括预防污染的少废或无废的工艺技术和产品技术,但同时也包括治理污染的末端技术。

(1)清洁生产技术。这是一种无废、少废生产的技术,通过清洁生产技术实现产品的绿色化和生产过程向零排放迈进。它是环境无害化技术体系的核心。当然,清洁生产技术不但要求技术上的可行性,还需经济上的可盈利性,才有可能实施。

(2)废物利用技术。通过废物再利用技术实现废物的资源化处理,并实现产业化。目前,比较成熟的废物利用技术有废纸加工再生技术、废玻璃加工再生技术、废塑料转化为汽油和柴油技术、有机垃圾制成复合肥料技术、废电池等有害废物回收利用技术等。

(3)污染治理技术。污染治理技术即环境治理技术。生产及消费过程中产生的污染物质通过废物净化装置来实现有毒、有害废物的净化处理。其特点是不改变生产系统或工艺程序,只是在生产过程的末端(或者社会上收集后)通过净化废物实现污染控制。废物净化处理的环保产业正成为一个新兴的产业部门并迅速发展,主要包括:水污染控制技术,大气污染控制技术,固体废物处理处置技术,噪声污染治理技术,土壤污染治理技术等。

2. 法律法规保障体系

发展循环经济是整个国家的需要,有必要加快制定必要的循环经济法规,使循环经济有法可依,有章可循。其中最重要的就是要在借鉴西方发达国家循环经济立法的基础上,循序渐进地构建我国的循环经济法律保障体系。

(1) 整合现有的环境保护法律及其制度,使其逐步符合循环型社会的立法要求。

我国现行的环境保护法律、法规,尽管其名义目标是保护环境,但严格地说,对建立循环型社会(循环经济)反而是有障碍的。大部分环境法律、法规是针对末端控制(EOP)并以指令性控制(CACS)为主,简单地告诉企业什么该做、什么不该做。这样,企业的环境目标只是实现污染物的达标排放,将污染物从一种类型改变为另一种类型。在这个过程中,往往产生更多其他类型的污染物。因此,应当对不能适应发展循环经济的制度进行修正,逐步扫清建立循环型社会进程中的障碍。

(2) 根据我国各个行业的循环利用技术水平高低,逐步将建设工程的材料、包装物、家电、汽车等对环境可能产生较大危害的物质纳入循环经济法的调整范围,在这个过程中,政府应当发挥表率作用,立法应首先对政府的绿色采购行为进行规制;最后,根据各地的经济发展水平和技术能力,制定调整循环经济的地方性法律、法规,以点带面,促进循环经济的发展。

(3) 我们还可仿效发达国家的相关立法,在技术条件允许的情况下,要求生产者对其产品承担循环利用的义务,并用经济手段和政策导向鼓励、刺激生产者提高其制造产品的耐用性,但这些立法不可操之过急,只有在技术条件较为成熟的情况下,才能循序渐进地逐步推行。

3. 政策引导体系

循环经济政策体系应包括三个方面:基本政策、核心政策和基础政策。

1) 基本政策

基本政策是循环经济发展的最根本和普遍适用的指导政策,其目的是确定循环经济在社会经济发展中的战略地位,提出循环经济发展的总体战略目标、步骤、主要制度和措施。

2) 核心政策

核心政策是直接推动循环经济重点领域的政策,即指生产和消费领域,包括四个重点产业体系——生态工业体系、生态农业体系、绿色服务业体系及废旧资源再利用和无害化处置产业体系。

3) 基础政策

基础政策是指更大程度为循环经济重点领域实践创造良好制度环境的政策。它包括经济结构调整政策、贸易政策和有利于资源环境保护的产权制度,财政、金融、税收和价格政策,国民经济核算制度、审计制度和干部考核制度等方面。

鉴于我国国情,三种政策层面不可能完全同步进行。基础政策的变革在目前情况下阻力和难度大,需要漫长的时间。目前,可行的突破口是核心政策。

4．完善的组织机构保障

（1）发挥政府优势，从上到下推动循环经济发展。

西方国家在经济发达的条件下发展循环经济，而我国是在从粗放到集约的过程中发展循环经济。发展循环经济是实现我国可持续发展的必由之路。因此，需要各级党政官员增强发展循环经济的紧迫感，充分发挥政府的主导作用，建立从上到下的组织机构来推动循环经济的发展。

（2）建立完善的废物分类、收集、利用和处置机构。

① 政府负责组建。在我国，废物分类、收集、利用和处置机构如垃圾填埋场、危险废物处置场等多由政府负责组建，在一定历史时期（当经济欠发达、公众收入较低且环保意识有待提高时）具有其必要性，由于不是按市场经济法则运行，必然产生弊病。当然，对于危险废物处置由政府负责或由政府监督是必要的。

② 企业按经济规律回收、利用和处置废物。这类企业各国都有，当然以盈利为目的，通常以个体或小企业为主。对于许多废物可能再生利用成本高而无利可图，他们便不愿处置。例如：收集、分类、利用和处置生活垃圾、建筑垃圾、某些工业废物是无利润的，这种情况下需通过政府或其他组织通过收费来弥补其损失，也就是有偿处置。

③ 回收中介机构。非营利性的社会中介机构可以在政府公共组织和企业营利性组织之外发挥独特作用。中介机构并不直接处置废物，而是组织机构。如德国 DSD 是一个专门组织回收包装废物的非营利的社会中介机构，它由生产厂、包装物生产厂、商业部门和垃圾回收部门联合组成，政府对它规定废物回收利用指标并进行法律监控，而组织内部实施民主管理，在 1998 年运行过程中出现盈利，在 1999 年它将盈利部分返回或减少第二年收费，这是一个成功的组织。

中介机构也可以有其他形式，如日本大阪有一个废品回收情报网络，出版《大阪资源循环月刊》，组织旧货调剂交易会。中介组织使政府、企业、市民相互联系，通过沟通信息、调剂余缺，推动废物减量化运动发展。

5．公众参与

社会公众参与环境保护和循环经济活动的程度，既标志该社会的文明、成熟程度，也是环境保护、循环经济成功的必要保证。环境保护发展的初级阶段主要由政府通过法律、行政方法来控制环境污染；第二阶段是企业逐渐由被动转向主动，并通过市场经济将环境保护提高到新的阶段，但只有全社会民众全部发动起来，尽量减少废物排放，节约而合理地使用资源，反复利用资源，环境保护和循环经济才能真正达到完满的第三阶段。例如，一些国家居民主动参与各种环境保护政策、法规、措施的听证会，监督和保证法律、法规的实施，在休息日自动地将自己过剩的物品放在家门口，让其他人选用，其价格低廉且自由交易，这也是一种很好的循环利用资源的方法。

实施循环经济不仅需要政府的倡导、企业的自律和技术的支持，更需要提高广大社会公众的参与意识和参与能力。第一，要充分发挥舆论导向的作用，广泛运用各种宣传工具，加强对发展循环经济有重要意义的宣传教育工作，尤其是加强对少年儿童的教育尤为重要，做到以教育影响孩子，以孩子影响家长，以家庭影响社会，不断提高社会公众对实现零排放或低排放社会的意识。第二,要积极引导社会公众绿色消费。鼓励社会公众购买和使用节能、节水、废物再生利用等有利于环境与资源保护的产品,培养他们的清洁生产、清洁消费和反复利用意识,尽量减少废弃物的发生,尽可能减少包装垃圾,对购买的"一次性"易耗品应加强反复使用和多次使用,不要随意丢弃。第三,要定期开展绿化环境、美化家园、净化市容的系列活动。要发动市民开展公共垃圾分类收集活动。鼓励市民积极参与废旧资源回收和垃圾减量工作,开展经常性的环保志愿者行动。积极开展创建生态省、国家环保模范市、生态示范区、生态工业园区、绿色村镇和绿色社区的活动,使循环经济的理念更加深入人心,做到持久、纵深地发展。

7.4　循环经济在中国的发展

循环经济在我国的发展十分迅速。循环经济理念从 20 世纪 90 年代末引入我国至今,大致经历了两个主要阶段。

7.4.1　研究探索阶段

从 90 年代末到 2002 年,循环经济在我国进入了研究探索阶段。人们从关注发达国家,如德国、日本循环经济模式开始,探索实现我国可持续发展的一条有效途径。于是,循环经济成为学术研究的前沿和热点。与发达国家大规模的立法推进实践的模式不同,我国最初主要侧重于理论研讨和试点探索。研究内容和进展主要涉及如下方面:

(1) 研究我国发展循环经济的重大意义及其与实施可持续发展战略的关系。学者们提出循环经济的兴起将必然昭示着人类经济、社会与文化全方位、多层次的变革,发展循环经济是实现可持续发展的关键。

(2) 发展循环经济理论体系,总结循环经济的概念、原则、层次,分析循环经济的理论基础。提出创新产业结构——即补充以维护和改善环境为目的的环境建设产业和以减少废物排放建立物质循环为目的的资源回收利用产业,并在此基础上构建新的产业体系等思想。

(3) 在技术专业领域开展了一些产品生命周期评价及生态材料的研究工作。

(4) 提出发展循环经济必须解决政策、立法、管理、制度、技术和观念上的诸多问题,并且对构建循环型社会、提高生态意识、倡导可持续生产和消费方式、深化政府环境管理体系和管理机制的调整提出了多种观点;在循环经济立法方面的研究也成为近几年的研究热点。

(5) 在实践方面国内开展了几个生态省、市和生态园区试点探索,如辽宁的生态省建设、贵阳的生态市试点、广西贵港糖业集团、天津泰达等企业集团的生态工业园建设等;对生态工业园区的规划设计和指标体系做了探索,提出培育生态产业园区孵化机制,制定生态产业园区的规划指南和技术导则的思想。

7.4.2　全面推动、实施阶段

我国循环经济发展十分迅速,2002 年以后,政府充分认识到,作为世界人口大国,又处于工业化的高速发展阶段的中国,资源环境问题已经成为制约其持续发展的瓶颈,形势十分严峻。在政府推动下，建设节约型社会、发展循环经济很快纳入政府议事日程，进入全面实施阶段。

首先是将循环经济作为政府决策目标和投资的重点领域，循环经济理念全面纳入经济社会发展总体规划和各分项规划中，且坚持节约优先的原则，以建设节约型社会为突破口向前推进。这个时期的循环经济发展倡导从企业清洁生产、建设生态产业园区和建设生态省、生态市等三个层面，以及从废物资源再生利用产业化等不同领域来运作，通过各个层次和领域的试点、示范建设，全面提升产业生态化水平，提高资源利用效率，加快循环经济体系建设。并且通过政府引导，广泛开展舆论宣传和示范活动，社会公众已经对循环经济逐步认同和拥护。

政府推进方面主要是编制系列规划，制定政策、法规，完善相关标准体系，落实各项措施，积极开展示范试点，加快培育发展循环经济的机制。思路是力争形成政策引导、经济激励、市场驱动、全民参与的新局面。

陆续出台了相关的法规和文件，如《中华人民共和国清洁生产促进法》（2003年1月1日起实施）、《中华人民共和国固体废物管理法修正案》（2005年4月1日起实施）、《国务院关于加快发展循环经济的若干意见》（2005年7月出台）、《中华人民共和国循环经济促进法》（2009年1月1日起实施）、《中华人民共和国可再生能源法》（2010年4月1日起实施）等，相关的优惠政策也在逐步实施，将循环经济和节约型社会建设的步骤推向实质阶段。

在科学研究方面，相关研究的学术领域更加广泛。政府、高校和科研院所相继成立了循环经济研究机构，从事关于政策机制的、法律法规的、相关技术的研究和开发，理论研究也与产业、政策、经济、法律等相关领域结合，走向学科交叉和深入发展的新阶段。

《国务院关于加快发展循环经济的若干意见》（国办22号文件）（以下简称22号文件）的出台，标志着我国循环经济由研究探索和理念倡导阶段正式进入了国家行动阶段。循环经济作为转变经济增长方式、进行资源节约型和环境友好型社会建设的重要途径，在我国第十一个社会经济五年规划和中共十七大会议中都得到了体现。这一阶段的特征是伴随着示范试点的深入开展，正式启动了战略、立法、政策的全方位研究、探索和制定工作。

22号文件明确提出了2010年循环经济发展目标，要建立比较完善的发展循环经济的法律法规体系、政策支持体系、体制与技术创新体系和激励约束机制。资源利用效率大幅度提高，废物最终处置量明显减少，建成大批符合循环经济发展要求的典型企业。推进绿色消费，完善再生资源回收利用体系。建设一批符合循环经济发展要求的工业（农业）园区和资源节约型、环境友好型城市。针对上述目标，制定了相应的指标并量化，同时提出了发展循环经济的重点环节和重点工作。

（1）重点环节：一是资源开采环节要推广先进适用的开采技术、工艺和设备，提高采矿回收率、选矿和冶炼回收率，大力推进尾矿、废石综合利用，大力提高资源综合回收利用率。二是资源消耗环节要加强对冶金、有色、电力、煤炭、石化、化工、建材（筑）、轻工、纺织、农业等重点行业能源、原材料、水等资源消耗管理，努力降低消耗，提高资源利用率。三是废物产生环节要强化污染预防和全过程控制，推动不同行业合理延长产业链，加强对各类废物的循环利用，推进企业废物"零排放"；加快再生水利用设施建设以及城市垃圾、污泥减量化和资源化利用，降低废物最终处置量。四是再生资源产生环节要大力回收和循环利用各种废旧资源，支持废旧机电产品再制造；建立垃圾分类收集和分选系统，不断完善再生资源回收利用体系。五是消费环节要大力倡导有利于节约资源和保护环境的消费方式,鼓励使用能效标志产品、节能节水认证产品和环境标志产品、绿色标志食品和有机标志食品,减少过度包装和一次性用品的使用。政府机构要实行绿色采购。

(2)重点工作:一是大力推行节能降耗,在生产、建设、流通和消费各领域节约资源,减少自然资源的消耗;二是全面推行清洁生产,从源头减少废物的产生,实现由末端治理向污染预防和生产全过程控制转变;三是大力开展资源综合利用,最大限度实现废物资源化和再生资源回收利用;四是大力发展环保产业,注重开发减量化、再利用和资源化的技术与装备,为资源高效利用、循环利用和减少废物排放提供技术保障。

为贯彻落实22号文件精神,出台了国家循环经济试点方案。第一批试点单位于2005年10月公布,选择确定了钢铁、有色、化工等7个重点行业的42家企业,再生资源回收利用等4个重点领域的17家单位,国家和省级开发区、重化工业集中地区和农业示范区等13个产业园区,资源型和资源匮乏型城市涉及东、中、西部和东北老工业基地的10个省市,作为第一批国家循环经济试点单位。第一批试点单位于2007年11月公布,确定了96家试点单位,包括4个省、12个城市、20个工业园区和60家企业,并提出了7点要求:切实加强组织领导;编制实施规划和方案;抓好方案的组织实施;加强重点项目的组织申报,做好项目前期工作;强化能源统计、计量等基础管理;加强督促验收;做好经验的总结和推广。

《中华人民共和国循环经济促进法》旨在坚持经济和环境资源一体化的思想,既要涵盖资源节约、废物减量和循环利用等领域,又要突出重点、尽量减少与现有《清洁生产促进法》、《固体废物管理法修正案》、《节约能源法》等相关法律的冲突重叠,充分体现循环经济促进法的综合性特征,使《循环经济促进法》真正成为推动我国循环经济发展的基本法。《循环经济促进法》的出台使得我国发展循环经济迈入了法制化和规范化的轨道。

总之,循环经济的建设和发展已经开始影响、渗透到人类社会生活的诸多方面。

当前形势下我国所面临的主要任务是加快循环经济体系建设;形成经济社会发展的综合决策机制,通过政策引导、立法推动、经济结构调整和市场机制建设,逐步形成循环经济的运营机制;加大科研投入,开展科技创新,突破技术瓶颈,从而攻克制约循环经济进一步发展的障碍;通过循环经济信息建设、广泛的宣传教育,鼓励和引导全民参与,各行业共同行动,把建设节约型社会、大力发展循环经济的行动推向深入。

复习与思考

1. 如何理解循环经济的概念和内涵?
2. 发展循环经济有哪些战略意义?
3. 简述循环经济的主要技术特征。
4. 简述循环经济的三大操作原则。
5. 实施循环经济需要哪些支持体系?
6. 留心周围不合理利用资源和能源的现象和行为,思考如何改进。

第 8 章

农业循环经济

农业作为第一产业是国民经济和人民群众赖以生存和发展的最根本基础,农业的可持续发展是人类社会和经济可持续发展的基础,也是落实以人为本,全面、协调、可持续的科学发展观的重要组成部分。如何解决农业污染,在促进农业快速发展、增加农民收入的同时又不会破坏农村的生态环境,是实现我国农业可持续发展面临的关键性问题。

8.1 农业循环经济概述

8.1.1 农业循环经济的内涵

农业循环经济是运用可持续发展思想和循环经济理论开展的经济活动,按照生态系统内部物种共生、物质循环、能量多层次利用的生物链原理,调整和优化农业生态系统内部结构及产业结构,提高生物能源的利用率和有机废物的再利用和再循环,最大限度地减轻环境污染,使农业生产活动真正纳入到农业生态系统循环中去,从而达到生态平衡与经济协调发展。

农业循环经济同样以"减量化、再利用、再循环"为准则,以农业资源的循环利用为特征,以农业资源消耗、农业污染排放最小化与农业废物利用最大化为目标,涉及企业清洁生产、农业资源循环利用、生态农业、绿色消费等一切有利于农业环境发展的循环经济系统,其实质也属农业生态经济。农业循环经济能够从根本上解决具有"增长"特性的社会及农业经济系统与具有"稳定"特性的农业生态系统之间的矛盾,促使农业生态环境与农业经济增长实现可持续发展。

8.1.2 农业循环经济原则

农业循环经济同样遵循"3R"原则和无害化原则。

1. 减量化原则

减量化原则是指为了达到既定的生产目的或消费目的而在农业生产全过程乃至农产品生命周期(如从田头到餐桌)中减少稀缺或不可再生资源、物质的投入量和减少废物的产生量。如种植业通过有机培肥提高地力、农艺及生物措施控制病虫草害,减少化肥农药和动力机械的使用量,既可减少化石能源的投入,又可减少污染物、保护生态环境。有人把农业中的减量化原则归纳为"九节一减",即:节地、节水、节种、节肥、节药、节电、节油、节柴(节煤)、节粮、减人,这种观点是比较全面的。

2. 再利用原则

再利用原则是指资源或产品以初始的形式被多次使用。如畜禽养殖冲洗用水可用于灌溉农田,既达到了浇水肥田的效果,又避免了污水随意排放、污染水体环境等;又如利用畜禽养殖冲洗用水的循环系统,使养殖污水经处理达标后循环使用,达到了零排放的要求。

3. 再循环(资源化)原则

再循环原则是指对生产或消费产生的废物进行循环利用,使生产出来的物品在完成其使用功能后能重新变成可以利用的资源,而不是无用的垃圾。如种植业的废物——秸秆,经过青储氨化处理,成为草食家畜的优质饲料,而家畜的粪便又是作物的优质有机肥。

4. 无害化原则

无害化原则要求将农业生产过程中产生的废物进行无害化处理,这也是发展农业循环经济的最终目标。

此外,农业发展循环经济还要坚持因地制宜原则、整体性协调原则、生物共存互利原则、相生相克趋利避害原则、最大绿色覆盖原则、最小土壤流失原则、土地资源用养保结合原则、资源合理流动与最佳配置原则、经济结构合理化原则、生态产业链接原则和社会经济效益与生态环境效益"双赢"原则及综合治理原则等。

8.1.3　农业循环经济的循环层次

1. 农产品生产层次——清洁生产

农业清洁生产是21世纪农业发展的新模式,吸取了传统农业和现代农业的精华,是实现农业可持续发展的一种有效途径。农业清洁生产是指既可满足农业生产需要,又可合理利用资源并保护环境的实用农业生产技术。农业清洁生产包括清洁的投入(清洁的原料、清洁的能源)、清洁的产出(不危害人体健康和生态环境的清洁的农产品)和清洁的生产过程(使用无毒无害化肥、农药等农用化学品)。

2. 农业产业间层次——物能互换与废物资源化

农业产业间相互交换,互惠互利,使废物得以资源化利用,实现废物排放最小化。该层次是按生态经济学原理,在一定空间里将栽培植物和养殖动物按一定方式配置的生产结构,使之相互间存在互惠互利关系,达到共同增产、改善生态环境、实现良性循环的目的。如种养结合的稻田养鱼,稻田为鱼提供了较好的生长环境,鱼吃杂草、害虫,鱼粪肥田,减少了化肥和农药的使用量,控制了农业面源污染,保护了生态环境,增加了经济效益。

3. 农产品消费过程层次——物质和能量循环

这一层次的循环超出了生产本身,扩展到消费领域,包括农产品消费过程中和消费过程后物质能量的循环。这是一种良性的生态农业系统,是将农业循环经济纳入到社会整体循环的维度加以考虑。

8.2　生态农业与农业循环经济

8.2.1　生态农业的概念和内涵

生态农业一词最早是由 W. Albreche 于 1970 年提出的，1981 年英国人 M. K. Worthington 经过多年实践后，将其定义为"生态上能自我维持，低输入的，经济上有生命力的，目标在于不产生大的和长远的环境方面或伦理方面及审美方面不可接受的变化的小型农业"。国外生态农业的一个鲜明特点就是它的纯自然性，其整个生产过程都是自然的。它展示了卫生、健康、无污染的形象；可以提供安全可靠、高品质的食品；保护自然资源，维护生态平衡；保持物种多样性等。

20 世纪 80 年代初，在世界替代农业研究运动的推动下，为了寻求中国农业持续发展模式，以生态学家马世骏教授为首的一批科学家提出了"中国生态农业"的概念。

中国生态农业（Chinese ecological agriculture，CEA）是在适应中国国情特点下产生的农业可持续发展模式。

马世骏先生指出，生态农业就是农业生态（系统）工程的简称。

卞有生先生认为："生态农业是人们自觉地运用生态学和经济学原理，应用现代科学技术方法所建立和发展起来的一种多层次、多结构、多功能的集约经营管理的综合农业生产体系。"

生态农业的基本内涵是：按照生态学原理和生态经济规律，因地制宜地设计、组装、调整和管理农业生产和农村经济的系统工程体系。它要求把发展粮食与多种经济作物生产，发展大田种植与林、牧、副、渔业，发展大农业与第二、三产业结合起来，利用传统农业精华和现代科技成果，通过人工设计生态工程，协调发展与环境之间、资源利用与保护之间的矛盾，形成生态上与经济上两个良性循环，经济、生态、社会三个效益的统一。

生态农业的主要特征是：①综合性。使农、林、牧、副、渔各业和农村第一、二、三产业综合发展，提高综合生产能力。②多样性。以多种生态模式、生态工程和丰富多彩的技术类型装备农业生产，使各区域都能扬长避短。③高效性。通过农业物质循环和能量多层次综合利用和系列化深加工，降低农业成本，提高效益。④持续性。改善生态环境，防治污染，维护生态平衡，提高农产品的安全性。

与国外生态农业不同的是，中国的生态农业更注重其生产功能，从这个角度讲，中国的生态农业更贴近于农业循环经济。

8.2.2　生态农业与农业循环经济一致性

农业循环经济就是把可持续发展思想和循环经济理念应用于农业生产体系，其特征是实现农业产业链物质能量梯次和闭路循环使用，探索出符合实施农业可持续发展战略之路。农业循环产业链活动能对自然环境的影响减少到尽可能小的程度，从根本上协调人类和自然的关系，转变农业增长方式和农产品消费方式，促进农业可持续发展。

生态农业就是要在一定范围内实现农业生产的生态化和绿色化，同时，还要保证农业系统的健康、稳定且可持续的发展。循环经济恰恰是这样一种理论，它要求按自然生态规律组织经济发展,利用自然资源和环境容量,引导经济活动的生态化转型。农业循环经济即是引导农业经济的生态转型,而生态农业则以农业生态化为目标。可以明显地看出,生态农业和农业循环经济这两种不同的提法在根本上是一致的。

不论是农业循环经济还是生态农业,都是实现农业可持续发展的一种手段或途径,其目的都是为了协调环境与发展之间的矛盾,既能提供绿色农产品,又能保护农村生态环境,因此,农业循环经济与生态农业在价值目标上具有一致性;同时,农业循环经济强调的首要原则就是减量化,要形成一种低投入、低消耗、低排放和高利用率的农业生产方式,而生态农业要求建立一个自我维持的低输入农业生产系统的平衡状态,因此两者在减量化原则上又是一致的。

农业循环经济要形成生态上与经济上两个良性循环,要求经济、社会、环境三个效益相统一,不仅涉及生产领域,还涉及消费领域,甚至牵涉与其他产业之间的产业链的构建问题。这是对原有强调"低耗"、"低投入"、"追求回归自然"的生态农业理念的进一步发展和完善,是农业可持续发展理论的进一步升华。

由此可见,生态农业思想为农业循环经济的形成和发展提供了基础与借鉴,农业循环经济理论是生态农业理论的发展和延伸,且比生态农业理论更加具有操作性,农业循环经济研究领域涵盖了生态农业,而且由于农业循环经济的重心在于实现农业生产内部的物质循环,可以说,生态农业在农业循环经济发展过程中处于核心地位。

8.2.3 生态农业的发展及其趋势

1. 国外生态农业的发展

生态农业最早于20世纪30—40年代在瑞士、英国和日本等国得到发展;60年代,欧洲的许多农场转向生态耕作;70年代末,东南亚地区开始研究生态农业;从20世纪90年代开始,生态农业在世界各国有了较大发展。生态农业发展最快的是欧盟,1986—1996年,欧盟国家(1993年前称欧共体)生态农地面积年增长率达到30%。至2000年,全球有141个国家开始发展生态农业,欧盟生态农业生产者数量增长率连年保持在25%以上。

1988年,美国开始了低投入和可持续农业(low input and sustainable agriculture)研究和教育计划。英国建立了不同规模、不同类型的生态农场,并对生态农业进行了较为深入的研究。日本是自然农法的主要宣传和推广国家。菲律宾、德国等国家对可持续农业的研究也较为重视。

德国是发达国家中发展生态农业比较有代表性的国家之一,下面将详细介绍德国生态农业的发展情况。

1) 德国生态农业要求

德国于20世纪60—70年代开始倡导有机农业,实施农地休耕、减少化肥和农药施用量、提高农产品质量、保护生态环境等措施。德国发展生态农业的要求包括:

(1) 不使用化学合成的除虫剂、除草剂,使用有益天敌的或机械的除草方法;

(2) 不使用易溶的化学肥料,而是使用有机肥或长效肥;

(3) 利用腐殖质保持土壤肥力;

(4) 采用轮作或间作等方式种植;

（5）不使用化学合成的植物生长调节剂；

（6）控制牧场载畜量；

（7）动物饲养采用天然饲料；

（8）不使用抗生素；

（9）不使用转基因技术。

2）德国生态农业发展策略

德国生态农业发展策略实施30多年后，德国发展成为世界上最大的有机食品生产国和消费国之一。据统计，近10年来德国从事有机农业的农用土地面积增加了50%。德国发展有机农业的策略包括以下几个方面：

（1）政策扶持与各界支持。德国和其他欧盟国家一样，非常重视有机农业的发展，政府通过对农民提供财政支持而弥补他们转向有机农业经营带来的损失。

（2）建立完善的科学管理方式。由政府制定法令、法规和标准，批准质量认证机构，而认证机构负责进行各环节的质量检查验定。德国法律规定，生态产品必须符合国际生态农业协会的标准，如产品如何生产、哪些物质允许使用、哪些物质不可使用等。生态产品在生产过程中，其原料必须是生态的。所采用的附加料如在生产过程中必须使用，则允许部分附加料来自传统农业，但不得高于25%。一旦使用了传统农业附加料，则应在产品中标明使用的比例。只有当95%以上的附加料为生态的，才可作为纯生态产品出售。此外，对所有符合欧盟生产规定（德国生态农业协会的标准高于欧盟的生产规定）的产品，允许标以生态标识。统一的生态标识提高了德国生态食品的信任度和透明度，它给消费者提供了巨大的便利，也为经营者带来了机遇。

（3）实现营销渠道多元化。一类是农户直销，占有机食品市场份额的25%，目前农户直销中包括在农场内设立直销店、到专业市场承租柜台进行直销、根据订单送货上门直销三种方式，一些发达地区还实行了网上订购和邮购；另一类是有机食品专卖店，占有机食品市场份额的50%；第三类是传统店设专柜、专区销售，占有机食品市场份额的25%。

2. 我国生态农业的发展

我国生态农业的发展起步于20世纪70年代末80年代初，至今已大体经历了如下3个阶段：

第一阶段，20世纪70年代末至80年代中期，为学术探讨与小规模试点起步阶段。在此期间主要从国外引进了生态农业的概念，一方面在学术界从理论上进行了广泛讨论；另一方面，开始进行农场和村级水平的生态农业试点研究与建设。

第二阶段，20世纪80年代中期至90年代初，主要是村级和农场层面进行试点建设，同时广泛开展了一系列生态工程典型模式和专项技术的研究，并开始生态农业县建设试点研究。基本确定了中国生态农业的科学内涵和主要特点，在理论研究、工程模式、技术与试点方面都取得了明显的成效，得到了国家的重视与支持，并引起了国际组织的关注。

第三阶段，20世纪90年代初以来，进入了生态农业试点县建设的阶段。同时开始了地市一级的生态农业建设试点，少数省份着手有计划地在全省范围内实施生态农业建设。

在开展生态农业建设的地区,农村第一、第二、第三产业同步增长,种植、养殖和加工全面发展,经济结构趋向合理,农业生态环境明显改善,生产条件得到改善,抗御自然灾害能力有所提高,农业发展后劲开始增强。实现了生态环境与农村经济两个系统的良性循环,达到了经济、生态、社会三大效益的统一。

3. 生态农业的发展趋势

进入20世纪90年代以来,可持续发展已逐渐成为大多数国家的基本发展战略,农业和农村可持续发展也成为各国的统一行动纲领。农业可持续发展是我国可持续发展战略的重要组成部分。中国的生态农业与国际上可持续农业有着共同的基本思想及目标,生态农业建设不仅符合我国农业发展的实际情况,也符合世界农业的发展潮流,其未来的发展趋势主要表现在:

(1) 生态农业建设规模将进一步扩大。我国生态农业建设规模开始从生态户、生态村、生态乡镇等小规模的生态农业试点,向较大规模的发展阶段转变,进入到以县为单位的生态农业建设阶段,一些地市已开展生态农业地区建设,并出现生态农业典型。

(2) 随着生态农业建设的深入开展,农业的发展方式将发生根本性转变。农业不再是消耗资源的部门,而成为培育资源、保护环境的重要产业,其生态环境保护功能将更加突出。

(3) 生态农业的理论方法和技术水平将进一步提高。随着生态农业建设规模的扩大和实践经验的丰富,将会提出许多理论与方法方面的新问题,对此需要做出理论上的高度概括、升华和方法上的总结、完善。生态农业的基本理论与方法将会逐步形成完整的科学体系,生态经济系统内部规律和运行机制将进一步被揭示,现代高新技术将更加广泛地渗透到生态农业建设和发展之中,生态农业工程模式和技术将进一步优化和规范化。

(4) 生态农业的发展将进一步与整个农村经济发展和环境的综合整治相结合。生态农业将与乡镇企业的污染防治、农村能源建设、生物多样性保护、各种农业资源的合理利用等紧密结合,将带动区域生态建设,改善整个区域的生态环境。生态农业建设与国民经济发展将形成更加密切的联系。

(5) 生态农业的经营方式将以产业化经营为主,连接生产环节和消费领域,带动无公害农产品和绿色食品的生产和环境保护产业的发展。

8.3 生态农业的主要类型及典型模式

生态农业是农业实践从局部、直线的主导思想向全面、系统、辩证方向发展的产物,因此选择一个在经济上和生态上都有意义的、相对完整的示范单元来指导农业实践是至关重要的。在经济上有意义的一个完整单元可以是一个农户、一个农场和一个村等经济单元或行政单元。在生态上有意义的单元则可能是一个生态系统、一个景观区和一个小流域等。在生态农业建设中,能兼顾考虑经济的和生态的、农业实践中较稳定的和可操作性强的一个系统或单元,可称为一个农业模式。

8.3.1 生态农业的类型

按生态农业的规模大小可分为生态县(市)、生态乡(镇)、生态村、生态户；按自然地理条件可分为山区丘陵型、平原型、沿海型；按农业经营部门可分为生态农业、生态林业、生态牧业、生态渔业等。但不管生态农业的规模如何，它们都是一个农业生产系统，并且是一个结构和功能都优化的生态农业系统。中国主要的生态农业类型如下：

1. 生物共生的生态农业系统

(1) 立体种植型。根据生态系统中栽培作物的种类和空间组合可分为若干模式：农作物的间作、套作和轮作模式；林、粮间作的立体种植模式；庭院立体种植模式。

(2) 立体养殖型。在特定空间内养殖动物的层次配置或一定时间内的生产有机配合。如陆地立体圈养模式；水体立体养殖模式；时间立体养殖模式。

(3) 立体种养类型。在一定空间内栽培植物和养殖动物，按一定方式配置的生产结构。如稻—萍—鱼；稻—鸭—鱼；林—鸭 鱼；林—畜—蚯蚓；苇—禽—鱼等。

2. 物质循环利用的生态农业系统

(1) 种植业内部物质循环利用类型。该类型主要指在林业、作物及食用菌等生产体系中的物质多级循环利用。如作物—食用菌循环模式；林木—食用菌循环模式。

(2) 养殖业内部物质循环利用类型。该类型主要是利用家禽产生的粪便等废弃物作为畜牧生产中的饲料，而畜牧生产的废弃物再作为某些特种培养动物的营养材料，这种特种培养动物可直接用于家禽的高级蛋白饲料。如猪—蛆—鸡循环模式；猪—蚯蚓—鸡循环模式。

(3) 种养结合的物质循环利用类型。该类型根据种植作物或养殖动物的种类、营养级数可划分为若干模式。如禽—鱼—作物循环模式；畜—鱼—作物循环模式；禽—畜—鱼—作物循环模式；禽—畜—鱼—食用菌循环模式。

(4) 种、养、加三结合的物质循环利用类型。以种养为主，发展加工业的模式；以加工业为主，发展种、养业的模式。

(5) 种、养、沼气三结合的物质循环利用类型。如唐山市丰南区胥各庄种、养、沼三结合模式。

(6) 种、养、加、沼气四结合的物质循环利用类型。如北京留民营生态户式的种、养、加、沼气四结合模式。

3. 生物相克避害的生态农业系统

(1) 以虫治虫的农业类型。

(2) 以禽鸟治虫的生态农业类型，如棉田养鸡模式，稻田养鸭模式。

(3) 以草治草、以草治虫的生态农业类型。

(4) 以菌治虫的生态农业类型。

以虫治虫、以草治草、以草治虫和以菌治虫都是利用生物种群间相互制约、相互依存的关系,而达到自然调控的策略措施之一。

8.3.2　典型的生态农业模式案例

1. 北方"四位一体"生态农业模式

这一模式是辽宁省开发的成功的生态农业模式。如图 8-1 所示,它将沼气池、猪舍、蔬菜栽培组装在日光温室中,三者相互利用、相互依存。温室为沼气池、猪禽、蔬菜创造良好的温、湿度条件,猪的活动过程也能为温室提高温度。猪的呼吸和沼气燃烧为蔬菜提供二氧化碳气肥,可使果菜类增产 20%,叶菜类增产 30%。一般一户每年可养猪 10 头、种植大棚蔬菜 150m²,年产沼气 300m³,户年均增收 3500 元。目前,"四位一体"生态农业模式在北方地区得到领导的重视和群众的欢迎,"四位一体"生态农业模式在辽宁省已发展到 17.2 万户,全国已推广了 21 万户。

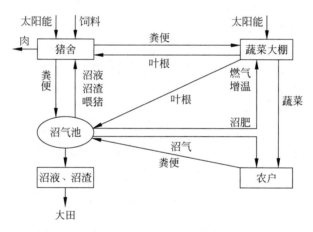

图 8-1　北方庭院生态系统——四位一体示意图

2. 南方典型的生态农业模式

在我国南方的生态模式中除了经典的"桑基-鱼塘系统"模式外,在现代生态农业中又发展了"猪—沼—果(稻—菜—鱼)"模式,这一模式是以养殖业为龙头,以沼气建设为中心,联动粮食、甘蔗、烟叶、蔬菜、果业、渔业等产业,广泛开展沼气综合利用的生态农业模式。如图 8-2 所示,其核心是建一口沼气池,利用人畜粪便下池产生的沼气做燃料和照明能源,利用沼渣和沼液种果、养鱼、喂猪、种菜。如江西赣州的"猪—沼—果"模式、南方地区的"猪—沼—稻"、"猪—沼—菜"模式。每户"猪—沼—果(稻—菜—鱼)"生态农业模式每年可提供 300m³ 沼气燃料,节支 150 元,通过增产和提高农产品品质可使农户增收 1500 元,同时通过施用沼肥可以节约肥料、农药等生产资料,每年可节支成本 350 元,综合计算,采用生态农业模式以后,每年可使农户纯收入增加 2000 元左右。目前,猪—沼—果(稻—菜—鱼)"生态农业模式在南方地区得到了广泛推广,仅在江西赣南地区就有"猪—沼—果"生态工程示范户 24.48 万户、示范村 1053 个、示范乡 107 个,已经成为当地农民脱贫致富奔小康的重要途径。

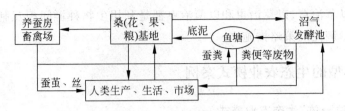

图 8-2　桑基-鱼塘系统模式示意图

3. 生态家园示范户

生态家园示范户建设于福建省莆田市,它根据南方农户庭院特点,依照当地的自然地理条件、农业资源特点和农业种植制度,充分利用房前屋后、屋顶宅基资源及院外的鱼塘、果园,进行空间生态位开发和生产要素配置的优化耦合,达到基本生产生活单元内部生物间的协调、循环和物质的多层次再生、利用,形成家居温暖清洁化、庭院经济高效化和农业生产无害化的目标(见图 8-3)。

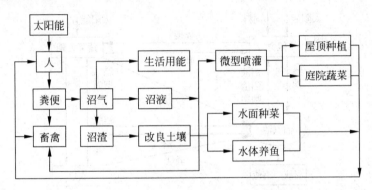

图 8-3　生态家园示范户示意图

该项目 2001 年获得农业部生态家园富民计划资金支持,得以大力推广,福建省莆田市现有示范户 9500 户,年增收节支 4037.50 万元。示范户共建沼气池 7.6 万 m³,年可产沼气 484.5 万 m³,若折合标准煤估算,沼气的价值为 0.39 元/m³,每年可节省 188.96 万元。年排出沼液 91.2 万 t,按水肥价格 4 元/t 计,则年可节省 346.8 万元。两项合计每年可节省资金 553.76 万元。据 10 个示范户调查数据,用沼肥施果、稻、菜或养鱼,每亩可减少化肥、农药、饲料等生产成本 200 多元,果品增产 10%~18%、水稻增产 5%~8%、菜类增产 6%左右,以及养猪、鱼等共增加收入 10%~15%。示范户从模式应用中所得的人均纯收入为 1602.03 元,占当年该市人均纯收入的 49.92%,且随着系统的不断完善,示范户人均收入将逐步提高。用沼气作燃料,每年可节省柴草 2.3 万 t,相当于 3056.7hm² 森林植被恢复,提高了森林覆盖率,且年有效处理 8.67 万 t 粪便,既解决了环境污染问题,又为农牧业生产提供了肥效缓速兼备的优质有机肥,可替代 30%~50%化肥。施用沼肥后土壤疏松,壤色加深,土壤有机质含量比对照提高了 0.70 g/kg 左右,N、P、K 养分也呈相应增加的趋势,有利于可持续农业的发展。该模式的应用,由于充分利用了房前屋后,尤其是屋顶,提高了土地利用率,减轻了该市人多地少的压力。数据统计显示,土地利用率一般可达 70%以上,有的高达 128%;另外,由于其成本低、收效快、效益高的特点,很容易在农村得到推广,在一定程度上提高了农民的科技意识和劳动技能素质。

4．生态养殖场

1）大洼县西安生态养殖场概述

近年来,农业面源污染问题开始突出,并有超过工业和城市污染的趋势,尤其是畜禽养殖所带来的环境问题日益严重。畜禽养殖业在治理过程中,大多沿用传统的末端治理模式,投入多,运行成本高,治理难度大,经济效益不显著,导致企业没有积极性,治理效益也不明显。为了改进这种治理状况,辽宁省大洼县西安生态养殖农场从改革畜产品品质、解决猪的青饲料入手,采用独特的处理工艺,从根本上解决了畜禽养殖行业污染防治问题,实现了清洁生产,并且获得了可观的经济效益。1992 年该养殖场还被联合国环境规划署授予全球500 佳荣誉称号。

大洼县西安生态养殖场位于辽宁省盘锦地区辽河右岸,距大洼县城 20km 处,是退海冲积平原。养殖场土壤含盐碱量高,属盐碱土类。水稻是这一地区主要栽培作物,这一地区是辽宁省水稻主产区之一。年均气温 8.4℃,极端最低气温－29.3℃,年均最高气温为 25.3℃。无霜期 188 天。水利资源丰富,条件优越,交通方便。西安生态养殖场是在七八块高洼不平的废弃地上建立起来的,面积约为 267hm²,猪舍 16 栋,貂舍 1 处。养殖场水源丰富,来自辽河,由上水口升渠,将水引入生态养殖场。同时还建起了 3 个小型抽水站,修条田 7 个,条田宽度为 20～30m,长度为 155～225m。在畜舍的四周有防疫沟。场内修建了 5 条道路,还设有配电站一座。

大洼县西安生态养殖农场用实际成效验证了在畜禽养殖行业实施清洁生产的可行性,畜禽养殖排出的粪便等污染物含大量氮、磷、钾及有机质,如不经处理会污染环境,而农作物又需要氮、磷、钾肥料。利用或处理不当,上述两者均在污染环境的同时造成大量物质、资金的流失。西安生态养殖场把畜禽养殖排出的粪便等污染物作为有机肥供植物生长,通过各种植物逐级吸收、分解,达到净化环境的目的。同时,也为植物生长提供了大量肥料,实现农业、养殖业的有机结合,净化环境,节省资金,并提高了整体效益,为畜禽养殖业的清洁生产做出了示范。

2）实施清洁生产的技术措施和方法

西安生态养殖场是一个比较典型的既有种植业、养殖业,又有农副产品加工业以及其他副业的立体综合性生产体系。

所谓立体综合性生产,就是充分地利用空闲土地、水面以及可利用的房舍、屋顶、空间等,从水平空间和垂直空间进行的多物种、多品种的多层次生产经营活动。例如,从水平空间,可以合理安排各种作物、果树、药材、蔬菜等,也可以养殖各种畜禽和鱼类;从纵向空间,可以把各种作物、果树、蔬菜、药材等按高秆、矮秆进行合理搭配种植,深根植物和浅根植物搭配种植,直立茎和匍匐茎植物合理搭配种植,喜光和耐阴作物搭配种植。可以进行间、混、套作,也可以利用屋顶、阳台、地下室、墙体等不同层次进行种植。对于养殖业的发展也是如此,可以进行单一种类的养殖,可以不同品种混合养殖,还可以不同种类动物进行合理的分层养殖。此外,在同一生产场地上还可以把种植、养殖结合起来共同发展。例如,在果园内可以同时养鸡、养蜂等。

西安生态养殖场采用生态工程的结构,形成了一套利用水葫芦、细绿萍、鱼池和稻田处理粪便污染的净化体系,解决了农村中大型猪场造成的环境污染问题,并提高了经济效益。清洁生产过程可概括为"四级净化、五步利用"的平面生态养殖技术,详见图8-4。

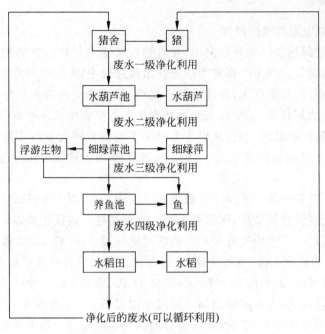

图 8-4 "四级净化、五步利用"工作框图

一级净化:将冲洗猪舍的高浓度的粪尿水直接引入水葫芦池中,一方面水葫芦利用肥水中的养分生产出大量的水生饲料,用来养猪;另一方面,肥水依靠水葫芦的吸收功能实现了一级净化。经过为时 7 天的吸收和净化,肥水浓度大大降低,净化度明显提高。

二级净化:将肥水引入细绿萍池,此时的肥水正好能够满足细绿萍繁育的养分需要。与一级净化相似,细绿萍利用肥水生产出大量的水生饲料也可用于生猪饲养,肥水借助于细绿萍的吸收功能实现了二级净化。同样经过为时 7 天的吸收和净化。

三级净化:将已基本得到净化的肥水连同在细绿萍池中产生的大量浮游生物一起排放到鱼池中。鱼得到品质极高的饵料获得了高产,肥水则通过鱼的吸收和较长时间的自然降解实现了三级净化。

四级净化:将这些肥水引入水稻田,这些肥水能够作为有机肥为水稻提供生长发育所需的养分,减少了水稻化肥施用量,进而降低水稻种植成本;同时经过水稻吸收和土壤吸附,这部分水又实现了四级净化。

经过四级净化的肥水基本已洁净,可以继续循环使用。各项污染物在各级净化中削减情况见表 8-1。

表 8-1　各项污染物在各级净化中的变化与时间的关系　　　　　　　　　mg/L

项目		放水日	第3天	第5天	第7天	第9天
水葫芦池 （一级净化）	有机质	500	240.7	150.3	89.1	80.0
	氮	16.60	8.20	6.80	6.01	5.60
	磷	3.88	2.87	2.49	1.88	1.68

续表

项目		放水日	第3天	第5天	第7天	第9天
细绿萍池 （二级净化）	有机质	89.0	75.5	63.3	58.6	57.0
	氮	6.00	4.60	3.50	4.03	3.91
	磷	1.88	1.34	1.15	0.98	0.90
鱼、蟹、蚌池 （三级净化）	有机质	58.0	44.4	39.7	35.1	34.5
	氮	4.00	3.50	3.20	3.09	3.00
	磷	1.98	1.60	1.45	1.70	1.68
稻田 （四级净化）	有机质	35.0	28.4	23.9	20.0	19.7
	氮	3.00	1.56	0.82	0.10	0.09
	磷	1.70	0.81	0.34	0.17	0.16

由表8-1可知，有机质净化率为96.06％，氮的净化率为99.46％，磷的净化率为95.88％。

3）清洁生产实施中的特点

大洼县西安生态养殖场通过多年探索形成的生态工程系统，体现了从源头抓起、从生产过程控制污染的清洁生产理念，具有如下特点：

（1）在生产过程中使用低污染、无污染的原料，替代有毒、有害原料。该场从解决猪的饲料入手，利用系统自身的养分种植水葫芦、细绿萍作为青饲料，并不断降低外来饲料和饲料添加剂的使用量。

（2）应用清洁高效的生产工艺，即"四级净化、五步利用"方法，使物料能源高效率地转化为产品。对生产过程中排放的废物（如猪粪尿和废水）再回收、再循环、再利用，变废为宝，化害为利。

（3）由于在生产过程中不使用饲料添加剂，向社会提供了大量有机食品，这种食品在使用过程中对人体不产生危害，营养丰富，体现食品安全、无公害原则。该厂产品已经通过国家有机食品发展中心认证，成为我国第一家有机猪肉生产企业。

（4）有保障清洁生产实施的周密的规章制度和操作规程，在企业内部，各生产环节建立完善的档案，建立起严密的监督管理体系，保证规章的有效实施。

（5）系统具有开放性。养殖场在解决自身污染问题的同时，把清洁生产的理念向全社会延伸，为保证有机猪肉生产，保证饲料来源，养殖场周围水稻、玉米生产减少使用化肥、农药等人工合成化学物质，从而实现种植业生产的清洁无害化。

4）实施清洁生产的效益分析

生态养殖清洁生产的效果可从生态效益、经济效益和社会效益3个方面分析。

（1）生态效益

西安生态养殖场利用生态学原理，变废为宝，将猪粪水作为肥源养殖水葫芦、细绿萍，以及养猪、养鱼和种植水稻，使猪粪水中的营养物质沿着食物链多级传递和转化，既解决了农村中大型猪场造成的环境污染问题，又获得了生物产量。

以水生青饲料（水葫芦、细绿萍）取代土生青饲料（青玉米、青大豆、大白菜、向日葵），青饲料的供给问题得到了彻底解决。与土生青饲料相比，水生青饲料有3个明显优势：一是营养成分全面、丰富；二是光能利用率高，进而产量高，而所需的管护用工极少，节省了大量耕地和劳动力；三是喜肥，能够迅速、大量吸收猪粪尿中的氮、磷、钾等营养物质，同时水葫芦对猪粪尿水中的化学需氧量、生化需氧量以及氮、磷等污染物均有明显的净化效果。所以发展水生饲料既能对肥水进行净化，同时也可加以利用，而且可以增加土地产出和提高劳动生产率。把最初规划中配置的几百亩饲料地用来生产水稻，吸收肥水中的氮、磷等营养物质，节约化肥的同时净化水质，1kg 水稻可以换回 3kg 玉米，比单纯饲料种植产量更高。

水生青饲料取代土生青饲料以后，由于它具有喜高肥和净化的双重作用，使猪粪尿得到了多级利用。经水生青饲料吸收利用后的肥水排入防疫沟和鱼池后，只需放入鱼苗而不用增加其他投入。在多级利用水中鱼蚌混养，增加了珍珠产量。此外，用鱼塘里的水灌溉稻田，还能够增加水稻产量。

放养水生饲料以后，减少了土地和劳动力投入量。还减少了化肥的用量，由于多级利用的猪粪水比渠水肥沃，用它灌溉水稻田比渠水灌溉的水稻在增产的同时，平均每亩还节省近 1/2 的化肥。

（2）经济效益

清洁生产的替代效应对经济效益产生了影响。第一，猪粪尿的利用。可少施化肥 50%，100 亩耕地可节约近 4000 元；同时每亩又可增产 50kg，100 亩增产 5000kg，约合 7500 元。两者合计近 11 500 元。第二，减少土地占用量。清洁生产前，处理 80 万 kg 猪粪，如果堆积 1.5m 高，这些猪粪大约占地一亩，清洁生产后，这一亩地用来生产稻谷，纯收入为 600～700 元，也属增加部分。

清洁生产的旁侧效应对经济效益也产生了影响。在单元生产中附加一些生产项目，充分利用单元生产中的废弃物进行生产，可以大大提高价值流量。如在细绿萍、水葫芦池中放养鱼，就是一个有说服力的例子。池中只需放鱼苗而不必投饵料，仅靠上级净化后产生的浮游生物作饵料，平时又无须专人从事喂养工作，该场细绿萍和水葫芦池鱼收入为 6000 元，扣除税金、劳务等费用，净收入为 4620 元。

（3）社会效益

发展生态养殖模式不仅可为市场提供较为丰富的肉、蛋、奶、蔬菜、瓜果等多种商品，解决淡季商品的供应问题，而且搞种植业、养殖业和加工业等多种经营，可使劳动力的就业面扩大，剩余劳动力得到很好的安置。

此外，由于进行生态养殖、多种经营，使原来农民的冬闲转为冬忙，使农民得到了更多的收入，更加安居乐业，同时也促进了社会的稳定。

再者，清洁生产改善了作业环境，劳动者在空气清新、没有污染的环境中工作，会更加精力充沛，劳动效率会更高。

总之，生猪养殖是一个赢利率很低的行业，即便是西安生态养殖场也不例外，让养猪场专门拿出一笔资金来治理环境污染，难度是可想而知的。西安生态养殖场通过"四级净化、五步利用"的生态技术，实现了畜牧养殖行业无废物排放，资源再生利用，产品绿色和多样化，产值提高，达到了生态、经济、社会效益显著提高的多重目标。这种生态农业模式是实现畜禽养殖业可持续发展的有效途径。

5. 生态农场

菲律宾的马雅农场被视为生态农业的一个典范，马雅农场把农田、林地、鱼塘、畜牧场、加工厂和沼气池巧妙地联结成一个有机整体,使能源和物质得到充分利用,把整个农场建成一个高效、和谐的农业生态系统。在这个农业生态系统中,农作物和林木生产的有机物经过3次重复利用,通过两个途径完成物质循环。用农作物生产的粮食和秸秆、林木生产的枝叶喂养牲畜,是对营养物质的第一次利用;用牲畜粪便和肉食加工厂的废水生产沼气,是对营养物质的第二次利用;沼液经过氧化塘处理,用来养鱼、灌溉,沼渣生产的肥料肥田,生产的饲料喂养牲畜,是对营养物质的第三次利用。农作物、森林→粮食、秸秆、枝叶→喂养牲畜→粪便→沼气池→沼渣→肥料→农作物、森林,构成第一个物质循环途径;牲畜→粪便→沼气池→沼渣→饲料→牲畜,构成第二个物质循环途径。这种巧妙的安排既充分利用了营养物质,创造了更多的财富,增加了收入,又不向环境排放废弃物,防止了环境污染,保护了环境。

在这个农业生态系统中,农作物和林木通过光合作用把太阳能转化成化学能,储存在有机物质中,这些化学能又通过沼气发电转化成电能;在加工厂中用电开动机械,电能又转化成机械能;用电照明,电能又转化成光能。实现了能量的传递和转化,使能量得到充分利用。马雅农场农业生态模式见图8-5。

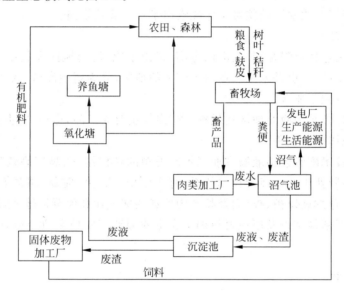

图 8-5　马雅农场生态系统示意图

6. 西北生态脆弱区治理型生态农业成功典型

我国西北地区干旱少雨,生态环境脆弱,农业的持续发展面临着许多实际问题和挑战,因此,需要采取合理的发展模式,处理好农业和环境的问题。本区分为黄土高原半干旱区和西北灌溉农区。

1) 黄土高原半干旱区

黄土高原半干旱区包括山西全部、豫西、渭北、陇中和青东等地区。本区是我国主要的贫困地区和水土流失区,也是我国重要的能源重化工基地。它分为黄土东部半干旱、半湿润区和黄土高原西部半干旱区两个亚区。本区的主要任务是提高粮食产量,消除贫困,适应全国整体发展和能源重化工基地建设的需要,改善生态环境,控制水土流失。在实践中,可以通过加强农牧结合及完善人工种草养畜的综合配套技术、优化高产优质经济林果生产配套技术等措施来提高农产品的生产量,促进该区农村经济的发展,消除贫困,提高生态环境质量。下面以陕西省延安市为例,说明在该区开展生态农业的必要性以及取得的成果。

延安市是一个典型的高原丘陵沟壑区,地形多为山坡沟壑,25°以上陡坡地占80%以上。20世纪80年代初,全市水土流失面积达到2.88万 km²,占总面积的78.4%,每年流入黄河的泥沙达2.58亿 t。新中国成立40多年来,由于没有实施综合治理,改善生态环境与农民脱贫致富相脱离,农业生产始终没有摆脱"愈垦愈荒、愈荒愈穷、愈穷愈垦"的恶性循环。自1991年实施生态农业建设以来,实行"山水田林统一治理,农林牧副全面发展"的生态农业发展思路,按照"林果、草牧、粮农"的生态农业模式进行综合治理,同时改革土地产权制度,实施"四荒拍卖"及"谁投入、谁治理,谁经营、谁受益"的原则,极大地调动了千家万户建设生态农业的积极性。目前,农村人均占有0.16 hm²基本农田和0.1m²经济林,粮食总产量达到8.9亿 kg,人均产量基本稳定在400～500kg,多种经营产值1.25亿元,增长了1.8倍,占农业总产值的46.3%,农民人均纯收入1313元,与1990年相比增长了2.13倍,贫困人口从1985年的67万人下降到23.6万人。由此使水土流失、经济贫困的落后局面明显改善,为生态环境恶化地区的扶贫工作探索出了一条成功之路。

2) 西北灌溉农区

西北灌溉农区包括新疆绿洲区、河西走廊、银川平原、河套地区及关中平原。该农区是西北地区粮棉的主产区,也是未来农业潜力较大的地区,分为新疆灌区、河西走廊灌区、宁蒙灌区和关中灌区等四个亚区。

本区的主要任务是为西北地区提供粮、棉、肉等主要农产品,适应21世纪西北经济带开发的需要,缩短我国东西差距。

该区的主要技术配置包括灌溉农业区不同类型的种植制度、高产高效生产配套技术体系、农牧结合的畜牧业生产及经管技术体系、特产作物(瓜、果、葡萄、甜菜等)及高产优质栽培技术。同时,加速发展以粮、棉、肉及特产为原料的加工业和保鲜运输业,研究适应外向型边贸的农业生产经营体系以及以原材料加工为主的劳动密集型乡镇企业,以加速该区农村经济的发展。

7. 生态农业村

1) 北京大兴县留民营村

北京大兴县留民营村是1982年建立的生态农业试点,是我国第一次对生态农业进行全面、系统、定量的研究与实践。

留民营村在生态农业建设之前产业结构单一,全村工农业总产值中种植业占78%,饲养业占6%,农田每年产出秸秆100万 kg,除部分作为燃料外,大部分丢弃在田间路边,秸秆还田率仅10%。在进行生态农业建设后,为充分利用作物秸秆,发展了饲养业,先后建立了饲料加工厂、面粉加工厂、食品加工厂及农机修配厂等,形成了种植、养殖和加工等多种经营的生产结构。留民营的各农户都建设了地下沼气池、地面的太阳灶和太阳能热水器,把沼气渗入种植、养殖和加工业的生产结构中,通过综合利用和各层次的循环利用,使全村的各项生产相互依存、相互促进,形成良性循环的有机整体,有效地改变了农田的施肥结构,保护了土地资源,增加了农业后劲。

留民营村生态农业模式是在实现生态与经济良性循环的前提下,运用大系统的观点,调整农业产业结构,改变过去以种植业为主的单一生产结构和生态循环关系,建立并优化农、林、牧复合生态系统,因地制宜地通过食物链环和产品加工环,提高物质循环、能量转化效率,实现增值,逐步形成物质和能量多层次循环利用的主体网络结构(见图 8-6)。

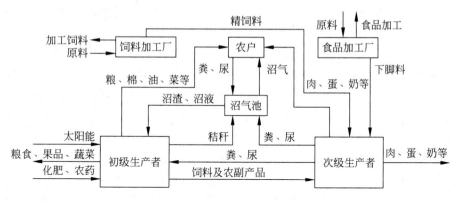

图 8-6　留民营村生态农业模式

首先粮食加工的麸皮及农作物秸秆等农业废弃物作为饲料送至畜牧场。牲畜粪便和部分作物秸秆进入沼气池,产生的沼气供农民作为生活燃料。沼渣和沼液一部分送至鱼塘养鱼,一部分送至大棚温室作为肥料,一部分沼渣经过加工后成为饲料。鱼塘的底泥又是农田、果园的肥料。这样多层次循环利用,使废物不废,变废为宝,使整个农业生态系统成为一个相互依存、相互促进的良性循环的有机整体。通过生态农业建设,留民营村已经步入区域化种植、规模化经营、清洁化生产的良性发展轨道,蔬菜已全部实行标准化日光温室、大棚栽培,养殖业已经实现了工厂化生产。1996 年农业人均产值 8 万元,利润 1.21 万元,每亩耕地化肥平均使用量由 125kg 下降到不足 30kg,蔬菜生产已做到基本不使用化肥。

到 20 世纪 90 年代初,经过十来年生态村的建设,留民营村已经跨入吨粮村、亿元村的行列。不但形成了以沼气为中心,串联农、林、牧、副、渔的生态系统,而且还建起了一种、二养、三加工,产供销一体化的生产系统。每年可向首都市场提供无污染蔬菜 600 万 kg,鲜蛋260 万 kg,牛奶 25 万 kg,肉类 90 万 kg,各种鲜活家禽 20 万只。建立起了完善的居住区、养殖小区、工业小区、种植小区、生态旅游区和完备的供水、供电、供气网络。

他们还大力调整区域内的种植结构,投资 800 万元建立蔬菜生产观光园,新建日光温室56 个,用于育苗的连栋温室一座。在生产过程中严禁使用化肥、农药,全部使用有机肥,生产蔬菜品种达到 25 个,成为国家环保局有机食品研究所认定的有机食品生产基地。

留民营村凭借得天独厚的优势发展生态旅游观光项目,每年吸引 3 万人来村参观、旅游。村里不但成立了旅游接待办公室,而且还投资 300 万元建起了观光园、农业公园、传统农具展室、青少年教育基地、露天游泳池等场所,不但使观光旅游收入明显提高,还带来了一定的社会效益。

2) 北京市顺义区北郎中村

北郎中村位于北京市顺义区赵全营镇中心,地处北京市绿色农业产业带,是赵全营镇的中心村。北郎中村村落形成已有 500 年的历史,现有村民 450 户,1520 余人,其中耕地面积4100 亩。全村劳动力人口 779 人,其中从事种养业的 208 人。村域总面积 6600 亩,劳动力就业率 91.8%。从事第二和第三产业的 507 人,未就业人口 64 人,分别占劳动力人数的

27％、65％和8％。2003年,全村实现经济总收入2亿元,人均纯收入1.3万元。以养猪为主的养殖业是该村的支柱性产业,年总收入达2700余万元,占全村经济总收入的44.96％。

该村依据自身优势,确立了以绿色为主(发展绿色经济、营造绿色环境、奉献绿色产品、共享绿色生活)的发展理念,构建以养猪产业化与园林植物为主的两个生态产业体系,以两个生态产业为载体发展观光农业,实现生产、生活、生态、观光四位一体的战略定位和实现依托科技、依靠农业产业化带动的生态观光型现代化新农村的目标。目前,在该目标的指引下,该村产业逐步形成了科技含量较高、市场竞争力强、具有自身特色的五条产业链,即以规模种猪场、生态养殖园、市定点屠宰厂、生物有机肥厂等为主的生猪产业链;以彩色玉米、黑小麦全粉、紫芦笋等为主的食用农产品加工、销售产业链;以种苗、花卉为主的绿色种植产业链;以产业产品为载体、以产业文化为内涵、以民俗旅游为主要形式的生态观光农业产业链;具有粪水治理、生产沼气、发电和生产生物有机肥等综合效果的生态产业链。

(1) 第一产业

北朗中村委会于1991年将土地收归集体经营,并组建北郎村农场,推行股份合作制经营。农场种植的作物主要有小麦、玉米、蔬菜等。1998年,北郎中村顺应这一形势成立了苗圃花木中心,并于2002年扩建1倍。其中,与北京林业科学研究院、北京农学院等科研院所合作培育的"北抗杨一号"和"创新杨一号"等新品种杨树被国家林业部批准为注册新品种,培育的"双叶爬藤月季"、"北方冬季常绿阔叶木"等新品种花卉、苗木极具市场效益。目前,种苗和园林植物逐渐成为该村除养猪业之外的又一个绿色生态高效产业体系,成为一个新的主导产业。

北郎中村的养殖业以养猪为主,农民人均纯收入中大约有65％来自于养猪业。另据调查表明,40％以上农户的收入完全依赖于养殖业,养殖业是北郎中村农民收入的最主要来源,是北郎中村的支柱产业。

(2) 第二产业

北郎中村第二产业的发展是依托第一产业尤其是主导产业——养猪业发展起来的。与一般村庄相比,北郎中村第二产业发展较好。目前,与养猪相关的二产有肉食制品公司、屠宰场和生物有机肥厂。肉食制品公司主要以生产、加工各类熟肉制品为主,包括猪、牛、羊、鸡、鸭肉制品,共150余个品种。该公司的成立促进了北郎中村养殖加工一体化发展。屠宰场年屠宰、加工商品猪50万头。有机肥厂建设的初衷主要是消纳本村养殖业粪污,实现能源可持续利用,同时又有一定的经济收入。除此之外,该村还有面粉厂和食品厂。其中食品厂主要是以加工黑玉米为主的股份合作企业。但工艺仅是冷冻保鲜,未实现真正意义上的加工。

(3) 第三产业

该村第三产业发展较为缓慢,最近两年发展速度有了一定程度的提高。北郎中村的下一步发展思路是以原有养猪和苗木这两个生态产业为载体发展观光农业,并设计出"北郎中村东—生态种养园—苗圃—果园(黄金梨)—种猪场—沼气工程"的示范观光路线,这一思路将带动该村第三产业的发展,也是未来发展的重点。

从对产业结构的分析可以看出,第一产业占有绝对优势,处于主导地位。2000年,第一产业占GDP的57％,第二产业占34.2％,第三产业占8.8％。因此北郎中村目前正处于农业经济高度发达,二、三产业稍有发展但仍旧滞后的阶段,因此继续调整产业结构,在大力发展第一产业的同时,加强第二和第三产业的发展是北郎中村今后的发展目标。

8. 生态农业县

辽宁省昌图县地处松辽平原中段,是沃土万顷的典型旱作农业生态环境,总土地面积 4324.06 km²,其中低山丘陵占 6.83%,波状及沿河平原占 71.29%,沙地占 21.88%,平均海拔 100~200m,属典型漫岗波状坳沟平原地貌。总耕地面积 27.07 万 hm²,占总土地面积的 62.6%;园地、林草地、水域和其他用地分别占 0.2%、21.9%、5.1% 和 10.2%,盛产粮食和畜禽,素有"辽北粮仓"之称。由于昌图县无较大的工业和矿区,污染源较少,其农业生态环境总体状况较好。主要存在的问题是:①全县易垦土地均已开辟为耕地,后备资源贫乏,人增地减矛盾日趋增强,1984-1993 年该县农民人均占有耕地减少了 53m²。②有机肥施用量逐年减少,化肥、农药施用量逐年增加,致使农田环境和土地缓冲作用日趋脆弱,造成水土流失和地力减退。③受内蒙古干燥气候和狭管地形作用,春夏少雨多风,春旱最为严重。据统计,22 年平均 3 月、4 月、5 月降水量分别占年降水量的 1.5%、5.7% 和 7.9%。④西北部地区土壤沙化与西部沿河地区洪涝灾害成为影响昌图县粮食持续增长和土地永续利用的重要环境因素。

自 1994 年昌图县被国家七部、委、局列为全国 50 个生态农业建设试点县之一以来,他们运用生态学原理和系统工程方法,依靠科技进步,发挥资源优势,广泛开展以种植业、畜牧业为基础,种植业、畜牧业互为利用的生态农业建设,初步建立了高产粮田农、林、牧、加复合型生态农业模式,从而加速了以玉米为中心的产业化进程(见图 8-7)。

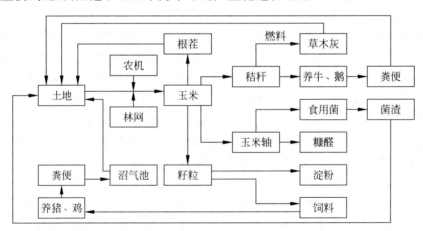

图 8-7　昌图县高产粮田农、林、牧、加复合型生态农业模式

1) 玉米—小麦间作高产栽培工程

通过大搞玉米、小麦开发,至 20 世纪 90 年代小麦已成为昌图县第二大作物。通过耕作制度改革,推行 3∶1 玉米—小麦间作,实现了玉米、小麦双丰收,结束了该县进口细粮的历史。1996 年推广玉米—小麦间作栽培 13.4 万 hm²,小麦种植面积达 2.63 万 hm²,产量达 5.72 万 t,农民人均占有量 69.3kg。

2) 农机、农艺结合工程

农机、农艺结合技术是将科技成果转化为生产力的媒介,提高了劳动生产效率,将有效的水、土、热、药资源转化为经济优势和商品优势。20 世纪 90 年代以后,该县翻地、播种、施肥农机农艺技术得以配套,农业机械化综合水平达60%左右。由于昌图县十年九春旱,为实现玉米、小麦高产高效,采用的关键配套技术为秋翻整地达"四全"(即全翻、全耙压、全起垄、垄上全镇压)作业法,不仅改善了土壤的理化性状,且及时有效利用土壤中解冻水,满足种子出苗需水,做到"春墒秋保"、"春旱秋防"。

3）农林复合生态工程

该县建设多林种、多树种、多层次、高效益的农林复合生态系统已初具规模,有林面积达7.7万hm²,林木覆盖率18.9%。西北部建成100m×63km针阔叶混交防风固沙林体系,控制了科尔沁大沙漠沙化侵蚀。中部建成以杨、柳、榆、槐为主的农田防护林体系,其中农田林网1.26万hm²(形成500m×500m林网格6112个),总长1.47万km,主副林带2652条,堵住风口141个,形成以农田林网为主体,以带、网、片相结合的农业环境屏障,改善了农田小气候,减轻了自然灾害,为稳定粮食综合生产能力创造了良好的生态基础。防风与水分生态效应农林复合生态系统能够改变近地面气流运动状况,降低风速。据测定,农田林网与对照风速差异显著,平均降低风速27.7%左右,可减少系统内蒸发量,增加相对湿度。

4）农牧复合生态工程

昌图县已初步形成以农业为基础、以畜牧业为突破口,以农养牧、以牧促农、互为利用的复合生态模式,配套技术选用优良畜禽品种,如昌图豁鹅、八面黑猪等;棚养畜禽;注重饲料开发,一方面以平原秸秆养牛示范县为契机,建设6m×9m永久式半干储窖,青储玉米秸秆用于养牛,另一方面利用庭院宽阔的优势,建造长10m、宽1.5m、深0.5m的人工水面,放养细绿萍等养鹅。

5）农菌复合生态工程

通过食用菌栽培把农业废弃物转化为营养丰富、味道鲜美的食用菌,菌渣还田,形成农菌复合生态系统,其循环方式为农田—玉米—籽粒,玉米轴、玉米秆—食用菌—菌渣—农田。食用菌栽培是以庭院日光温室栽培为主,时间为上年10月至翌年5月,主体原料为玉米轴。利用0.5kg玉米轴可培养0.5kg食用菌,纯收入0.8元;利用0.5kg玉米秸秆可培养0.5kg食用菌,纯收入0.7元以上。1996年该县生产食用菌5000t,纯收入800万元,消耗玉米轴5000t。十八家子乡牛庄村利用全村的2250kg玉米轴和4500kg玉米秸秆生产了6750kg鲜菇,纯收入1.05万元,而玉米纯收入仅为3750元。

6）庭院生态立体经济开发工程

该工程是以太阳能为动力、以沼气能为纽带、以日光温室立体种养为手段、以提高3个效益为目的的良性循环庭院开发模式,集种植业(90m²保护地蔬菜)、养殖业(25m²,保温猪舍,墙壁挂笼养鸡)、能源利用(10m²沼气池)为一体,互为利用,同生共济,目前该县已有1万户庭院生态立体经济开发户(见图8-8)。从经济效益看,该工程模式具有高投入、高产出的特点,据测算,建造1个120m²标准生态温室需投资6000元,建成后年可获纯收益7500元,其中出栏快速育肥猪20头,纯收入3500元;塑料温室种菜纯收入2500元;利用沼气做饭和照明,节柴5~6t、节电720MJ,效益达500元。温室蔬菜施用沼渣作粪肥,可不施化肥与农药,叶色浓绿,植株健壮。叶菜一般增产40%,瓜菜增产30%。庭院生态立体经济开发工程模式促进了农村养殖业和高效种植业的发展,增加了商品的有效供给,最大限度地挖掘和发挥农村剩余劳动力及闲散资金的潜力与优势,扩大了社会就业,促进了农业科技和农民文化素质的提高。

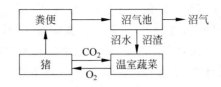

图 8-8　庭院生态立体经济开发模式

　　昌图县生态农业建设取得了显著成效,农产品有效供给稳定增长,农村经济可持续发展明显加强,农业生态环境趋向良性循环。

8.4　生态农业园的规划与建设

　　生态农业建设受地域、经济和科学技术等影响,多样性和灵活性是生态农业建设的灵魂,而建设生态农业园是实现其灵活性、多样性的有效途径。通常来说,生态农业园建设需要依托生态农业省、乡、村建设,开展诸如生态旅游、休闲娱乐、农林畜生产等多种经营形式,实行“以园养园,自主招商投资”模式。

8.4.1　生态农业园建设的思路

　　生态农业园建设的基本思路是在建设和保护园区生态环境的前提下,融入科学化、专业化和社会化的发达产业,实现“整体、协调、循环、再生”的目标。具体来说,就是把农业发展同资源合理利用和环境保护相结合,将经济效益、生态效益和社会效益作为一个整体来考虑,在提高农业生产力的基础上,充分发挥本地资源优势,全面合理安排农、林、牧、副、渔等各产业的结构,把高产和优质结合起来,努力实现生态农业园在高产值、高效益和高附加值上的整体效益。

1. 生态农业园建设的原则

　　在进行园区建设时,应该遵循以下原则:

　　(1) 整体性原则:由生态种植业、林业、渔业、牧业以及农产品加工业、农产品贸易与服务业、农产品消费领域之间通过废物交换、循环利用、要素耦合和产业生态链等方式形成网状的生态产业体系。各产业部门之间,在质上为相互依存、相互制约的关系,在量上是按一定比例组成的有机体。

　　(2) 协调性原则:重视系统的协调,包括生物之间、生物与非生物环境之间,以及城乡之间的协调发展,寻求经济与环境“双赢”的目标。

　　(3) 合理性原则:应该结合当地资源条件,统筹和优化资源开发和利用,优先发展附加值高、特色明显的产业,限制和淘汰污染严重的企业,控制发展资源占用多、效益比较低的产业。通过产业结构调整,做强、做大特色鲜明的主导产业。而不是采用“一刀切”的模式,盲目进行生态农业园区规划和建设。

　　(4) 高效性原则:通过物质循环和能量多层次综合利用,实现废弃物资源化利用,既降低成本又可安置劳力,延伸产业链,提高农业效益,实现农业生产和农村经济的良性高效循环。

另外,在生态农业园中还需要推广清洁生产,有效控制污染,搞好无公害农产品、绿色食品和有机食品基地建设;开发、引进、推广生态农业关键技术,建立农业发展的技术支撑体系,如资源高效利用技术、无害化农产品开发技术、农业生产废弃物的资源化利用技术、农产品加工废弃物的资源化利用技术、面源污染治理技术以及节水农业技术等。通过各项农业技术的实施,有效降低农业源头污染物产生量,最大限度地使农业废弃物得到资源化利用。

2. 生态农业园的企业化

在建设生态农业园时,应该把技术上的可行性和经济上的可行性结合起来,生态农业园的组织和管理模式可以向企业化方向发展。包括:

(1) 企业家的参与:即吸引优秀企业家参与园区建设,让他们的市场观念、经营理念、营销策略在园区内大显身手。当企业家与科学家结合在一起时,就能取长补短,相得益彰。

(2) 企业式的决策:即像企业那样缜密地决定园区的重大问题,如地址的选择、目标的确定、项目内容的筛选、产品的市场定位等。

(3) 企业化的管理:即在体制上采取法人治理结构,并在用人、分配制度等方面建立市场化机制,不宜由政府包办,也不宜按过去事业单位的模式去办。

总之,以市场为引导的生态农业园,可以极大地促进园区的农业结构调整以及产业化经营。

在生态农业园中,政府、公司、投资者各司其职,即由政府支持、城乡各种所有制参与、农民生产、公司经营管理,实现多种所有制载体共同开发、风险共担、利益共享。政府的职责在于提供有关政策保障,争取可能的财政支持,对土地和经营承包进行协调和配合;而公司则负责园区的统一规划和管理,对投资者的投资和承包者的经营进行科学合理的安排,为投资者和承包者提供产前、产中和产后的一系列社会化服务,依托生态农业园的人才资源优势,开展农业技术开发、高新技术引进及推广等工作。

为了将生态农业园的发展进一步纳入规范、科学的轨道,真实地反映园区运营状况,顺利地实现园区的发展目标,还应该建立一套生态农业园区评价指标体系,以对园区的发展起到监督、指导的作用,并在问题未暴露之前起到预警功能。整体来说,生态农业园评价指标体系应该充分考虑经济、社会和生态三方面效益,最大限度地实现预期目标。

8.4.2　中国生态农业园规划和建设实例

1. 北京市大兴区安定镇生态农业园

安定镇位于北京市大兴区东南部,镇域面积 $78km^2$,辖 33 个行政村,常住人口 30 000人。由安定镇经济发展及环境的相关资料可见,该镇已经基本具备了发展生态农业园所必需的交通、基础设施和服务机构等条件。王继达等人按照如下步骤对该镇生态农业园的建设进行了可行性分析和规划。

(1) 农业主导产业分析:依据当前农业发展情况及政府工作计划,安定镇农业主导产业主要为林果、瓜菜、畜牧、农产品深加工及花卉业等。

(2) 局部农业网分析及规划:在明确了主导产业之后,以各主导产业为核心,充分考虑产业特点,分析与周围相关企业建立互补互惠关系的可能性,初步规划出局部生态农业网。

（3）局部产业网整合分析及规划：通过建立主导农产业与相关企业之间的循环耦合关系，形成不同企业之间资源互补，以及物质能源循环流动的生态农业园区模型，如图 8-9 所示。

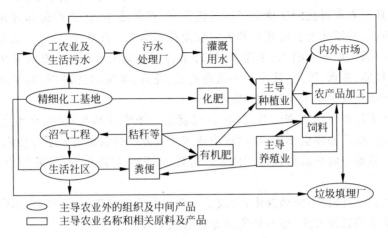

图 8-9　规划园区各个产业的关系

（4）农业生态型社会可行性分析及规划：以农业生产主链为线索，将安定镇工、农、服务三大产业与居民社会生活，以及政府、科研、娱乐等各类社会行为相互连接，形成耦合度较高的社会循环系统。具体包括以下几种连接。

① 工业园区与生态农业园的连接：工业园将提供肥料、灌溉、电力和设施材料给农业生产和观光园，农业生产又将部分产品（如梨果）作为原料运送至工业园区，同时将剩余废水返回污水处理厂。

② 生态农业园与生活社区的连接：生态农业园将农产品、加工品和休闲观光收入提供给生活社区，同时将作物残余和牲畜粪便作为堆肥原料收集至社区沼气池中，从而产生沼气供居民生活所需；生活社区则将各种生活垃圾、可利用的腐殖质和粪便作为有机肥料运送至农业园区，同时为观光农业提供丰富多彩的民俗文化活动。

③ 政府、教育、宣传、科研等机关单位与生态农业园的连接：作为社会团体的政府教育等单位为农业园区提供了必要的人力资本、科学技术和经济政策支持，同时农业园区的生态建设及经济生产情况又作为必要的信息反馈给这些社会机构，从而有助于政府及时调整和改革相关政策，宣传教育清洁生产、绿色消费等，从而建立起信息流的有效循环。

2. 珠海生态农业科技园区的建设

珠海市生态农业科技园是一个集农业高新技术引进、开发与生产、加工、出口以及观光旅游为一体的外向型农业科技园。该园区地处珠海的城乡结合部，环境优美、面积广阔、交通便利，基础条件良好。

珠海生态农业科技园区在策划理念上融入了旅游、示范、教学、培训、商贸的概念，即达到"一区多园、一园多用"的目的。正是源于这种理念，珠海生态农业科技园区在建设初始阶段就把旅游的理念融进了建设过程，每建设一个温室或安排一个项目，都考虑到生态、环保、休闲观光、教育培训、商贸销售等因素。例如已经建立了"农科之窗"、"荷塘观赏"、"八卦田园"、"野菜园"、"水车阵"、"垂钓走廊"、"珍禽园"等一大批集科研、环保、生产、旅游于一体的生态园林景观，吸引了大量的游客。

该园区非常重视科技创新工作。通过对珠海区位优势、气候优势、资源优势及市场需求的认真分析，珠海农业科技园区确立了以名优花卉、特色蔬菜、优质种苗和观光农业为主导产业的发展方向，并以此为目标建立相关的农业技术体系。近年来，该园一方面培养具有地方特色的本土品种，如本地南瓜、猪笼草、树仔菜、荔枝、龙眼等；另一方面又从国外引进新品种，并进行试验、筛选、鉴定，确定了一系列蔬菜、花卉、水果名优品种，为加速产业结构的调整和实现产业化提供了丰富的品种资源。

科技园区实行产学研紧密结合，园区自身就是一个农业科技研发、产业化拓展的孵化器，通过其示范、推广和辐射作用，带动周边地区千家万户的农民进入了产业圈，逐步形成了科研＋公司＋基地＋农户的科技推广体系。另外，还积极与高校、科研院所合作，联合开发高新技术。

在管理模式上，经过不断地探索，形成了一套混合型的管理模式，即在园区的管理上，有民营和国有企业的管理方法，也有外资企业的管理方式。

8.5 中国生态农业发展战略与对策

未来中国的农业发展将面临来自资源基础、生态环境及经济社会等多方面的挑战，国家必须对现有发展模式进行科学的判断和分析，并提出战略调整，大力发展生态农业，以实现中国农业的持续稳定发展。

8.5.1 中国生态农业发展的指导思想和基本原则

中国生态农业发展的指导思想是，紧紧围绕中国生态脆弱区和农业主产区生态环境面临的突出矛盾和重点难题，以强化生态环境基础、改善生产基本条件、提高农业综合生产能力和增加农民收入为目标，以生态农业县建设为基本单元，以生态环境的综合治理及其生态功能强化为重点，以重点地区治理和发展为突破口，通过工程治理、技术集成、模式带动、政策引导、部门协作和法规保障，按类型、分阶段地建设生态农业，有效遏制农业生态环境恶化的趋势，实现资源培育和高效利用，逐步达到生态、经济和社会效益的协调统一。中国的生态脆弱区主要包括黄河中上游与黄土高原区、长江中上游与源头区、"三北"风沙综合防治区、南方诸河流域综合治理区，以及淮河和海河流域土石山区等；中国的农业主产区，包括黄淮海平原区、东北平原区、长江中下游农业区，以及生态脆弱区以外的其他农业主产区。

中国生态农业发展的基本原则为：统筹规划，突出重点；因地制宜，分类指导；模式带动，技术集成；综合治理，整体提高；建设与管理并重，工程与政策并重；把生态、生产和生活结合起来。

8.5.2 中国生态农业发展的战略目标和战略阶段

1. 中国生态农业发展的战略目标

要按类型、分阶段全面建设生态农业，不仅从整体上遏制中国农业生态环境恶化的趋势,而且使重点生态脆弱区的生态环境明显改善,使农业主产区的生态环境根本改善,真正把农业生产和农村经济发展纳入可持续发展轨道,实现山川秀美。

2. 中国生态农业发展的中、远期目标

(1)中期目标:从 2011 年至 2030 年,分 4 批再建设 600 个生态农业县和 60 个生态农业地市,使全国一半以上的区域实施生态农业。本阶段完成后,要使中国农业生态环境从整体上明显改善,重点地区进入较高水平的生态经济协调发展阶段。

(2)远期目标:从 2031 年至 2050 年,再分 4 批建设 1000 个生态农业县和 100 个生态农业地市,其中每五年建设 250 个生态农业县和 25 个生态农业地市。至 2050 年,在全国 75% 以上的区域建设生态农业。全国农业生态环境状况得到显著改善,建立适应中国农业和农村经济持续发展的良性生态环境体系和资源保护体系。

8.5.3 中国生态农业的发展对策和措施

根据中国生态农业发展的总体构想,可采取三大对策和措施:一是全面实施生态农业县建设;二是研究和建立生态农业技术体系;三是建立和完善生态农业保障体系。

1. 生态农业县建设

(1)生态脆弱区生态农业县建设,包括黄河中上游与黄土高原区生态农业县建设工程,长江中上游及源头地区生态农业县建设工程,"三北"风沙综合防治区生态农业县建设,南方诸河流域综合治理区生态农业县建设,以及淮河、海河流域土石山区生态农业县建设等。

(2)农业主产区生态农业县建设,包括高产区生态农业县建设、中低产区生态农业县建设。

2. 生态农业技术体系建设

为了进一步适应生态农业的发展需求,需要重点研究不同工程模式的设计方法和构建规律,不同区域复合生态工程模式及综合技术,以及专项生态农业技术的和常规技术的生态优化等,从而建立生态农业技术体系,为生态农业建设提供强有力的技术支持。

(1)不同类型区生态农业工程模式及综合技术研究与示范,包括西北黄土高原区复合生态工程模式及综合技术研究与示范,北方草原退化区复合生态工程模式及配套技术研究与示范,长江中上游水土流失区复合生态工程模式及综合技术研究与示范,华北粮食主产区农牧复合生态工程模式及综合技术研究与示范,以及长江中下游农牧渔复合生态工程模式及综合技术研究与示范等。

(2)生态农业专项技术的研究,包括农业废弃物(秸秆和畜禽粪便)资源化高效利用专项技术研究与示范,主要农产品无公害安全生产关键技术研究与示范,以及污水无害化处理与安全农用关键技术研究与示范。

(3)专项常规技术生态化的研究与示范:目前,生物肥料、生物农药、降解地膜、有机无机复合肥、抗虫棉、有效微生物菌群调节剂等一些产品正在开发研制,要进一步加强研究和开发病虫害综合防治技术及作物养分综合管理技术等研究与示范。

3. 中国生态农业发展的保障体系建设

（1）政策法规建设。制定《中国生态农业发展纲要》，并颁布、实施《全国农业生态环境保护条例》。

（2）领导机构建设。为进一步推进中国生态农业建设，需进一步加强和完善国家级生态农业建设领导机构。各省县仿效成立相应的机构。

（3）生态环境监测及评估体系建设。

① 农业生态监测站网络建设。包括部级、省市区和计划单列市在内的 36 个农业环境监测站的建设，10 个草原草地监测站的建设和 8 个农垦监测站建设。

② 生态农业县定位监测站建设。包括已有 51 个生态农业县及今后陆续建成的生态农业县的监测，再配以各类自然保护区及重点湿地定位监测体系的建立。生态环境监测评估体系的建立包括：建立包括生态环境治理成本和收益在内的农业生产核算体系；建立生态农业指标体系及量化标准；建立生态农业县综合评价与管理决策支持系统。

（4）加大生态农业的宣传教育力度，提高全民生态环境意识和参与意识。

（5）做好生态农业人才培训工作。

8.5.4　中国生态农业建设面临的机遇和挑战

1. 农业产业化与生态农业

所谓农业产业化，就是以市场为导向、以效益为中心，依靠龙头企业带动和科技进步，对农业和农村经济实行区域化布局、专业化生产、一体化经营、社会化服务和企业化管理，形成工农贸一体化、产销一条龙的经营方式和产业组织方式。在农业产业化的过程中，首先要构建农业产业链，把加工、销售环节从生产环境中延伸出来，实现产销、农工贸以及产前产后诸多环节的紧密结合，同时重点发展龙头企业、主导产业和商品基地，从而逐渐壮大产业链；其次要制定扶持农业产业化的产业政策，如各级财政的资金扶持、国家有关的农产品优惠政策以及税收扶持等。

在中国推广生态农业，必须走产业化道路，即在发展生态农业的过程中，要积极推进生态农业产业化，发展多种生产类型、多种经营模式和多层次的农业经济结构，引导集约化生产和农村适度规模经营，优化农业和农村经济结构，促进农牧渔、种养加、贸工商有机结合，构建农业、工业、服务业的有效链接，形成产销一体化的产业体系。从而推动中国生态农业的市场化、国际化、标准化、规范化、品牌化和规模化的发展。逐步建立起具有中国特色的资源节约型、经营集约化、生产商品化的现代农业模式，推进中国生态农业的健康持续发展。

值得一提的是，生态农产品的发展将作为生态农业产业化的重大突破口。因为生态农产品是高品质、无污染的食品，它们在国内外市场很有竞争力。一方面，由于我国人民的生活水准正逐步从温饱向小康过渡，已有越来越多的人注重食品安全；另一方面，国外农产品市场对生态食品的需求在逐渐加大，尤其是在发达国家。生态食品的经济价值与普通的农产品相比将会得到大幅度的提高。目前，无公害蔬菜、无污染水果、绿色食品已初步显露出它潜在的市场，一些沿海开放地区已将其作为一种创汇农业的类型而加以开发。

在中国实现生态农业产业化发展，需要推行以下五个方面的工作：

（1）深化认识，理清生态农业产业化发展的基本思路。首先应根据自然资源分布选准主导产业，为产业化发展选好起点。通过选准产业及其发展基地，使农业、农民逐步分工、分业，然后壮大市场和龙头产业，形成完整的产业链条。

（2）调整农业结构，加强市场导向。中国农业市场结构很不完善，在已经建立起来的生产资料市场中也存在着规模小、设施不足、农村市场管理制度和行为准则不完善、市场管理人才缺乏等问题，而且中国农业市场发育程度低，不能满足农业产业化的需要，这也是造成中国生态农业产业化水平不高的原因。

因此，实现农业产业化，需要对农业结构进行适当调整，调整的目的是让有限的资源发挥最大效益，在市场经济的条件下，就是必须充分发挥市场在资源配置中的基础性作用，要注重市场导向，将资源优势转化为商品优势和市场优势。农业产业化的实现是一场社会变革，它既涉及经济管理体制的改革，又涉及政治体制的改革，而且还涉及行业、部门、农民等各方面的利益。

（3）加强政府扶持。从中国的实际情况看，目前还不具备农业全行业产业化发展的条件，由于各地区经济发展水平的差异较大，农业产业化的发展在中国现阶段呈现局部化和部分农产品品种产业化发展的情况。实际上，农业产业化发展单靠政府组织参观学习层层推广是很难实现的，而是要依靠政府、企业以及农民等各方面的配合来完成。政府需要对农业产业化进行政策扶持，培育龙头企业；企业可根据市场条件，进行农业生产调整；而农户则可通过改善生产技术，提高农业生产效率。

（4）围绕主导产品，大力发展集群经济。要形成"集群"，就必须拉长产业链，以支柱产业和主导产品为中心，以农产品的规模化生产和供给吸引深加工、物流等项目，形成完整的产业体系，然后以规模化的供求关系推动生态农业产业化发展。

（5）鼓励多种经营方式，发展生态农业。全面推进生态农业产业化经营，要制定政策吸引企业和农民投身于生态农业的产业化开发。鼓励采取"公司＋农户"、"龙头企业＋基地建设"和"订单农业"等多种经营方式，发展生态农业。支持农产品加工企业、销售企业、科研单位等进入生态农业建设和无公害食品加工销售领域，与生态农业建设基地和农户形成利益共享、风险共担的关系。采取财政、税收、信贷等方面的优惠政策，扶持一批龙头企业加快发展。大力推进无公害农产品生产，使生态农业的生态环境优势转化为现实的经济优势。

2．加入 WTO 与生态农业建设

农业问题曾经是中国加入 WTO 谈判的重点领域。中国在加入 WTO 谈判中，承诺执行 WTO 农业协定，降低农产品关税，取消非关税措施，开放农产品市场；还承诺约束国内农业补贴，取消出口补贴，规范动植物卫生措施。执行加入 WTO 承诺，将使中国农业的市场竞争从国内竞争转向国内、国际双重竞争，并出现国内农产品市场国际化、国内竞争国际化等新趋势。

中国加入 WTO 以后，棉花、糖料、油料等经济作物受到冲击较大，粮食作物中受冲击最大的是玉米，而水果、蔬菜等不适合机械化作业的劳动密集型产业将受到有利影响，但同时进口国的食品安全、卫生检疫以及反倾销、反补贴和其他特殊保护措施将会对中国产品出口形成制约。最近几年，中国农产品因农药超标受阻海外市场的事例有所增加。可见，"绿色"标准已经成为一种新的非关税贸易壁垒，成为中国出口贸易发展的巨大障碍。因此要保持

并提高中国农业综合持续生产能力,满足城乡居民对未来食物数量和质量上的更高要求,迎接加入 WTO 后国际农产品市场的激烈竞争和严峻挑战,必须加快生态农业和绿色食品、无公害农产品的发展,实施产业化规模经营。

3. 西部大开发与生态农业建设

历史上中国西部曾是一片资源富足的地区,现在由于诸多原因,出现诸如水土流失、土地沙漠化、草原退化、水资源匮乏等诸多生态和环境问题。中国要实现可持续发展的目标,就不得不关注生态脆弱的西部地区的可持续发展。国家的西部大开发不仅仅是加大对西部的投入,更重要的是加大对西部环境保护和生态建设的力度。中国目前正以历史上最脆弱的生态环境承受着历史上最多的人口和最大的发展压力,而西部又是中国生态环境最脆弱的地区。因此,在中国西部大开发中,一定要注意生态环境的保护,走生态农业的发展道路。国家应对西部大开发提供更多、更广泛的支持。

（1）政策支持:结合出台的实施西部大开发战略的宏观政策和具体措施,国家应继续加强对西部地区农业和农村经济发展的宏观指导。

（2）技术支持:农业部要组织力量集中研究、引进和推广一批适合西部地区农业特点的优良新品种和先进实用技术,加强草原生态系统建设和资源管理的科学研究,大力推广人工种草等草原生态建设和保护技术,以及旱作节水农业、平衡施肥与肥料深施等实用技术。组织实施好"科技西进行动计划"、"跨世纪青年农民科技培训工程"以及"素质工程",有计划地为西部地区培养一批农业科技人才,不断提高西部广大农牧民的科学文化素质和生产技术水平。

（3）资金支持:农业部要在现有资金渠道基础上,调整资金投向和建设思路,加大对西部地区农业基础设施建设项目的支持力度,主要抓好西部地区商品粮、棉、糖生产基地,旱作节水农业示范县,以及牧区综合开发等示范项目建设。继续加大对西部地区农技推广体系建设的扶持力度。同时,应积极组织实施西部地区特色农业生产示范基地、农业高新科技示范园、农业科技示范场、退耕还草还果、草原生态环境建设等项目。支持西部地区发挥自身优势,扩大农业对外开放。

复习与思考

1. 农业循环经济的内涵是什么?
2. 举例说明农业循环经济的"3R"原则和无害化原则。
3. 试述农业循环经济的循环层次。
4. 生态农业的概念及内涵是什么? 为什么说生态农业和农业循环经济这两种不同的提法在根本上是一致的?
5. 生态农业的各种模式是如何体现生态学原理的?
6. 你认为在生态农业园区的规划与建设过程中应该考虑哪些问题,如何实施?
7. 根据中国生态农业发展的总体构想,应采取哪些对策和措施?
8. 如何实现农业产业化,它对中国生态农业的可持续发展有何意义?

第 9 章

工业循环经济

自 18 世纪以来,工业革命开创了机器大生产的新时代,以机器为代表的现代工业的出现,使世界面貌发生了根本性的变化,为人类创造和发展了以巨大物质财富为主要特征的现代文明。然而,伴随着这一过程,也出现了资源短缺、能源危机、环境污染和生态破坏等一系列全球性的严重危机。危机告诉人们,传统工业发展模式已难以为继,迫使人们对工业化历程中传统的"高投入、高消耗、高污染"的工业发展模式进行深刻反思。然而,在现实的选择中,人们并不希望限制或放弃工业发展以致抛弃工业化成果来谋求危机的解除。事实上,全球日增的人口及其对物质资料需求的刚性增长也说明,这种想法是行不通的。因此人们所希望的是,在创造和享受工业文明成果的同时,最大限度地减轻它的负面影响,从而实现经济的持久增长和人与自然的和谐相处。在这种思想指导下,经济学家和工业界对工业的发展模式进行了大量的探索,工业循环经济模式作为一种可持续发展模式登上了历史舞台。

在工业循环经济理论和具体实践中,通常使用"生态工业"这种表达。本书也沿用这种惯例,在书中其后的内容介绍中,采用"生态工业"这一提法。

9.1 生态工业概述

9.1.1 生态工业的缘起

在反思工业发展所带来的种种后果的时候,人们注意到,尽管自然界每个种群的生长过程都有废物产生,但在各生物种群之间这些废物却是循环的、互相利用的,因而使自然界中的资源和物种得到了协调的可持续发展,唯一的消耗是太阳能。于是人们意识到,应按自然界的生态模式来规划工业生产模式,才能从根本上解决人口、资源和环境的可持续发展,从而提出了生态工业的概念。1989 年,美国通用汽车公司 Frosch 和 Gollopoulos 两位研究人员在 *Scientific American* 发表了题为"可持续工业发展战略"的论文,正式提出"工业生态学"和"工业生态系统"的概念,这一创新性的提法引起了广泛关注。与此同时,美国人保罗·霍克恩在《商业生态学》一书中也提出了工业生态系统的问题。在所有提法中最具代表性的是 1991 年 10 月,联合国工业发展组织提出了"生态可持续性工业发展"(ecological sustainable industrial development)的概念,用以指明一种对环境无害或生态系统可以长期承受的工业发展模式,由于它是一种环境与发展兼顾的模式,因此它也成了全球可持续发展在工业方面的具体体现。这是现代工业发展历史性的重大转变,这一概念的提出标志着未来工业的主导发展方向,即由传统工业发展模式转向生态工业的可持续发展模式,生态工业将成为 21 世纪全球工业发展的主旋律。

9.1.2　生态工业的概念及内涵

工业化历程业已表明,在所有影响环境的因素中,工业对环境的影响最为严重,主要表现在:

(1) 工业生产过程中的环境污染,如"三废"的随意排放;

(2) 工业产品可能对环境不利,如不可降解的农用塑料薄膜;

(3) 工业发展大规模开发资源,客观上冲击了生态环境。

严重的后果和日益提高的生态意识促使人们认识到必须从生态学原理出发设计出生态与经济协调发展的工业发展模式。

所谓生态工业是指根据生态和生态经济学原理,应用现代科学技术所建立和发展起来的一种多层次、多结构、多功能,变工业排泄物为原料,实现循环生产,集约经营管理的综合工业生产体系,它是仿照自然界生态过程物质循环的方式来规划工业生产系统的一种工业模式。在生态工业系统中各生产过程不是孤立的,而是通过物料流、能量流和信息流互相关联,一个生产过程的废物可以作为另一过程的原料加以利用。生态工业追求的是系统内各生产过程从原料、中间产物、废物到产品的物质循环,达到资源、能源、投资的最优利用。

生态工业区别于传统工业的一个重要方面是物质的生命周期全循环,即工业系统内要综合地考虑产品从"摇篮"到"坟墓"再到"再生"的全过程,并通过这样的过程实现物质从源到汇的纵向闭合,实现资源的永续循环利用。生态工业要求从产品的设计阶段起,就必须考虑产品使用期结束后的再循环问题。产品的废弃物处置问题与产品的设计和加工制造过程一样重要。

传统工业一般将废弃的产品(或材料)看作是无用的、等待处置的东西,因此来源于自然环境的原材料经过一次生产过程后,就变成了废弃物排放到环境中。这样的线性经济,一方面,从自然界获取太多,回馈或投入太少,造成资源的枯竭;另一方面,大量开发的自然资源只有部分变成产品,其余的以废弃物形式排入环境,造成环境污染和生态过程的阻滞。表 9-1 列出了生态工业与传统工业的比较。

表 9-1　生态工业与传统工业的比较

类　　别	传 统 工 业	生 态 工 业
目标	单一利用,产品导向	综合效益,功能导向
结构	链式,刚性	网状,自适应型
规模化趋势	产业单一化,大型化	产业多样化,网络化
系统耦合关系	纵向,部门经济	横向,复合型生态经济
功能	产品生产,对产品销售市场负责	产品＋社会服务＋生态服务＋能力建设,对产品生命周期的全过程负责
经济效益	局部效益高,整体效益低	综合效益好,整体效益好
废弃物	向环境排放,负效益	系统内资源化,正效益
调节机制	外部控制,正反馈为主	内部调节,正负反馈平衡
环境保护	末端治理,高投入,无回报	过程控制,低投入,正回报
社会效益	减少就业机会	增加就业机会
行为生态	被动,分工专门化,行为机械化	主动,一专多能,行为人性化

续表

类　　别	传　统　工　业	生　态　工　业
自然生态	厂内生产与厂外环境分离	与厂外相关环境构成复合生态体
稳定性	对外部依赖性高	抗外部干扰能力强
进化策略	更新换代难、代价大	协同进化快、代价小
可持续能力	低	高
决策管理机制	人治,自我调节能力弱	生态控制,自我调节能力强
研发能力	低,封闭性	高,开放性
工业景观	灰色,破碎,反差大	绿化,和谐,生机勃勃

从表 9-1 可以看出,生态工业和传统工业的区别在于生态工业力求把工业过程纳入生态化的轨道中来,把生态环境的优化作为衡量工业发展质量的标志。其内涵与传统工业生产相比有以下几个特点。

(1) 工业生产及其资源开发利用由单纯追求利润目标向追求经济与生态相统一的生态经济目标转变,工业生产经营由外部不经济的生产经营方式向内部经济性与外部经济性相统一的生产经营方式转变。

(2) 生态工业在工艺设计上非常重视废物资源化、废物产品化、废热和废气能源化,形成多层次闭路循环、无废物、无污染的工业体系。

(3) 生态工业要求把生态环境保护纳入工业的生存经营决策要素之中,重视研究工业的环境对策,并将现代工业的生产和管理转到严格按照生态经济规律办事的轨道上来,根据生态经济学原理来规划、组织、管理工业区的生产和生活。

(4) 生态工业是一种低投入、低消耗、高产出、高质量和高效益的生态经济协调发展的工业发展模式。

9.1.3　生态工业的层次

1. 企业内部层次

企业内部层次主要体现为企业内部的清洁生产,在企业内部鼓励生产绿色产品,推行产品的绿色设计和绿色制造技术,这一层次的实践开展得较为深入。

在产品的整个生命周期中,优先考虑产品的可拆卸设计、可回收性、易维护性和可重复利用等环境属性,并将其作为设计目标,在满足上述环境目标的同时,使产品的生产过程能耗物耗最小,从而减少对材料资源和能源的需求,将废物数量降到最低限度,大大缓解废物处理的紧张状况,以利于环境保护,保持生态平衡。

企业内的物料循环可以看作企业层次上的生态链,企业内部各操作单元之间进行物质多层次循环利用和能量的梯级利用,最大限度地提高物质和能量的利用率。厂内的物料循环通常从以下方面实施:①将流失的物料回收后作为原料替代品返回到原工序中;②将生产过程中产生的废料经适当处理后作为原料或原料替代品返回到原生产过程中;③将生产过程中产生的废料经处理后作为原辅料用于本厂的其他过程中。

在企业内部的物料再循环中,特别强调生产过程中的水和气的再循环,以减少废水和废气的排放。

2. 企业或行业间层次

企业间或行业间层次主要是从区域内不同企业或不同行业之间探索构建生态工业链，这一层次是生态工业模式构建的主要形式，也是当前生态工业实践的重点内容，将在9.2节中重点阐述。

3. 区域产业层次

在各种行业生态链接关系的基础上，模拟自然生态系统中"生产者—消费者—分解者"的循环食物链网，在区域产业层次上建立链接关系，培育经济体系中不同产业的协同共生关系，构建工业生态链网。

4. 企业内部层次生态工业案例

1）辽宁中稻股份有限公司

辽宁中稻股份有限公司成立于2006年，位于辽宁省沈阳市沈北新区的农产品加工区内。该公司为国内最大的稻谷加工企业，年深加工稻谷的能力为60万t，主要生产精制大米和米淀粉、米蛋白、米糠油、白炭黑等多种深加工产品。同时，该公司还以稻壳为燃料进行发电和供热，保障企业满负荷运行时的动力供应。

其生产工艺流程见图9-1。

本公司采用的碎米深加工技术是国内外最新的科研成果，该工艺以生物工程技术为核心，有效分离并提取碎米中附加值较高并俏销市场的米蛋白、米淀粉等产品，延长了稻谷加工的产业链，增加了高附加值产品，使原料得以增值5～8倍。

米糠油是大米加工的副产品，本公司对米糠采用成型保鲜并举的预处理和对米糠物料膨化浸出、精炼等新技术、新工艺，提炼精制米糠油。从米糠中提取油脂不仅延伸了稻谷加工产业链，提高了稻谷的加工深度和产品的附加值，增加了稻谷加工企业的经济效益，而且能够减少进口油脂数量，减少国家外汇支出，同时满足人们不断增加的对高品质食用油的需求。

每吨稻谷加工可产生180～220kg稻壳，每吨稻壳可发电约444kW·h。本公司采用我国自主知识产权的稻壳发电技术（南京连驰生物有限公司的气化反应炉系统），有效地解决了结焦及燃烧后的炭化稻壳处理和再利用问题，单台炉可供1000kW发电机的产气量。

利用稻壳做燃料产生热源和发电，既解决了企业的用热用电问题，又处理了稻壳固体废弃物，既经济又环保。用稻壳作为燃料进行热电联产不仅可节约大量的煤炭资源，而且还可将稻米加工的废弃物变成可再生洁净能源，综合效益显著。

对稻壳燃烧发电后产生的稻壳灰，本公司采用国内高校的最新研究成果白炭黑生产技术，从中提取白炭黑，工艺简捷、设备简单、经济合理，可使稻壳发电后产生的废弃物得到充分利用。每2t稻壳灰可提取1t白炭黑，且整个生产过程不会对环境造成污染。

白炭黑作为一种重要的化工原料有许多用途：如作为橡胶的填充剂，用作制造透明或不透明、浅色的鞋底，可以提高制品的耐磨性、耐撕裂强度和硬度；用作纺织、粮食加工器材

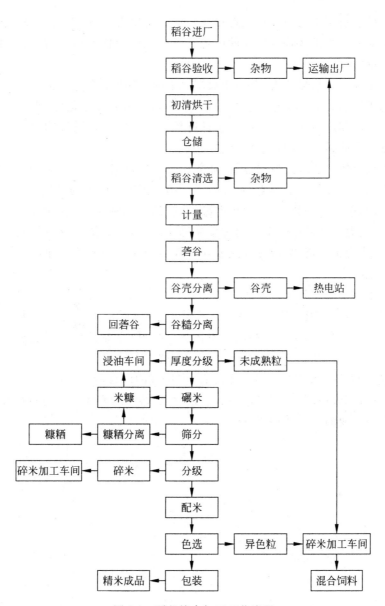

图 9-1　稻谷综合加工工艺流程

的胶辊和胶带,可以大大提高抗张力和制品硬度及耐磨性能;还可使纸张轻量化,适宜高速印刷,提高纸张的强度,改善油黑的渗透性;白炭黑加入聚氯乙烯中用于生产高压电线能改善绝缘性能,能使塑料压模制品易于脱模和成型;在各种塑料薄膜中加入白炭黑可以改变薄膜的表面性能,使薄膜易于张口,不会黏结;白炭黑用作各种农药的乳液分散剂、颗粒剂时,能大量吸收杀虫剂农药后又缓慢释放出来,使杀虫时间长,效果好。用稻壳发电后产生的稻壳灰提取白炭黑,可将稻谷加工过程"吃干榨净",资源得到最大限度的利用,环境得到最大限度的保护。

2) 抚顺矿业集团有限责任公司

抚顺矿业集团有限责任公司是由原抚顺矿务局改制组建的国有独资公司,成立于 2001

年9月。抚顺矿业集团作为一个具有百年开采历史的煤炭企业，煤炭资源逐渐枯竭是发展的必然。煤炭这一作为矿区赖以生存的传统资源可采储量越来越少，企业的生存和发展已面临着严峻的挑战。

油母页岩是煤田中与煤伴生、覆盖于煤层之上的低热值矿物质，露天生产中作为剥离物被排弃。抚顺矿区油母页岩每年产生量达数百万吨，目前有数十亿吨，不仅占用大量土地，而且严重污染空气和地表水体。同时矿区拥有数十亿立方米煤层气的地质储量，煤层气以前也是作为废气排放到大气中，污染了空气。

为了实现企业的可持续发展，抚顺矿业集团公司一直把产业结构调整、实施战略转型作为头等大事来抓。经过几年的摸索与实践，逐步明确了转型的方向，确定了转型的思路。就是立足现有资源，采用先进技术，调整产业结构、提高资源利用效率，开展资源综合利用，进行资源深加工，大力发展循环经济。通过发展循环经济，不断拓宽资源领域，把现有的油母页岩、煤层气等作为主要资源，改变煤炭企业以煤炭为单一资源的局面，实施以多种资源为依托的转产转型战略。

抚顺矿业集团发展循环经济的主要思路是：以煤炭产业为主体，以油母页岩综合利用为核心，以先进技术为依托，充分利用现有的煤炭、油母页岩和煤层气三种主要资源；结合公司发展战略，发挥油母页岩综合利用技术优势，深入研究油母页岩开发利用新技术，形成油母页岩的炼油及产品和废弃物深加工、发电、建材生产（水泥、凝石、烧结砖等）、技术输出、设备制造等循环经济发展体系；结合煤矸石、煤层气的综合利用，变废弃物为资源，逐步形成煤炭、油母页岩综合利用、煤层气、机加工、建材五大产业，实现经济与自然和谐发展，最终完成资源枯竭型企业的战略转型（见图9-2）。

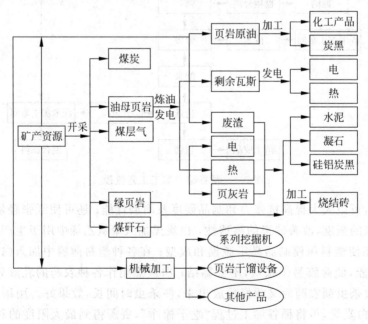

图9-2　抚顺矿业集团循环经济产品体系示意图

目前，国际上页岩炼油技术只有少数几种，而在中国，抚顺矿业集团公司是最早实施页岩炼油项目的。公司早在1991年就建成投产了页岩炼油厂，并开发了抚顺式干馏技术。

2003年5月,在原有三台干馏炉的基础上,实施页岩炼油厂技术改造工程,建设第四台干馏炉,新增年产3万t页岩油能力,页岩炼油厂设计生产能力由年产9万t提高到12万t。2005年6月在西露天矿南侧新建了坑口页岩炼油厂,建设规模为年产页岩油6万t。至此,抚顺矿业集团公司已形成了年产页岩油18万t的生产能力。

在油母页岩炼油过程中,产生大量低热值页岩瓦斯,其中一部分用于工艺系统本身,协助页岩干馏,还有一部分剩余。为了充分利用这部分瓦斯,建成了装机容量为14 000kW的瓦斯发电站,不仅取得了良好的经济效益,还有效地保护了环境。

2002年,采用国产工艺设备,利用百分之百的页岩废渣和煤矸石做原料,生产页岩烧结砖,形成了年产页岩烧结砖6000万块的生产能力,节约了大量土地和能源。2003年,又采用新工艺在原料中混兑30%的页岩废渣,建成年产30万t高强度硅酸盐水泥的水泥厂。不但消除了炼油废渣对环境的排放污染,改善了生产生活环境,还满足了建筑市场的需求,提高了企业经济效益。

炭黑是高性能的军用原料,每吨售价8000元以上,目前利用页岩油生产炭黑年生产能力已达2000t。

目前,还建成了以井下抽放煤层气向沈阳市供气的一期工程,形成了每年输送煤层气能力为5000万 m^3 的系统;建成了抚顺特殊钢公司、抚顺电瓷公司供气工程,每年供气能力为2000万 m^3。不仅大大减轻了矿井瓦斯对煤矿安全生产的危害,而且解决了城市居民生活和工业窑炉使用清洁能源的问题,同时创造了巨大的经济效益。

9.2 生态工业园区

9.2.1 生态工业园区的缘起及概念

20世纪70年代,丹麦卡伦堡(Kalundborg)工业区的几个重要企业试图在减少费用、废料管理和更有效利用资源等方面寻求合作,建立了企业间相互合作的关系。特别是20世纪80年代以来,当地的管理与发展部门意识到这些企业自发地创造了一种新的体系,将其称为"工业共生体"(industrial symbiosis),并从各方面给予了支持。在这个工业小城市,已经形成了蒸汽、热水、石膏、硫酸和生物技术污泥等的相互依存、共同利用的格局,这就是生态工业园的雏形。到了20世纪90年代初,在一些学术论文和会议报告中出现了"生态工业园区"(ecological industrial parks, EIPs)的术语。由于工业生态学自身尚不完善,生态工业园区的定义也不统一,主要有如下几种定义:

1995年Cote和Hall提出,生态工业园区是一个较理想的工业系统,该系统注意保护自然资源和经济资源;能够减少生产过程中的物质消耗、能量消耗、环境风险和处理成本;能够提供废弃物再生利用以及销售获利的机会等。

1996年美国可持续发展总统委员会给出的定义是:"生态工业园区是一个有计划的物质和能量交换的工业系统,寻求能源和原材料消耗的最小化,寻求废物产生的最小化,并力图建立可持续发展的经济、生态和社会关系。"

美国RPP公司首席科学家、Indigo发展研究所主任Emcat Lowe教授认为,一个生态工业园区是一个由制造业企业和服务业企业组成的群落,它通过管理包括能源、水和材料这些基本要素在内的环境与资源方面的合作来实现生态环境与经济的双重优化和协调发展，最终使该企业群落寻求一种比每个公司优化个体而实现的个体效益的总和还要大得多的群体效益。

综合各种定义，我们可以把生态工业园区理解为：生态工业园区是依据循环经济理论和产业生态学原理设计而成的一种新型工业组织形态，是生态工业的聚集场所。通过园区内外的资源共享、废物交换、能量梯级利用等手段，建立工业生态系统的"食物链"和"食物网"，最终实现园区内污染物的"零排放"。

9.2.2　生态工业园区的特征

生态工业园区的最基本特征是园区中各企业间相互利用"废物"作为生产原料，最终实现园区内资源利用率最大化和环境污染的最小化。目前，生态工业园的研究和实践还处于探索发展阶段，与传统工业园相比，生态工业园具有以下特征。

（1）具有行业特征。不同生态工业园一般都围绕当地的自然条件、行业优势和区位优势来进行规划设计，不同园区具有不同的特色。

（2）园区内的企业互相联系、协同发展。生态工业园区是由企业组成的"社区"，但不是单个企业的简单聚集，而是通过协作生产来形成新的生产力。通过园区内各企业间的副产物或废物交换、能量和废水的梯级利用，以及基础设施的共享，实现资源利用的最大化和废物排放的最小化。

（3）现代化管理手段及新技术的应用。如应用信息管理系统、节水、能源梯级利用、再循环和再使用、环境监测等手段和技术，可以提高经济效益和环境效益，从而保证园区的稳定和持续发展。

（4）园区内的基础设施完善、生产工艺先进。园区内的基础设施可以为园内的企业提供优质的服务；生产工艺满足清洁生产的要求，在提高资源利用效率的同时又创造了经济效益。

（5）对进入园区的企业有限制要求。园区在选择入园企业时有一个审核标准，进入生态工业园的企业必须能与园区的发展相兼容。

9.2.3　生态工业园区的类型

从园区的规划设计来看，生态工业园主要有以下四种类型。

（1）实体改造型。此类生态工业园是对现已存在的工业企业通过适当的技术改造，在区域内企业间建立废物和能量的转换关系，建立工业链，充分发挥企业的集聚效应，形成互利共生的横向耦合关系。例如，包头国家生态工业（铝业和钢铁）示范园区对原有企业进行改造，以铝业为龙头、电厂为基础，充分利用当地现有产业的关联度和资源优势、地域优势，实施"铝电联营"，通过系统之间产品或废物的交换形成工业生产链，从而使园区内资源得到最佳配置、废物得到有效利用、环境污染降到最低水平。

（2）全新规划型。该类生态工业园是在良好规划和设计的基础上从无到有地进行建设，主要是吸引那些具有"绿色制造技术"的企业入园，并创建一些基础设施，使得园区内企业间可以进行废水、废热等的交换，同时，废物资源的再生利用可以衍生出不同的产品链。

这一类工业园区投资大,对其成员的要求较高。如美国Choctaw生态工业园区采用交混分解技术将当地大量的废轮胎资源化得到炭黑、塑化剂等产品,进一步衍生出不同的产品链,这些产品链与辅助的废水处理系统一起构成工业生态网。我国南海国家生态工业示范园区也属于这一类型。

(3)虚拟型。该类园区企业在地理上较为分散,通过建立网络平台,使"虚拟"园区内外企业共同组成一个工业共生系统。建设重点是从废物循环利用、资源梯级利用入手,遵循市场价值规律,不同企业间可通过园区信息系统和网络平台实现物、能交换。虚拟园区可以极大地降低建园所需的购地费用,不用进行工厂的迁址工作,避免建立复杂的园区管道等网络系统,并且可以根据市场变化灵活选择合作伙伴,减小市场风险的冲击,具有很大的灵活性。其缺点是运输费用可能较高,如美国的Brownsville生态工业园区就是虚拟型园区的典型。

(4)复合型。随着信息技术的飞速发展,生态工业园在发展过程中也越来越重视信息平台的建设。该类生态工业园主要是指实体改造型园区和虚拟型园区、全新规划型园区和虚拟型园区的组合,通过这种组合,可以强化园区对"废弃物"的优化管理,同时也可以提高园区运行的稳定性。如我国浙江衢州沈家生态工业园区就是复合型生态工业园区的典型。目前大量传统的工业园区适合向复合型生态工业园区的方向发展。

9.3 生态工业园区规划与设计

9.3.1 生态工业园区规划设计原则

与传统的工业园区不同,生态工业园区的运作是通过体现生态学原则的园区设计来实现的。这些原则主要包括以下内容。

1. 与自然和谐共存原则

园区应与区域自然生态系统相结合,保持尽可能多的生态功能。对于现有工业园,按照可持续发展的要求进行产业结构的调整和传统产业的技术改造,大幅度提高资源利用效率,减少污染物产生。新建园区的选址应充分考虑当地的生态环境容量,调整列入生态敏感区的工业企业,最大限度地降低园区对当地景观、水文背景和区域生态系统造成的影响。

2. 循环性原则

循环性是生态工业园区的重要原则,其目标是把最主要的营养物质保存在系统内部。它包括三方面的内容。

(1)物质循环。目前工业发展所依赖的石化、矿物资源是有限的,但工业生产总是在不断地消耗这些资源,同时经过生产和消费等环节后又大量地产生废物,解决这一矛盾的关键就是要实现废物资源化和工业体系内的物质循环。

(2)合理用能。能量虽然不能循环使用,但是可以根据能量品质的不同实现梯级用能、回收生产过程的废热或利用废弃物充当能源,合理用能是节约能源的重要途径。

(3)信息共享与反馈。现代社会中,信息作为一种特殊的资源,可以被无限分享,信息的传播将会减少物质和能量的流失，同时也是生态工业稳定发展的有力保证。

3. 链接性原则

设计生态工业园区必须首先考虑园区成员间在物质和能量的使用上是否形成类似自然生态系统的生态链或食物链，只有这样才能实现物质与能量的封闭循环和废物最少化。园区的成员是否在地域上邻近、园区成员间是否具备供需关系以及供需规模、供需的稳定性均是影响生态工业园区发展的重要因素。特别是废物、副产品的供需关系影响到园区的废物再生水平，如果供大于需，即废物的产生量大于相关企业的需求、消纳能力或者是种类上不匹配，废物减量化目标将难以实现。生态链原则要求工业园区成员的匹配，因此生态工业园区设计的关键是企业、行业的匹配。在区域已有的企业中或者是区域外有发展潜力的行业中找出已有或可能的废物流动关系，通过专家分析，筛选出类别、规模、方位上相匹配的设计或改造方案。

原料链在生态工业园区中的配比取决于园区中不同产品、不同生产过程和不同的企业对资源和能源需求的差异。原料链上下游各企业间灵活、高效的合作关系是园区得以生存的基础。因此，相互耦合的企业所属行业必须要具有一定相关度，要做到废物有"用武之地"，并且可能"一废多用"，即一个企业排出的废料可应用到两个以上的原料链中，分别与两个或多个不同行业的企业耦合构成循环系统。确保所有物质都得到循环往复的利用，凸显最大的生态经济效益。

4. 多样性原则

多样性原则是建设园区生态工业链网结构的基础。以经济价值作为唯一目标将使生态工业的多样性大打折扣。要实现工业经济的多样性，首先要目标多元化，它确保了工业生态系统具有较高的柔性和适应性。因此，在发展经济的同时必须兼顾环境、生态、社会等多重目标，政府在制定政策的过程中可考虑将这些内容涵盖进去。在园区建设中，可以引进不同的产品、不同的生产过程和不同的企业，利用它们对资源和能源需求的差异实现优势互补，形成灵活、高效的合作关系。园区成员组成和相互间的联系要多样化，而且要有创新性，不能一成不变，这样才能保证工业生态系统的平衡和稳定发展。

5. 高效性原则

在追求经济成本和环境成本优势的市场中，仅仅是地域上的邻近已不足以确保现代企业的竞争力。生态工业园区的设计在于形成高效的工作系统。园区内部有着很好的友邻关系，这主要指园区内企业、政府和社区间有着紧密、高效的合作和交流关系。因此，为确保生态工业园区的效率，园区在设计上必须考虑这种合作和交流的流畅。园区通道包括公路、轻轨、铁路和管道应靠近废物、废水或能量的利用者或供应者，同时对希望购买或售卖废物的个人和小商业者保持良好的通达性，包括物资流通和信息交流。因此，有学者认为生态工业园区理想的规模是100～200acre。

生态工业园区区别于传统的废物交换项目，它并不满足于简单地进行一来一往的资源循环，旨在系统地增加一个地区的总体资源。因此，园区将承担所在区域的经济发展、资源永续、社会安定的任务，它的运作将以园区所有成员包括企业、政府、社区为了减少废物和增加经济效益而进行的密切合作为基础。在运转机制上,生态工业园区则是一个有着高效的物质、能量和信息流动的网络,而网络的组织和各个节点的绩效则是决定生态工业园区效率的关键因素。

6. 地域性原则

生态工业园区要根据当地实际的自然条件和技术条件,科学合理地选择和调整产业结构和产业布局,以获得地尽其利、物尽其用的最大经济效益,同时保护良好的生态环境。生态工业园区不是封闭的个体,它通过生态链将周边区域内的企业纳入到整体生态工业大循环中来,使地区经济发展和环境保护融为一体,共同繁荣。

7. 进化性原则

工业生态系统中的进化思想主要体现在更多地依靠可再生资源的持续利用以及废弃物资源和能源的开发利用,以达到物质的循环。人们的观念在不断更新,对资源和环境问题的认识也逐渐深入。工业生态系统将调整自身,以适应当地自然资源的再生周期,减少使用不可再生资源,当然这种调整要受到技术、经济等各种因素的制约,并不是短期内能够完全实现的。此外,生态工业园区的发展也是一个动态过程,必然会有成员的更新、调整和淘汰,成员间的合作关系也需要经过一段时间的磨合和适应。

9.3.2　生态工业园区规划设计步骤

生态工业园区规划实质上是一种区域规划。作为一个开放的系统,对其进行规划要受到多种内外环境和多种因素的影响,必须充分考虑规划的综合性、战略性、动态性,才能使生态工业园区建设顺利进行。

(1) 了解地方对规划的要求,调查区域的社会、经济、资源和环境概况,初步论证生态工业建设的目的、必要性、可行性和意义。

(2) 建立园区建设领导机构,成员应有权威的和未来进行实际决策的领导者参加,组织实际参与规划方案设计的工作组,并成立专家顾问组。

(3) 对区域和企业的状况进行深入调研,分析进行生态工业建设的优势、不足和风险所在,在此基础上确定园区建设的总体目标,并明确生态工业建设的指导思想和基本原则。

(4) 根据总体目标的要求,进一步分解,确定若干具体目标,然后逐步细化,列出完成总体建设目标的可操作的具体任务,并分析各任务间的关系。

(5) 分步骤、分区域(即时间顺序和空间分布)地进行生态工业建设具体任务的规划,其中包括园区产业定位、园区企业选择或改造、园区系统集成方案设计、生态链设计、重点专项建设项目规划、生态链网络构建等。经过有关专家对初步方案评估后,经必要的修改,形成规划文件。

(6) 确定规划任务顺利进行的保证内容,这些内容一般应包括生态工业园区的管理制度、有关方面的鼓励和优惠政策及措施、园区建设的支持体系、入园项目的招商评价系统和园区建设的评价指标体系等。

(7) 园区建设的投资和效益分析,应从经济、环境和社会等多方面、多层次进行,园区和企业的环境影响评价、财务评价都可行时才能着手进行生态工业建设。

（8）制定项目后评价制度，以监督园区的规划和建设工作。

应当指出的是，生态工业建设是一个长期的动态过程，其规划应采用动态规划的方法，要重视规划过程的循环，保证规划有一定的弹性，并在实践的基础上对规划进行必要的修订和补充。

9.3.3 生态工业园区规划设计基本方法

生态工业园区建设或者工业园区实现生态转型的实施途径有两种不同思路。

1. 自下而上的方法

自下而上的方法转型的对象是能够相互形成生态工业园区的企业。生态工业园区的发展开始于一些小的举措，且只涉及企业。一些企业刺激和鼓励邻近企业在地方性或区域性水平上共同寻求双赢的机会。在印度、瑞典、南非、荷兰、加拿大和美国都有类似的生态工业园区项目，也出现了指南和手册。自下而上方法最有希望的模式是"核心承租商方法"（anchortenant approach），即在一个或两个已经存在的或规划的基本"核心"承租商周围建设生态工业园区。核心承租商吸引其他公司加入园区或其商业活动。例如，开发商对一个潜在的承租商营销一个购物广场，因为一个大的百货公司可以吸引更多顾客。开发者要根据特定的资源流动召集大量的不同的承租商，审视每一个企业的输入/输出，筛选出作为卫星企业的承租商，实现企业之间在物流、能流上匹配。

而在生态工业园区中，这种核心公司战略在于使其为卫星公司提供有明显效益的废物流资源，而这些卫星公司可以用来进行产品生产。以 Red Hills EcoPlex 生态工业园区为例，它是以一家 400MW 燃煤循环流化床发电厂和一家煤矿为核心的，该项目目的在于吸引可以引用电厂副产物（如蒸汽、残余热能等）公司（如养殖、食品加工以及利用煤矿黏土进行制砖的公司）的加入等。再如 2001 年 11 月初，国际互联网上公布了美国东圣弗朗西斯海湾区 Alameda 县生态工业园区面向普通工业企业征召承租商的广告。该园区于 2002 年春开始建设，面积 21.27acre，交通便利，邻近 Oakland 港口、Oakland 国际机场和火车站。对承租商的要求如下：

（1）从事环境无害制造、产品开发，尤其是利用再生原料；

（2）能保持经济生存能力而迁移或扩展业务；

（3）目前有良好的商业运作计划；

（4）有意承租或拥有自己的厂房，无须户外建设；

（5）有能力支付租金；

（6）有能力在 2001 年前达成一致与主开发商协作；

（7）愿意参与合作项目，获得公众认可和媒体关注。

该项目具有独特的有利条件：邻近资源供应市场，包括一个国家最大的中转站，原料回收、再使用设施，可以回收木料、金属、纸板、纸张、玻璃、塑料容器、食物废物、电子产品废弃物、建材、轮船等；高达 30 亿美元的基础设施完善资金的支持；对资源回收相关企业可以获得滚动贷款支持和专项基金；对积极的环境绩效和经济绩效可以得到媒体的深度关注和公众认可。

2. 自上而下的方法

自上而下的方法考虑的重心在于整个地理区域及其将来的发展变化,其中涉及多个利害关系者,而且他们各自还有自身发展的规划。因此,实施这种区域性生态工业发展需要完整的规划和策略,主要包括以下几个方面:

(1) 资源再生、污染预防和清洁生产;

(2) 生态工业统一到自然生态系统加以考虑;

(3) 核心承租商;

(4) 生命周期评价;

(5) 就业培训;

(6) 环境管理体系;

(7) 分解者(相对于建设者而言);

(8) 技术革新与持续的环境改善;

(9) 公众参与和协作。

地方或区域性工业系统要转变到规划预期的状态,将进行一系列的决策和行动。在这种方法中直接利益相关者起到核心作用,而且首先要分析他们的责任与利益所在,这既会直接涉及人、公司和市政组织,也包括间接的利害关系人,他们可能影响决策的过程。其次,是将这些利益转变成可测量的和权重化的标准,这些在以后将进一步综合,再形成设计草案,最终计划将在反复的规划、平衡过程中产生。这一过程需要一个组织对整个系统负责,使其真正发起和实施项目并监督转型。最后,实施生态工业发展还要涉及资金筹措与管理、信息交流、市场营销与招募以及监测与评价绩效等。

9.3.4 生态工业园区规划设计内容

生态工业园区规划设计框架包括企业选择、系统集成、园区工业生态系统设计和非物质化四部分(见图 9-3)。企业选择、园区工业生态系统设计见 9.3.5 节。

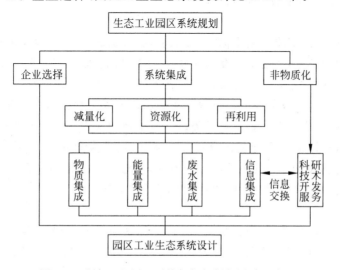

图 9-3 生态工业园区系统框架规划与设计示意图

1. 系统集成

系统集成是指为实现特定的目标，创造性地对集成单元（要素）进行优化并按照一定的模式关系构造成为一个有机整体系统（集成体），从而更大程度地提升集成体的整体性能，适应环境的变化，更加有效地实现特定的功能目标的过程。在生态工业园区的系统集成中，以废物减量化、再循环利用和废物资源化为指导原则，通过成员内和成员间的物质集成和废水系统、能量系统、信息系统的集成以及园区产业的非物质化方向发展，达到园区内物质和能量最大限度地被利用和对环境的最小影响。

系统集成主要是在区域和企业层次上进行的。物质、能量、信息的循环与共享是通过具体的集成方案得以体现的。在系统集成方案设计中，将应用生态学和系统工程方法，把最先进的工艺、最具市场前景的产品融入生态工业园区建设中。系统集成包括物质集成、水集成、能量集成和信息集成等4部分内容。

2. 管理与服务

生态工业园区建设是一项综合性、整体性的系统工程，涉及多个层次和不同对象，而且各方面的关系相互交织，需要有关管理部门有效地协调组织，从政府、园区、企业3个层次进行生态化管理。政府着眼于宏观方面进行战略管理、政策导向、法规建设和建立激励机制；园区管理则侧重协调生产企业和技术、产品、环境、经济等多个部门的关系，保证物质、能量和信息在区域范围内的最优流动，并对其进行指标考核；企业管理主要推行清洁生产，节能降耗，减少污染物的排放，保证高效、稳定的正常生产活动。

对于生态工业园区，要求具有比传统工业园区更复杂的管理，支持各成员之间副产物的交换，帮助其适应工业共生体的变化（如生产者或消费者的迁出）；园区具有与区域副产物交换场所的联系和本区域范围内的远程通信系统；园区还应包括培训中心、自助餐厅、保健中心、普通供应办公室或运输后勤办公室等，公司可以通过这些服务的共享来进一步节省开支；园区应当建设成为耐受的、可维持的、易于重新组合以适应条件变化的系统，在其瓦解前，其材料和系统是易于再用或回收的。

1）技术支撑

生态工业园区建设实质上是根据一定地域内的资源优势、产业优势和产业结构，进行产业间的组合、链接和补充，使之形成互为关联和互动的工业原料链。工业原料链以及由其组成的闭合循环系统的建立都需要经济合理的技术予以支撑。技术障碍已经扼杀了许多工业活动生态化的可能性，如放射性废物就很难找到循环或无害化技术。因此，生态工业园区管理者应尽量为园区及成员发展扫清技术障碍。除了在园区内兴办创新服务中心等各种形式孵化器的传统做法外，还可以建立区外科技企业网，促进横向联合，借势造势；实施外脑战略，与科技院校、优势园区建立密切联系，借力发展等。在发展技术的同时，还需注意的是原料链上下游企业技术力量的均衡性，以保护原料链的通畅。

2）成员管理

从某种意义上讲，生态工业园区是一种特殊的区域。园区管理也必须包括成员管理。园区中原料链及闭合循环系统的稳定运行是整个园区稳定的基础，而原料链的稳定则取决于构成原料链的园区成员状况。原料链上游企业副产品的输出量与下游企业原料需求量要相符,这对上下游企业规模匹配要求很高。除企业规模外,企业创新活力也是一个至关重要的因素。园区内成员创新活力与技术改造能力彼此相符才能保证原料链的稳定,更可以提高原料利用率。缺乏活力、在市场上站不住脚的企业均不适合进入循环系统。

3)优惠政策

优惠政策主要服务于技术提升,通过技术创新提升整个工业园区的发展速度。例如,鼓励企业、高等院校、科研机构联合创新,并对产、学、研相结合的技术创新活动给予资金支持。在萌芽期,鼓励设立中小企业创业资金,采取配套资金拨款、股权投资等方式支持中小企业的技术创新活动。鼓励企业和其他市场主体的员工依法设立信用担保机构,为企业提供以融资为主的信用担保。鼓励园区企业、高等学校、科研机构及其相关人员进行专利申请、商标注册,取得自主知识产权,并对自主知识产权采取保护措施。促进国际经济技术合作,鼓励境外组织和个人在园区内投资兴办企业,所办企业在审批、登记、贷款、办理海关手续、人员出入境、场地使用、公用设施、设立保税工厂和仓库及税收方面享受优惠待遇。

9.3.5 生态工业园区系统结构设计

在建立生态工业园区及生态工业网络的过程中,如何更好地构筑企业共生体、构筑生态工业链,提高生态工业园及生态工业网络中企业的竞争能力,提高生态工业园区或网络的稳定性,已成为生态工业发展面临的主要问题。

生态学理论,包括关键种理论、食物链及食物网理论、生态位理论及生态系统多样性理论等,在发展生态工业、规划设计生态工业园区或网络中具有综合指导作用,运用这些理论可有效解决生态工业发展所面临的主要问题。

1. 生产者、消费者及分解者

对于一个全新规划的生态工业园区,其实施和建设还要受到政策、市场等多方面的影响,因此,不同生态工业园区的系统结构设计是不同的。生态工业的成员和结构可以分为3种类型,即资源生产(生产者)、加工生产(消费者)和还原生产(分解者),它们共同组成生态工业链和生态工业网络。资源生产企业相当于自然生态系统中的初级生产者,主要承担不可更新资源、可更新资源和恒定资源的开发利用,并以可更新资源逐渐代替不可更新资源为目标,为工业生产提供初级原料和能源;加工生产企业相当于生态系统中的消费者,以生产过程无浪费、无污染为目标,将资源生产企业提供的初级资源加工成满足人类生产生活必备的工业品;还原生产企业则将各种废弃物再资源化,加工转化为新的产品,或进行无害化处理。

2. 关键种与企业共生体

关键种理论是生态学的基本理论,它确定了关键种在生态系统中的地位和作用。关键种是指一些珍稀、特有、庞大的对其他物种具有不成比例影响的物种,它们在维护生物多样性和生态系统稳定方面起着重要作用。如果它们消失或削弱,整个生态系统可能要发生根本性的变化。

关键种理论用于生态工业,就是在设计生态工业园区时,指导设计人员选定"关键种企业"作为生态工业园的主要种群,构筑企业共生体。在企业群落中,关键种企业使用和传输的物质最多、能量流动的规模最为庞大，带动和牵制着其他企业、行业的发展，居于中心地位，它对构筑企业共生体、对生态工业园的稳定起着关键的重要作用。以目前已成功运行的生态工业园区为例，它们的关键种企业是：著名的卡伦堡生态工业园区的 Asnaes 发电厂、日本太平洋水泥生态工业园区的水泥厂、广西贵港生态工业园区的糖厂。这些关键种企业废物多，能耗高，横向链长，纵向联结着第一、三产业，带动和牵制着其他企业、行业的发展，是园区内的链核，具有不可替代的作用，也反映了所有生态工业园区的特征，分别称这些生态工业园区为发电厂生态工业园区、水泥生态工业园区、制糖生态工业园区。

选定关键种企业，构筑企业共生体是发展生态工业的关键。在我国，运用关键种理论，选择煤炭、火电厂、石油、石化、钢铁、水泥、电子行业、农副产品加工业作为关键种企业，构筑企业共生体，建立生态工业园区，是实现我国工业可持续发展的必然选择。

3. 生态工业链

在自然生态系统中，植物所固定的太阳能通过一系列取食和被取食的关系在生态系统中传递，把生物之间的这种传递关系称为食物链。生态系统有许多食物链，各个食物链彼此交织在一起，相互联系而成食物网。自然系统依靠食物链、食物网实现物质循环和能量流动，维持生态系统稳定。

食物链及食物网理论用于工业系统，就是指导设计人员借鉴自然系统的食物链、食物网原理，依据工业系统中物质、能量、信息流动的规律和各成员之间的类别、规模、方位上是否相匹配，在各企业部门之间构筑生态工业（产业）链，横向进行产品供应、废物和副产品交换，纵向连接第二、三产业，实现物质循环、能量流动和信息传递的功能，建立生态工业系统。

构筑生态工业链，包括物质循环生态工业链、能量梯级利用生态工业链、水循环利用生态工业链和信息链等。

4. 企业生态位

生态位理论是生态学的一个重要理论。生态位是指群落中某种生物所占的物理空间、发挥的功能作用及其在各种环境梯度上的出现范围。它包括两方面含义：一方面是生物和所处生态环境之间的关系；另一方面是生物群落中的种间关系。生态位的大小可以用生态位宽度来加以衡量。所谓生态位宽度是指在环境的现有资源谱当中，某种生态元能够利用多少（包括种类、数量及其均匀度）的一个指标。生态位宽度越大，说明所研究对象在系统中发挥的生态作用越大，对社会、经济、自然资源的影响或利用越广泛，影响程度或利用率越高，效益越大，竞争力越强；反之，生态位宽度越小，在系统中发挥的生态作用越小，竞争力越弱。物种之间的生态位越接近，相互之间的竞争就越激烈；分类上属于同一属的物种之间由于亲缘关系较接近，因而具有较为相似的生态位，可以分布在不同的区域，如果它们分布在同一区域，必然由于竞争而逐渐导致其生态位分离。大多数生态系统具有不同生态位的物种，这些生态位不同的物种避免了相互之间的竞争，同时由于提供了多条能量流动和物质循环途径而有助于生态系统的稳定。

工业生态系统被视为一类特定的生态系统，系统中每个企业都有其生态位。企业的生态位可定义为：可被利用的自然因素（地质、地貌、气候、资源、能源）和社会因素（劳动条件、生活条件、技术条件、社会关系等）的总和。企业的生态位包括两个方面：一方面是企业的态(能源和资源占有量、人员、资金、技术科研力量等);另一方面是企业的势(能量物质交换速率、生产率、人员变动率、经济增长率等)。态和势的有机结合反映了企业的生态位宽度,即生态位的大小。

企业生态位大小定性分析如下:

(1) 生态工业园区、生态工业网络中的企业要想有强的竞争力,必须有足够的生态位宽度;

(2) 生态位窄的企业,应该利用其潜在生态位,开拓其非存在生态位,如降低成本、加强技术科研力量、开拓产品市场等;

(3) 同一生态工业园区、生态工业网络中,同一类企业能否同时存在多个,需定量分析其生态状况等作出决定;

(4) 利用生态位理论,生态工业园区、生态工业网络内的企业可实现错位经营,可通过经营规模上的错位、档次上的错位、时空上的错位等,保持企业的竞争能力。

总之,在生态工业园区发展中,可通过合理构筑和利用生态位,提高企业的竞争力。

5. 工业生态系统稳定性

生态系统多样性是指生境多样性、生物群落多样性和生态过程多样性。生态系统多样性决定了生态系统的稳定性。

工业生态系统多样性主要是指其产品类型、产品结构的多样性,生态工业园区类型的多样性,园区内组成成员的多样性,园区企业多渠道的输入输出,园区内管理政策的多样性等。

目前已有的工业生态系统是比较脆弱的,作为实现经济与环境双赢的实践形式,应该形成新的多样性格局,以提高工业生态系统的稳定性。

(1) 在设计生态工业园区时,首先要根据当地的资源、能源等状况,设计多种产品、构建多样化的产品结构,产品结构越复杂,市场适应能力越强,越有利于工业生态系统的稳定。

(2) 构建多样性的生态工业园区,如火电厂生态工业园区、石化生态工业园区、煤炭生态工业园区、钢铁生态工业园区、水泥生态工业园区、制糖生态工业园区、酿酒生态工业园区、高新技术生态工业园区等。

(3) 建立生态工业园区之间协同作用的多样性,保持生态工业园区之间互相联系、协调发展。

9.4 生态工业园区评价指标体系

9.4.1 生态工业园区评价指标体系的设计原则

为了科学地评价生态工业园的发展,需要建立一套合理的评价指标体系。在建立评价指标体系时,应当遵循以下原则。

(1) 全面性与针对性相结合的原则。生态工业园作为一个有机的整体,是各种要素综合作用的结果,指标体系要尽可能全面地反映园区发展的各个方面。同时要考虑指标量化以及数据获取的难易程度和可靠性,选择某一方面或某一领域的主要指标和综合指标,注重针对性、实用性和可操作性。

(2) 定性与定量相结合的原则。指标体系的设置尽可能采用定量指标,消除主观因素对评价的影响。但对园区建设发展有较大影响的一些制度因素、管理因素和环境因素等，因这些因素不易量化，可采用定性的方法加以描述，在具体评价时可通过一定的方法将其定量化处理，使其变得清晰并具有可比性。

（3）科学性原则。评价指标体系能够反映园区的主要特征，并且本身具有合理的层次结构。数据来源要准确、处理方法要科学，具体指标能够反映出生态工业园建设相关目标的实现程度。

（4）时空性原则。有些指标在一段时间内可能具有代表性，但超过某一时段，其代表性可能就会变弱，甚至消失。不同区域的环境质量状况以及经济、社会所处的发展阶段不尽相同，生态建设的内容和重点也有差异。因此必须根据评价区域的特点来确定指标的内容。此外，指标体系也要随生态工业园的发展而做出相应的调整，做到动态性和稳定性相结合。

（5）多样性原则。有多样性，才有稳定性。多样性原则要求在生态工业园的指标体系中既有动态指标，又有静态指标；既有绝对指标，又有相对指标；既有价值型指标，又有实物型指标。

9.4.2 三类生态工业园区评价指标体系

目前，国家环保总局制定了三类生态工业园区（综合类、行业类和静脉产业类生态工业园区）的指标体系（HJ/T 273～275—2006），以加强园区的建设、管理和验收。

1. 综合类生态工业园区指标

综合类生态工业园区主要指在高新技术产业开发区、经济技术开发区等工业园区基础上改造而成的生态工业园区。综合类生态工业园区指标见表9-2。

表9-2　综合类生态工业园区指标

项目	序号	指标	单位	指标值或要求
经济发展	1	年人均工业增加值	万元/人	≥15
	2	工业增加值年增长率		≥25%
物质减量与循环	3	单位工业增加值综合能耗①	t(标煤)/万元	≤0.5
	4	单位工业增加值新鲜水耗②	m³/万元	≤9
	5	单位工业增加值废水产生量	t/万元	≤8
	6	单位工业增加值固体废物产生量	t/万元	≤0.1
	7	工业用水重复利用率		≥75%
	8	工业固体废物综合利用率		≥85%
	9	中水回用率③		≥40%
污染控制	10	单位工业增加值COD排放量④	kg/万元	≤1
	11	单位工业增加值SO₂排放量④	kg/万元	≤1
	12	危险废物处理处置率		100%
	13	生活污水集中处理率		≥70%
	14	生活垃圾无害化处理率		100%
	15	废物收集系统		具备
	16	废物集中处理处置设施		具备
	17	环境管理制度		完善

续表

项目	序号	指标	单位	指标值或要求
园区管理	18	信息平台的完善度		100%
	19	园区编写环境报告书情况		1 期/年
	20	公众对环境的满意度		≥90%
	21	公众对生态工业的认知率		≥90%

注：① 2010 年前评审的园区除达到该指标外，还须满足

$$E \leqslant E_{2005} \times (1 - 0.0436)^{(i-2005)}$$

式中，E——单位工业增加值能耗；

　　E_{2005}——园区 2005 年单位工业增加值能耗；

　　i——评审年份。

② 2010 年前评审的园区除达到该指标外，还须满足

$$W \leqslant W_{2005} \times (1 - 0.0689)^{(i-2005)}$$

式中，W——单位工业增加值新鲜水耗；

　　W_{2005}——园区 2005 年单位工业增加值新鲜水耗；

　　i——评审年份。

③ 园区内没有城市污水处理厂的不考核该指标。

④ 2010 年前评审的园区除达到该指标外，还须满足

$$W \leqslant W_{2005} \times (1 - 0.0209)^{(i-2005)}$$

式中，W——污染物（COD 或 SO_2）排放量；

　　W_{2005}——园区 2005 年污染物（COD 或 SO_2）排放量；

　　i——评审年份。

2．行业类生态工业园区指标

行业类生态工业园区是以某一类工业行业的一个或几个企业为核心，通过物质和能量的集成，在更多同类企业或相关行业企业间建立共生关系而形成的生态工业园区。行业类生态工业园区指标见表 9-3。

表 9-3　行业类生态工业园区指标

项目	序号	指标	单位	指标值或要求
经济发展	1	工业增加值年增长率		≥12%
物质减量与循环	2	单位工业增加值综合能耗	t(标煤)/万元	达到同行业国际先进水平
	3	单位工业增加值新鲜水耗	m³/万元	
	4	单位工业增加值废水产生量	t/万元	
	5	工业用水重复利用率	%	
	6	工业固体废物综合利用率	%	
污染控制	7	单位工业增加值 COD 排放量	kg/万元	
	8	单位工业增加值 SO_2 排放量	kg/万元	
	9	危险废物处理处置率		100%
	10	行业特征污染物排放总量[①]		低于总量控制指标
	11	行业特征污染物排放达标率[①]		100%
	12	废物收集系统		具备
	13	废物集中处理处置设施		具备
	14	环境管理制度		完善

续表

项目	序号	指标	单位	指标值或要求
经济发展	1	工业增加值年增长率		≥12%
园区管理	15	工艺技术水平		达到同行业国内先进水平
	16	信息平台的完善度		100%
	17	园区编写环境报告书情况		1期/年
	18	周边社区对园区的满意度		≥90%
	19	职工对生态工业的认知率		≥90%

注：①行业特征污染物指除 COD、SO_2 等常规监测指标外，行业重点控制的污染物。

3．静脉产业类生态工业园区指标

静脉产业类生态工业园区是以从事静脉产业生产的企业为主体建设的生态工业园区。静脉产业（资源再生利用产业）是以保障环境安全为前提，以节约资源、保护环境为目的，运用先进的技术，将生产和消费过程中产生的废物转化为可重新利用的资源和产品，实现各类废物的再利用和资源化的产业，包括废物转化为再生资源及将再生资源加工为产品两个过程。静脉产业类生态工业园区指标见表 9-4。

表 9-4　静脉产业类生态工业园区指标

项目	序号	指标	单位	指标值或要求
经济发展	1	年人均工业增加值	万元/人	≥5
	2	静脉产业对园区工业增加值的贡献率		≥70%
物质减量与循环	3	废物处理量	10^4 t/年	≥3
	4	废旧家电资源化率①		≥80%
	5	报废汽车资源化率①		≥90%
	6	电子废物资源化率①		≥80%
	7	废旧轮胎资源化率①		≥90%
	8	废塑料资源化率①		≥70%
	9	其他废物资源化率①		符合相关规定
污染控制	10	危险废物安全处置率		100%
	11	单位工业增加值废水排放量	t/万元	≤7
	12	入园企业污染物排放达标率		100%
	13	废物集中处理处置设施		具备
	14	集中式污水处理设施		具备
园区管理	15	园区环境监管制度		具备
	16	入园企业的废物拆解和生产加工工艺		达到国际同行业先进水平
	17	园区绿化覆盖率		35%
	18	信息平台的完善度		100%
	19	园区旅游观光、参观学习人数	人次/年	≥5000
	20	园区编写环境报告书情况		1期/年

注：①选择性指标，根据各园区废物种类进行选择。

9.5　国内外生态工业园区的发展

20 世纪 90 年代以来,生态工业园区开始成为世界工业园区发展领域的主题。目前世界已建成 100 多个生态工业园区,主要分布在一些发达国家,如丹麦、美国、加拿大、日本等,发展中国家主要有泰国、印度尼西亚、菲律宾、纳米比亚、南非等。

9.5.1　国外生态工业园区典型案例与发展

1. 丹麦

位于丹麦哥本哈根西部大约 100km 的卡伦堡生态工业园区,是迄今国际上生态工业园区最为典型的代表,也是世界上最早的生态工业园区。园区采取面向共生企业的循环经济发展模式,即把不同的工厂连接起来形成共享资源和互换副产品的产业共生组合,使得一家工厂的废气、废热、废水、废物成为另一家工厂的原料和能源,从而在更大范围内实现物料循环,减少废弃物排放。

该园区以发电厂、炼油厂、生物制药厂和石膏制板厂 4 家企业为核心,其他成员包括农场、养鱼场、居民区及该地区以外的水泥厂和硫酸厂。通过贸易的方式实现了物质的循环利用和能量的逐级利用,把其他企业的废弃物或副产品作为本企业的生产原料,获得了良好的经济和环境效益,最终实现园区的污染"零排放",其示意图见图 9-4。

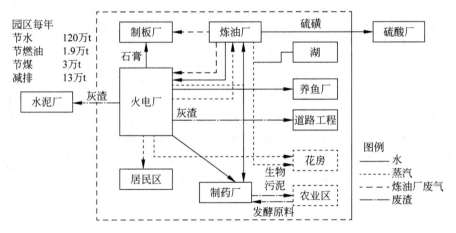

图 9-4　卡伦堡生态工业园示意图

卡伦堡生态工业园是逐渐发展起来的,从 1982 年起火电厂就把多余的工业用热变成蒸汽提供给炼油厂,在同一年,火电厂又通过蒸汽管道与卡伦堡的生物制药厂连接起来,使炼油厂和生物制药厂分别获得生产所需热能的 40% 和 100%,同时火电厂通过一个远距离供热网为卡伦堡镇上的居民取暖提供热量。通过给居民提供热量,全镇减少了约 3500 座家庭锅炉,大大削减了大气污染物的排放。火电厂的剩余热量用于养鱼,使电厂的热能效应得到最大限度的发挥,鱼池的淤泥可以作为肥料出售。针对当地淡水资源缺乏的状况,1987 年,炼油厂废水经过生物净化处理,每年通过管道给火电厂提供 70 万 m^3 的冷却水,占火电厂淡水需求量的 25%。炼油厂在生产过程中形成的燃气被送到火电厂和石膏制板厂,供给电厂燃烧和用于石膏板生产的干燥；酸气脱硫产生的稀硫酸供给附近的一家硫酸厂。火电厂每年除尘脱硫设备产生的8万多吨硫酸钙全部出售给石膏制板厂，占到了该厂从西班牙进口原料的1/2。粉煤灰出售供修路和生产水泥用。

目前，该园区已发展成为一个包括发电厂、炼油厂、生物制药厂、石膏制板厂、硫酸厂、水泥厂以及种植业、养殖业、园艺业和卡伦堡镇供热系统在内的生态经济社会复合系统。通过能量和物质在各企业间梯级开发和循环利用，极大地提高了资源利用效率，降低了生产成本，消除了环境污染，形成了经济发展与资源-环境保护的良性循环。据资料统计，在卡伦堡工业园发展的20多年时间内，总投资额为6000万美元，而由此产生的效益每年大约为1000万美元。

卡伦堡生态工业园向我们提供的成功经验可以归纳为以下几个方面：

(1) 所有合约都是由企业双方协商决定的，即双方是自愿的，而不是通过任何行政的或其他强制性的手段加以干涉；

(2) 达成的每个协议是由于企业双方都觉得有利可图，可以为自己带来商业利益；

(3) 每一方都应尽力使风险最小化。

2. 美国

20世纪70年代以来，在美国环境保护署(EPA)和可持续发展总统委员会(PCSD)的支持下，美国的一些生态工业园项目应运而生，涉及生物能源开发、废物处理、清洁工业、固体和液体废物的再循环等多个方面。从1993年开始，生态工业园在美国迅速发展。美国政府在可持续发展总统委员会下还专门设立了一个"生态工业园特别工作组"。目前，美国已有20多个生态业园区，并各具特色。

(1) 弗吉尼亚查尔斯角生态工业园

位于弗吉尼亚北安普敦县的查尔斯角港可持续技术工业园被认为是美国第一个生态工业园。它占地570acre(1acre＝$4.047×10^3$m²)，包括工业区、海岸沙丘生境保护区和一些废水处理湿地。它是北安普敦县可持续发展行动战略的一个组成部分。

工业园的宗旨是建立一个有利于经济、人民生活、自然资源和文化资源的发展模式；创造就业和培训机会；保护自然资源与文化资源，进行节约型和高效率的资源利用模式示范；支持私有工商企业和工业发展，恢复当地经济活力；开发新一代集收益好、资源利用效率高和污染预防效果好于一体的工业设施。

(2) 马里兰州巴尔的摩生态工业园

巴尔的摩市东南部的费尔菲尔德生态工业园占地面积2200acre，以从事石油和有机化学产品生产的工业企业为主。美国可持续发展总统委员会的产业生态学专家认为，这种工业体系为有机化合物的"碳"循环创造了条件和机遇，并坚信巴尔的摩将成为未来工业发展的典范，因此把它作为一个示范项目。

运用产业生态学原理改造现有产业组成和结构是费尔菲尔德生态工业园的基本思路，一方面要帮助现有成员进一步发展和扩大，另一方面要招募新型相关企业。招募的企业类型包括：

① 与生态工业园建设目的配套的制造业，如化学公司、薄膜公司、胶卷公司等；

② 环境友好型企业；

③ 再循环与废物交易公司。

费尔菲尔德生态工业园是美国环保局的一个中试项目,该举措旨在"以承诺取得更好环境表现为前提,推动社区实施环境法规灵活性"的计划。园区以巴尔的摩开发公司为主,依靠康奈尔大学帮助建设,在发展过程中包括了广泛的社区参与。

(3) 得克萨斯州 Brownsville 生态工业园

Brownsville 是美国—墨西哥边界上唯一有五种运输方式的地点,也是 Brownsville 生态工业园的所在地,它是虚拟生态工业园的典型。园区建立了自己的数据库,列出了本区及附近地区现有企业生产的产品及废料或排放物,咨询专家对这些企业的排放物或废料进行分析,并且找出有可能使用这些排放物或废料的潜在企业,以促使它们加入到生态工业园区的"工业共生"系统中来。

园区主要成员为发电厂、炼油厂以及沥青厂。电厂使用来自炼油厂的瓦斯,并提供蒸汽作为交换,沥青厂利用炼油厂剩余油料及热电厂的蒸汽,养鱼场利用热电厂产生的蒸汽,同时引入废油、废溶剂回收厂担当"补链"角色。此外,园区内的查普雷尔钢铁公司与得克萨斯工业公司在得克萨斯州的米得罗森市共同组建了零排放工业生态模式。得克萨斯工业公司下属的水泥厂利用查普雷尔钢铁公司炼钢厂的炉渣生产高质量的水泥。由于炉渣直接从炼钢厂的冶炼炉里转运到水泥厂的窑中,从而使炼钢厂的废料得以充分利用,也使水泥厂省下了大笔生产成本。水泥厂在使用炼钢厂的炉渣做原料后,其产量增加了 10%,同时能耗减少了 10%。

3. 日本

日本生态工业园区是以建设资源循环型社会为目标,在发挥地区产业优势的基础上,大力培育和引进环保产业,严格控制废物排放,强化循环再生。日本从 1997 年就开始规划和建设生态工业园区,并把它作为建设循环型社会的重要举措。

1) 日本生态工业园区的主要特点

(1) 以静脉产业为主体是日本生态工业园区建设的最大特点。现有的 23 个生态工业园区都以废弃物再生利用为主要内容,相关设施有 40 多个,所回收、循环利用的废弃物多达几十种。这些废弃物中包括了量大面广的一般废弃物和产业废弃物,如 PET 瓶、废木材、废塑料、废旧家电、办公设备、报废汽车、荧光灯管、废旧纸张、废轮胎和橡胶、建筑混合废物、泡沫聚苯乙烯等。

(2) 生态工业园区内利用的废弃物大部分属于个别再生法规定的范围。正是由于有了相关法律的支持,日本生态工业园区的废弃物再生利用产业才能够有序、规范地发展。例如,一般废弃物中的废弃家电、废旧汽车、废容器的回收处置或再利用等,分别有相关的法律法规支持。建筑混合废物等产业废弃物的再生利用则是建筑再利用法等相关法律所规定的。

(3) 在园区内开辟专门的实验研究区域,产、学、政府部门共同研究废弃物处理技术、再利用技术和环境污染物合理控制技术,为企业开展废弃物处置和循环利用提供了技术支持。例如,北九州生态工业园区中,具体的实验项目包括废纸再利用、填埋再生系统的开发、封闭型最终处理场、完全无排放型最终处理场、最终处理场早期稳定化技术开发、废弃物无毒化处理系统,以及豆腐渣等食品化技术、食品垃圾生物质塑料化等多项实验研究。

（4）生态工业园区建设重点突出、特色分明。总体来说，日本生态工业园区内的产业活动是以废弃物再生利用为主的，但是，从所利用的废弃物种类来看，园区之间还是存在差别的，即各个园区都有自己的主体方向。另外，同一类型的废弃物再生设施也可能在不同的生态工业园区应用，例如，秋田县、宫城县、北海道和北九州市等4个生态工业园区均设置了家电再生利用设施。后一种情况表明，日本所规划、建设的生态工业园区是具有地域性的，即首先考虑了不同地区建设生态工业园区的产业技术基础，同时也考虑了废弃物资源的空间分布特征。

（5）生态工业园区是一个多功能载体，除了进行常规的产业活动外，还是一个地区环境事业的窗口。例如，北九州生态工业园区内除了各项废弃物再生利用设施外，还具有以下功能：举办以市民为主的环境学习；举办与环境相关的研修、讲座；接待考察团；支援实验研究活动；园区综合环境管理；展示环境、再生使用技术和再生产品；展示、介绍市内环境产业。

2）日本生态工业园区建设的管理模式

日本生态工业园区建设以地方自治体为主，国家和地方政府共同辅助和管理，企业、研究机构、行政部门积极参与，形成了产学官一体化的园区管理和运作模式。

目前，日本生态工业园区的建设和管理主要由环境省和经产省共同负责，实行双重管理制。环境省负责废弃物的合理处理工作，而经产省主要从产业方面进行管理，负责对可回收资源（如铁、废塑料等）的管理工作。

生态工业园区的审批由两省共同负责。各地方自治体围绕某一主题提出生态工业园区建设详细计划，并报送日本环境省和经产省。环境省和经产省对地方自治体呈报的规划进行联合审查和批准，得到两省认可后才能进入园区建设实施阶段。

中央制定了生态工业园区补偿金制度，由环境省和经产省执行。在现有园区的40个静脉产业设施中，环境省主要资助生态工业园区的软硬件设施建设、科学研究和技术开发；经产省主要资助硬件设施建设、与3R相关技术的研发及生态产品开发等。少数设施建设由两省共同承担。对全国现有23个园区的40多个静脉产业企业，经产省给予经费支持的占20%左右，环境省给予支持的约占30%。此外，对于参与循环型事业的地方政府、非营利组织及居民，由两省共同出资予以补助。由此也可看出，日本经济部门负有对新建企业进行资金援助的主要责任，而环境部门除对入园企业给予一定的经费资助外，在园区环境管理、废弃物回收和处理指导等方面起主要作用。

入园企业的技术水平在同行业中必须具有先进或领先性，方能取得国家和地方政府的资金援助，国家对入园企业的补助经费占企业初步建设经费总额的1/3～1/2。各地方政府对入园企业也有少量补贴，但补助金额多少不等。国家和地方政府的补助经费主要用于新建工厂的土地占用、厂房建设及主要设备购置等方面。以北九州生态工业园区为例，该园区目前已投资502亿日元，其中国家投入100亿日元，市政府投入58亿日元，民间投入300亿日元，已建成16家研究设施和21家处理生产厂。

地方环保部门对生态工业园的管理，一是对企业排污进行监控；二是为企业合理利用资源提供信息和技术指导，对入园企业进行审批，并帮助入园企业办理其他手续；三是对符合条件的企业予以补助；四是负责向社会和市民公开信息。

9.5.2　中国生态工业园区典型案例与发展

纵观我国产业园区的发展历程,大致可以划分为3个阶段:第1代为经济技术开发区;第2代为高新技术产业开发区;第3代为生态工业园区。

我国在2000年前后开始了生态工业园区规划与建设的系统性探索工作。最初,通过与清华大学的合作,浙江省衢州市在其下属的4个工业园区内开展了生态工业园区规划的探索工作。其后,广西贵港市开展了甘蔗制糖生态产业体系的规划与建设工作,并被国家环保部门批准为生态工业建设示范园区,由此我国正式开启了国家层面生态工业园区规划建设的系统实践。

为了推进生态工业园区(EIPs)的建设工作,国家环保部门会同商务以及科技部门于2003年出台了《国家生态工业示范园区申报、命名和管理规定(试行)》和规划指南,随后,2006年发布了行业类、综合类和静脉产业类三类生态工业园区的技术标准(试行),2007年又发布了《国家生态工业示范园区管理办法(试行)》,进一步修订了建设规划和技术报告的编制指南。制定了国家生态工业示范园区建设考核验收的程序和绩效评估规则。同时,生态工业示范园区作为发展循环经济的重要实践形式受到了国家在法律层面上的重视,2008年出台了《循环经济促进法》。与此同时,实践层面上先后两批共33家工业园区被列入了国家级循环经济试点单位。

至2010年4月,环保部门共批准了36家单位进行国家级生态工业建设示范园区的创建工作,其中,天津经济技术开发区和苏州工业园区等6家已被正式命名为"国家生态工业示范园区"。

从我国生态工业示范园区的总体情况来看,其具有如下特点:

(1)在空间分布上,东部、中部、西部地区都有,东部地区有南海园区、鲁北园区、天津园区;中部地区有黄兴园区;西部地区有石河子园区。西部地区占了相当数量,符合当前西部大开发以及推动西部地区生态环境保护与建设的形势。

(2)在园区类型上,贵港园区、包头园区、石河子园区、鲁北园区、天津园区属于现有改造型,南海园区和黄兴园区(基本上)属于全新规划型。

(3)在有无园区核心企业上,贵港园区、黄兴园区、包头园区和石河子园区都有园区核心企业,而南海园区没有。贵港园区的核心企业为糖厂,黄兴园区的核心企业为远大空调厂(城),包头园区的核心企业为铝厂,石河子园区的核心企业为纸厂。

(4)在园区产业数量多少上,黄兴园区和包头园区的产业数量较多,黄兴园区包括电子信息产业、新材料产业、生物制药产业、环保产业等高新技术产业;包头园区包括冶金、机械、电力、稀土工业等行业。贵港园区、南海园区和石河子园区的产业比较单一,贵港园区的突出重点是制糖业,南海园区的突出重点是环保产业,石河子园区的突出重点是制铝业。

(5)在与其他产业的关系上,与第一产业(农业、畜牧业)密切相关的有贵港园区、黄兴园区和石河子园区,与第三产业(旅游业)密切相关的有石河子园区。

1. 贵港国家生态工业(制糖)示范园区

广西贵港国家生态工业(制糖)示范园区是国内典型的生态工业园。该园区以贵糖(集团)股份有限公司为核心,以蔗田、制糖等6个系统为框架,通过盘活、优化、提升、扩展等步骤,在编制《贵港国家生态工业(制糖)示范园建设规划纲要》的基础上,逐步完善了生态工业示范园区。

贵港国家生态工业(制糖)示范园区由以下6个系统组成:

(1) 蔗田系统　负责向园区生产提供高产、高糖、安全、稳定的甘蔗,保障园区制造系统有充足的原料供应。

(2) 制糖系统　通过制糖新工艺改造、低聚果糖技改,生产出普通精炼糖以及高附加值的有机糖、低聚果糖等产品。

(3) 酒精系统　通过能源酒精工程和酵母精工程,有效利用甘蔗制糖副产品——废糖蜜,生产出能源酒精和高附加值的酵母精等产品。

(4) 造纸系统　充分利用甘蔗制糖的副产品——蔗渣,生产出高质量的生活用纸及文化用纸和高附加值的 CMC(羧甲基纤维素钠)等产品。

(5) 热电联产系统　通过使用甘蔗制糖的副产品——蔗髓替代部分燃料煤,热电联产,供应生产所必需的电力和蒸汽,保障园区整个生产系统的动力供应。

(6) 环境综合处理系统　为园区制造系统提供环境服务,包括废气、废水的处理,生产水泥、轻钙、复合肥等副产品,并提供回用水以节约水资源。

这6个系统关系紧密,通过副产物、废弃物和能量的相互交换和衔接,形成了比较完整的工业生态网络。"甘蔗—制糖—酒精—造纸—热电—水泥—复合肥"这样一个多行业综合性的链网结构,使得行业之间优势互补,达到园区内资源的最佳配置、物质的循环流动、废弃物的有效利用,并将环境污染减少到最低水平,大大加强了园区整体抵御市场风险的能力。这种以生态工业思路发展制糖工业的做法,为中国制糖工业结构调整、解决行业结构性污染问题开辟了一条新路。

图 9-5 为贵港国家生态工业(制糖)示范园区总体框架。

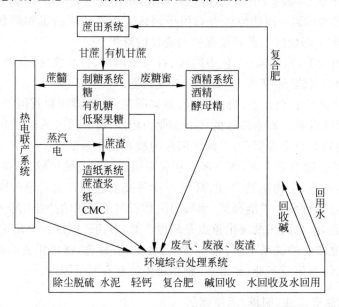

图 9-5　贵港国家生态工业(制糖)园区总体框架

2．天津泰达生态工业园

天津经济技术开发区（Tianjin Economic Technological Development Area，TEDA，音译为"泰达"）属于国家级工业园，坐落于天津市塘沽区。截至 2006 年，开发区公共绿地面积达 $406.77\times10^4\,m^2$，人均绿地面积 $81.60\,m^2$，是国内第一家通过生态工业园建设规划的经济技术开发区。园区从 20 世纪 90 年代就提出"走可持续发展之路"的目标，在招商引资、发展经济的同时，在环境建设上不惜投入巨资。2003 年 12 月，《天津经济技术开发区国家生态工业示范园区建设规划》经专家评审获得通过。近年来，随着产业结构的不断优化，泰达逐步发展成为一个包括自然、工业和社会新型组织形式的综合体，在产品代谢和废物代谢层面形成了颇具特色的工业群落，表现出"群落、合作、绩效和效率"的特征，呈现出生态工业园发展雏形。

开发区主要以电子信息业、生物制药业、汽车制造业和食品饮料业四个支柱产业为重点，通过工业链、产品链和废物链的构建与完善，不断推动资源节约和废物减量化，大力发展生态工业。目前，通过不断改善投资环境，开发区已成为外商在中国投资回报率最高的地区，区域经济始终保持持续、快速和健康的发展态势。2004 年，开发区实现国内生产总值530 亿元，一大批国际著名跨国公司如美国摩托罗拉、日本丰田汽车以及韩国三星等已经成为天津开发区的投资主体，并逐渐成为行业核心企业。以核心企业为中心的产业群簇形成的工业链已经成为生态产业发展的基础，开发区根据生态工业系统建设需求和市场机制有选择地进行主题招商和绿色招商，重点发展补链企业，形成多产品、多链条的生态工业网状结构。

（1）天津开发区形成了较为完整的电子信息业工业群落，产品代谢链条完整。以摩托罗拉和三星电子等整机厂商为例，在天津开发区及周边地区为其加工配套的企业已有 300多家，配套产品 400 多种，各种元器件、注塑件、电池、LED 背光源等产品在企业之间进行流动，由于这些单位之间空间距离近，运输和信息传输速度快，减少了能源消耗和废弃物排放，降低了成本。

（2）以"康师傅"为主打品牌的顶新集团在天津开发区构造了完整的物流、能流、材料流、信息流体系，并将生态设计、清洁生产、环境管理体系融入到采购、生产、产品和服务各个层面，体系内企业互利共生，形成了良好的柔性结构。

（3）天津开发区汽车制造行业以元素代谢为特征的生态工业正在形成。开发区目前有两个汽车整车厂，以其为核心的产品代谢链条基本形成，金属元素、有机元素生态链已初显端倪。同时，汽车制造业与电子信息业之间的产业联动互补作用已经凸现。这样，产业内企业与企业之间互利共生、产业与产业间联动互补，共同形成了内涵丰富、结构稳健的产品代谢网络。

在废物代谢方面，以中水回用和新土源再利用为代表的"静脉产业"正在成熟起来。其中，一体化水资源工程体系的实施使区域层面的水循环成为现实，优化了园区水源结构，改善了水质状况；新土源工程的实施，不仅解决了固体废弃物的环境污染问题，而且改善了本地土壤结构，增加了土地资源的承载力。这两个项目的工程化、规模化、产业化，为泰达赢得了环境和经济双重效益。

此外，信息共享也是泰达创建生态工业园的核心内容所在。首先，天津开发区凭借较强的电子政务系统，积极在天津开发区政务网首页开设生态钢铁园专题网页，介绍生态工业、循环经济理念和开发区创建"国家生态工业示范园区"工作进展。其次，"中欧环境管理合作计划"泰达试点项目专题网页——固废资源信息网，为开发区形成良性的物质循环流动奠定了基础，便于企业之间进行固废资源交换与再利用的信息沟通，为生态工业园和循环经济建设搭建了信息平台。

图 9-6 所示为天津泰达生态工业园总体框架。

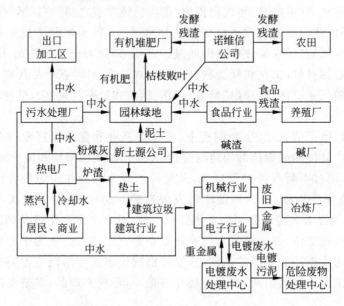

图 9-6　天津泰达生态工业园总体框架

3. 青岛新天地工业园（静脉产业类）

青岛新天地生态工业园（静脉产业类）位于山东半岛城市群和半岛制造业基地中心地域的青岛莱西市姜山镇，与韩国、日本隔海相望，具有明显的交通和区位优势。园区规划占地面积为 220hm²，整个园区划分为研究区、实验区、服务区、生产区 4 个功能区和 1 个预留区。2006 年 9 月经国家环保总局批准建设国家生态工业示范园，该园区是国家环保总局批准的国内首个国家级静脉产业类生态工业园。

目前，园区建有以下项目：

（1）国家环境保护固体废物资源化工程技术中心

该中心的主要研究内容是：固体废物处理技术、危险废物鉴别技术、回收材料的资源化技术、污染土壤修复技术、新能源开发技术，以及各种测试手段的建立、相关技术标准的制定、验证和人员培训等。该项目的开展将为固体废物资源化和循环经济的发展提供技术支持，成为园区固体废物处置技术的孵化器，促进环保产业的科技进步。

（2）废旧家电和电子产品综合利用项目

该项目是国家发改委批准的全国两个试点之一的示范工程，一期工程处理规模 20 万台/年，二期 60 万台/年，主要采用手工拆解和机械作业相结合的方式，拆解过程中产生的废旧塑料、金属等材料进行再循环利用，氟利昂及其他有毒粉尘等危险废物送至相邻的青岛危险废物处置中心进行无害化处置，符合循环经济的"3R"（减量化、可再用、循环）原则，所有的物质和能源在不断循环中得到合理利用,从而把经济活动中对自然环境和社会风险的影响降低到最小程度。

按照国家发改委的要求,该项目还设立了网络交易平台和回收热线,形成了以济南为中心的全省回收网络体系。通过电子废弃物的无害化处置与回收利用的有机结合,使电子废弃物回收利用步入"从商品到商品"的循环经济轨道,消除电子废弃物对环境的污染。

(3) 海水源热泵空调

海水源热泵技术是节能环保型空调制冷供热技术,该技术是利用海水吸收的太阳能或地热能而形成的低温低品位热能资源,采用热泵原理,通过少量的高位电能输入,实现冷热量由低位能向高位能转移,从而达到为用户供热或供冷的一种技术,同时一年四季还能够提供居民生活所需的热水。

以海水为冷热源的海水源热泵系统仅用少量电能就可实现采暖、制冷,不燃气、不燃煤,无污染物的排放。与空气源空调相比,能耗减少30%以上,与电供暖相比,能耗减少70%以上。用海水源热泵替代燃煤,可减少排污量(二氧化硫20kg/t煤,烟尘15kg/t煤)。

(4) 废旧汽车拆解和综合利用项目

该项目包括废旧汽车的回收、拆解、综合利用和无害化处置。设计处置规模为一期5000台/年,二期10 000台/年。作为项目的一个组成部分,园区与中国汽车技术研究中心合作,已向国家主管部门申请开展铅酸蓄电池的回收和无害化处置工作。

根据青岛新天地静脉产业类生态工业园区总体规划,园区还将开展以下方面的业务:电缆(电线)、电机、变压器等机电产品的综合利用,废塑料、废橡胶、废玻璃的综合利用,废日光灯管的处理,易拉罐的再生,废硒鼓、墨盒、电池的处理和综合利用,废纸及废纸板等的处理与再利用等。随着以上项目的实施,青岛新天地静脉产业类生态工业园将逐步发展成为山东东部最大的危险废物、工业固废和电子垃圾等的终端处理站,园内将形成完整的物质和能量代谢链网。

9.5.3 中国生态工业园区建设展望

由于中国生态工业园区的发展还处于起步阶段,不可避免地会遇到很多问题,包括在政策、经济、管理等方面所面临的挑战。结合国内外实践经验,考虑到现实国情,中国发展生态工业园必须做好以下几方面工作。

(1) 完善环境保护相关法规。在中国,工业系统的环境保护法律法规主要是针对污染防治,特别是末端治理。这显然不适于以高效的资源循环利用和污染零排放为目标和基本特征的生态工业的发展。因此有必要建立和完善与生态工业发展相适应的法律法规,如规定工业系统资源循环利用责、权、利的法律法规,规定工业企业采用环境无害化技术和清洁生产工艺的法律法规等。

(2) 正确定位政府的角色。目前,政府在生态工业园的规划建设中起着重要的作用。生态工业园的运作是在遵循市场经济的规则下获得经济利益和环境绩效的"双赢"发展,进一步明确和调整政府在园区规划建设中的角色定位将有利于中国生态工业园区的建设和发展。

(3) 企业层面的要求。企业层面的要求主要包括以下几个方面:

① 企业内部的物料循环。首先,要求各单个企业注重自身的清洁生产,使用清洁的原

料和能源，以及清洁的生产工艺。其次，要求园区内的各企业实现企业内部物料的循环：第一，将流失的物料回收后作为原料返回到原来的工序中；第二，将生产过程中生成的废料经适当处理后作为原料替代物返回原生产工序中；第三，将生产过程中生成的废料经适当处理后作为原料用于厂内的其他生产工序中。

② 整个园区内的循环。单个企业的清洁生产和厂内循环具有一定的局限性，对那些厂内无法消解的废料和副产品，只能到厂外去组织物料循环。生态工业园就是要把不同的工厂联结起来形成资源共享和副产品互换的产业共生体系。工业生态系统要求企业间不仅仅是竞争关系，而是要建立起一种"超越门户"的管理形式，以保证相互间资源的最优化利用。

③ 建立园区静脉产业。从社会整体循环的角度，要大力发展废旧物资调剂和资源回收产业（静脉产业），只有这样才能在整个园区直至整个社会的范围内形成"自然资源—产品—再生资源"的循环经济闭合环路。所以，应在生态工业园内吸引一些从事资源回收和循环的公司处理副产品，并为园区中的制造企业提供再生的原材料。同时还要解决园区内部信息不对称的问题，搭建和完善供需双方之间的信息桥梁。

（4）建设公共设施。在生态工业园的规划建设中，除了规划设计好能源、水和废物的交换外，还应建立有利于园区发展的公共设施。因为公共设施的建设和运行对生态工业园整体的经济和环境效益的发挥具有重要意义。

（5）开展国际合作，制定新的融资方案。在生态工业园规划与建设方面，美国、欧洲和日本等国家和地区已经先行一步，积累了较多理论基础和实践经验。我们应当在生态工业园规划和建设中广泛开展国际合作，多渠道引进资金、技术和人才，建设高起点、高效率的国际化生态工业园。

（6）旧工业园改造。在中国，对旧工业园进行生态工业园规划是可能的。如可以选出对区域发展影响重大、有区域竞争优势的一个或几个支撑企业，对其进行重点培养，通过政府、科研机构、专业协会或委员会为生态工业园设计和组织可能的废物流动关系。

（7）新兴生态工业园的建设。以高新技术和人才为基础建设新的生态工业园，依靠政府和市场的双层引导进行规划和建设。

复习与思考

1. 什么是生态工业？试比较生态工业与传统工业的区别。

2. 什么是生态工业园区？生态工业园区区别于传统工业园区的特征是什么？

3. 生态工业园区分为哪几种类型？

4. 在进行工业生态系统结构设计时，运用了哪些生态学理论？

5. 以国内某一生态工业园区为例，查找相关资料，找出其规划设计存在的不足（类型定位、结构设计、生态设计等），提出自己的观点和建议。

6. 在生态工业园的发展中，园区的规划设计具有非常重要的作用。从生态工业园区规划设计者的角度，你认为在规划设计生态工业园时应该考虑哪些步骤，如何实施？

7. 根据静脉产业类生态工业园指标，以青岛新天地工业园（静脉产业类）为例，采用适宜的评价方法对其进行评价。

第 10 章

服务业循环经济

10.1 服务业及其功能和地位

我们通常所说的第三产业是指包括餐饮、娱乐、旅游、物流等具有服务功能特征的行业。由于第三产业的主体是服务业,因此第三产业的循环经济也应是服务业的循环经济,我们习惯将其称为"生态服务业"。生态服务经济类似于功能导向经济,即在服务行业大力提倡用循环经济理念发挥服务的功能,使服务行业在利用有限的资源情况下实现最大的经济和社会效益的产出,同时最大限度地限制废物的排出。

随着经济的发展、社会专业化分工的加深、产业结构的调整、科学技术的进步、社会生产和人民生活都对服务业提出了新的要求,并为服务业的快速发展创造了条件。服务业在国民经济中占有的比例会日益增大,产业地位会逐步加强。在 GDP 中,发达国家的服务业所占比重已达 70% 以上。国家统计局最新统计公报显示:2013 年我国第三产业占 GDP 比重达 46.1%,未来的发展潜力很大。

第三产业的迅速发展是社会经济发展的客观规律。服务业的影响越来越显著地渗透到社会经济的方方面面,落后的、不能满足第一、二产业需要的服务业,已经成为制约经济高效增长的重要因素。因此,注重提升和发展第三产业,使之适应社会发展战略的需要,对于我国经济可持续发展具有重要意义。在推行循环经济和产业生态化的进程中,服务业既是重要的组成部分之一,又由于其产业性质的特殊性,在发展循环经济的任务中起到其特有的重要作用。

10.1.1 服务业的范围和内容

现代意义上的服务业已不再局限于传统的餐饮、零售等领域,它还包括了商业服务、通信服务、建筑及有关工程技术服务、销售服务、教育服务、环境服务、金融服务、保险、电信、外贸与旅游有关的服务、文化娱乐及体育服务、运输服务等内容。可以说,在当今时代,服务业已经成为一个范围最广的产业,而且其中有些直接关系到国家的主权、安全和经济命脉,意义重大。西方学者将服务业划分为以下类别。

(1) 分配性服务业:交通、运输、邮电、通信业、商业、物质供销、仓储业等。

(2) 生产性服务业:房地产管理、情报咨询服务、综合技术服务(包括:科学技术研究、生产资料修理业、大型设备安装业、设备租赁业、技术检测业等)、金融业、保险业、企业管理机关等。

(3) 社会性服务业:公用事业、体育事业、卫生事业、社会福利事业、教育事业、文化艺术、党政机关、国家机关、社会团体。

（4）个人服务业：公共餐饮业、居民服务业、广播电视业、旅游及文体娱乐业。

随着社会、经济的不断发展，技术的不断创新，第三产业呈快速发展趋势。其中传统的分配性服务业、社会性服务业和个人服务业地位相对下降，而信息密集型服务业和生产性服务业地位迅速提高。

10.1.2 服务业的主要功能

服务业的主要功能是：

（1）为满足人民的物质和精神需求提供服务；

（2）为社会、经济的发展提供必不可少的科技、教育、管理支持，推进社会科技进步，促进生产发展，提高生产效率；

（3）促进社会信息、商品、资金流通和交换，满足社会发展、再生产以及消费的需求。

10.2 生态化的服务业取向

10.2.1 服务业与环境

服务业担负着各产业之间的信息沟通、资金和资源流通作用，为经济的发展提供必不可少的科技、教育、管理支持，以及为人民的物质和精神需求提供服务。服务业对于整个经济系统的经济模式向循环经济转化起着重要的沟通、协调、支持和促进的作用，服务业若不转向生态化取向，会阻碍其他产业循环经济的发展，不利于产业生态化建设。

目前工业造成的环境问题都已引起政府和公众的高度重视。但是，服务性行业对于环境所造成的影响却往往被人们忽视。这主要是因为服务业分布和涉及面广，对于环境的影响又没有工农业直接和显著，而服务业对于环境的影响和破坏往往是潜在的和巨大的。服务业在自身发展进程中产生了一系列与生态环境不协调的现象，对环境的影响可以是直接影响或间接影响。

1. 服务业的直接环境影响

直接影响是指在服务业的发展、运营过程中所排放的废弃物直接对环境造成的污染和影响。直接环境影响包括：餐饮业、旅游、水运行业等造成的对水体环境的影响；交通运输行业飞速发展造成的大气污染，已成为空气污染的主要问题；车辆、船舶、飞机等交通工具、娱乐行业以及房地产行业已成为最大的噪声来源，对环境造成噪声污染；零售行业、饮食业快速发展中大量使用一次性物品产生废弃的产品包装、"白色污染"造成了固体废弃物对环境的污染，以及食用野生动物，破坏生物多样性的行为；另外还有对物种资源和土地资源的破坏，电磁波辐射污染（手机、计算机和电视、寻呼通信网、移动通信网）以及光污染等。

2. 服务业的间接环境影响

间接影响是指服务业在行使其管理和服务功能的过程中，由于受传统的单纯追求经济效益思想的引导，对社会经济和公众的与环境不协调的生产和消费行为起到了支持和推波助澜的作用。

（1）行使分配型服务功能的产业，在商品流通和运输中缺乏统筹规划、污染控制和资源减量化的考虑，造成资源、能源的浪费。

（2）商业服务导向追求经济利益最大化，尽可能多地卖出产品获取利润，而未考虑生态效率的要求，忽略倡导生态型产品的消费和可持续的消费模式，忽视产品生命周期终结的再回收、再利用和处理等服务。

（3）通信和信息业的发展水平和服务功能不能适应发展循环经济，实现资源高效利用的需求。

（4）生产性服务业，缺少循环经济相关的技术、信息服务以及服务替代产品的服务。如：租赁、维修、升级换代等利于物质减量化和资源循环的服务环节。

（5）社会管理职能中相关的政策、法规、机制、咨询、信息等服务，以及保护生态环境的宣传、教育和绿色文化的建设力度不够等。

这种导向虽然是间接地对环境发生影响，但由于涉及面广，其影响是潜在的，服务业的发展不能适应循环经济发展的要求，会制约和阻碍循环经济在全社会和其他产业的顺利实施。

10.2.2 服务业及其生态化

随着经济发展，服务业在经济成分中所占的比例呈不断上升的趋势，服务业在未来经济发展中将会起到越来越大的作用，服务业的发展宗旨如何取向，对于其他产业的发展既起着巨大的支持作用，也会产生比较重大的影响，并且会渗透到社会经济生活的各个方面。在可持续发展的生产与消费方式研究中，越来越多地探讨服务业与物质高效利用以及资源减量化的关系。许多有关生态现代化的研究，其核心就是研究物质密集型社会向服务密集型和信息密集型社会的转化。服务对环境保护和物质减量化的作用怎样？作为商业策略，从产品转化到服务的可行性如何？信息技术在这一过程中起的作用怎样？类似这些问题都需要进行较为深入的研讨。

服务业的生态化发展必然会有力地支持生态农业、生态工业以及循环经济体系的建设。它所提供的管理、教育、信息、技术和商业服务，是循环经济必不可少的支持因素。因此，实现服务业的生态化是推进循环经济进程的重要组成部分。

1. 服务业生态化的目标和宗旨

实现服务业的生态化目标是：①将传统的服务业发展战略调整到可持续发展的轨道上来，树立建设生态化的资源节约型、循环型的服务业的思想，整个服务周期全过程中都要考虑最优化利用资源，减少直接或间接产生的环境影响；②将追求经济效益与生态效率结合起来，以追求生态经济效率为产业激励机制和企业竞争的条件；③正确确定服务业在社会经济系统中的生态位，建立与社会经济系统和自然环境和谐的关系，实现服务业的可持续发展。

2. 服务业循环经济的方针

服务业的生态化发展，以循环经济的基本原则为基础，根据服务业的特点和行业特点，确定产业运作模式。产业发展本着节能、降耗、减污、高效和资源减量化、再利用、再循环的生态化原则运行。发展绿色物流,建设绿色产业,提供绿色服务和产品。服务系统全过程统筹规划、管理,建设绿色物流体系,从服务的内容及整个服务周期进行生态化的管理和运作。在整个社会经济系统的循环经济发展中起到重要的支持和服务作用。

3. 服务业发展循环经济的层次

1) 服务业自身的清洁生产

服务业自身清洁生产的目的是对服务业系统造成的直接的生态破坏和环境污染进行防治,以及推行集约经营、规范化管理的循环经济模式。

在餐饮业、旅游、水运等相关服务行业要采取措施,防治水污染。大型餐饮、旅游企业应建设污水处理、中水回用系统。加强交通运输行业的废气排放管理,统筹规划交通运输,建设绿色物流系统,实行系统优化,减少商业运营中的能源和资源消耗。明确责任义务,服务行业内部对自身产生的污染负责,承担废弃物的再回收、再循环和综合利用责任,促进减少过度包装、实行商品标准化的进程,在服务业推行绿色消费模式,杜绝各种一次性用品。加强餐饮零售、娱乐、房地产等行业的噪声污染的防治和管理,以及电磁波辐射污染的管理。

2) 建立生态型的信息、资源流通关系

产业之间以及行业内在商品和物质资源流通过程中建立生态化的再生资源输入输出关系,支持物质的良性循环。

(1) 统筹规划,实现清洁化、生态化、最优化的资源流动,减少资源、能源浪费和环境污染。

(2) 大力发展服务替代产品的服务产业,如租赁、维修、升级换代等利于物质减量化的服务;建立废弃物回收、资源再生利用产业、绿色产品销售、绿色技术推广等机构,开展产品生命周期终结的再回收、再利用和再循环服务等。

(3) 倡导生态型产品的生产和消费,提高服务的科技含量和生态化导向的水平;大力发展信息业、生态化的科技和信息服务,以及循环经济宣传、教育和管理,对经济模式向可持续发展转变起到导向支持和促进作用。

4. 服务业的生态化支持和导向

服务业的生态化支持和导向就是充分利用服务业的服务、管理、商品和资金流通以及教育、宣传等产业特征,在循环经济的推行中发挥服务业的导向和支持作用。它基于如下思想:①提倡适度消费,反对铺张和享乐主义;②将单纯追求经济效益的数量型增长转变为追求生态经济效率的质量型机制;③鼓励、支持和实施资源的再回收和再生利用;④更加人性化、生态化的服务,拓展服务外延,减少物质消耗量,促进非物质化步伐的加快;⑤进行循环经济的教育、宣传、推行和管理等工作。

主要具体内容概括如下:

1) 提供和构建循环经济的生态型商品市场

改变用刺激过度消费来增加效益的做法为拓展服务范围和服务模式来提高生态经济效率的思路。将产品取向转向服务取向,引导将单纯数量消费转变为追求消费质量和绿色消费,建立资源闭路循环缺损部分的连接,即资源再回收、利用和循环的服务产业渠道。以生态经济效率最优,而不是仅仅以经济效益最优为企业的竞争生存条件和激励机制。

循环经济型的市场特征包括:

(1)鼓励资源循环再生的市场。

(2)促进崇尚绿色产品和绿色消费市场的形成。

(3)更加人性化、生态化的市场。强化和延伸服务的内容、范围和程度,促进非物质化步伐的加快。

2)商业策略转向服务取向

可持续商业策略的中心思想"功能取向",代表着服务业行业职能的延伸。这就意味着商业活动的目标在于功能或服务,而不在于产品本身。服务可以通过有组织的市场实现一些密集型产品的共享,用服务替代产品。这样就使实际用于服务的产品数量大为减少,且会使得高效技术更容易被采纳,建立在专业技术上的服务比专业性相对较差的用户单独使用产品更能有效利用资源,更有利于产品的回收利用,且利于延长产品的使用寿命,减少浪费并提高产品的环保性。服务对于提供商来说比出售产品更具经济动力,可刺激服务商尽力延长产品使用周期和减少产品使用成本。理论上,这种综合性专业服务模式可减少信息缺陷导致的能源及资源的浪费。

基于功能取向的策略包括:

(1)能源需求面管理:公司通过合同能源服务的方式,或投资或提供高效的电气用具或能源审计为用户提供能源和节能服务。

(2)化学品服务:包括计划性服务、从用户手里回收和再利用化学品以及自动配置剂量和建立再循环体系。

(3)提高产品利用率:通过大力发展产品维修保养、换代升级,提供产品质量控制、保障措施,开展租赁、组装、拆卸、流通等服务替代产品的服务职能,提高产品利用率。

3)发展资源回收、循环的中介服务

建立帮助企业进行资源回收、循环的服务中介机构和组织,提供商品包装和废旧商品的再回收、再循环服务。随着循环经济的发展,资源回收和再循环方面将逐渐发展成为一个新兴产业,这个产业在日本被称为"静脉产业"。该产业的产生和发展是历史的必然,也必然有着广阔的前景,是未来一个有着较大机遇和收益的朝阳产业。

4)大力发展电子、信息业

信息处理、技术咨询、卫星通信服务等技术产业属于高科技为主要手段的、信息密集型、高服务附加值的行业。信息产业未来必将走向"社会化、产业化、网络化"。由于这种商业策略,物质流会被信息流或相应的活动所取代。考虑生态需求的服务业和信息技术的发展有助于减少整个社会的物质利用强度,因此,被普遍看作一种在提高生态经济效率的循环经济运行中具有广泛前景的技术产业。具体体现在:IT技术可减少、降低产品物质利用强度,是向非物质化服务转移的重要条件,一方面IT技术可以实现无纸办公、网络电子商务等服务,提高现有工作效率和加深物质减量化的程度;另一方面,在信息管理和流动方面发挥巨大优势,克服过去存在的许多障碍,为资源循环和保护生态环境提供信息交流、服务的载体和方便快捷的信息平台,有利于实现生产和服务的生态化。

5)宣传、教育

在服务行业中强化宣传、教育和精神服务,在满足人们精神需求过程中普及生态和环境保护知识，提倡建设和谐社会的思想和行为模式，要在消费意识、消费方式上注入循环经济理念，提倡满足基本需要的节约型消费，引导生态型消费，推动社会整体思想意识和行为方式的根本转变。除通过各种媒体和教育机构宣传外，还可充分利用零售行业的引导作用，在各大商场和超市设立绿色产品、无公害产品等专柜，如：绿色饮料、绿色奶制品，以及无公害粮、油、肉、菜及水果等绿色食品专柜，并以让利优惠价格吸引消费者。

5. 生态化的服务业的规划、实施途径

1）政府宏观调控、统筹规划

充分发挥政府的宏观控制和协调职能。根据具体情况，在物流、交通流、技术流、资金流方面将"统筹规划"贯彻始终，并坚持与国民经济总体规划及中长期发展计划配套、适应的原则，制定出一套合理的、有利于促进服务业全面进步，生态化、协调化发展的方案、步骤和机制。

从政策上扶持、保障新兴服务业的发展，运用金融、财政税收等手段加速其产业化的进程。目前应大力发展资源再循环、软件、信息咨询、邮电通信、金融、技术服务、会计、广告、市场研究等方面的服务业。

2）按照服务业的服务途径、服务主体、服务对象实施循环经济的措施

通过服务业的服务主体（如：风景区、酒店、高校、文化、管理、物流、信息行业）的服务途径（提供的各种愉悦、消费、信息等服务）和服务对象（如：游客、住客、师生、消费者、公众等），制定和推行循环经济的措施方案并逐渐加以推广。

通过翔实资料，创造各种有效途径促进服务对象积极参与，从而实现服务业的可持续发展。开展生态旅游，生态教育、文化活动，提供生态服务，倡导绿色消费，提供循环经济的信息服务平台等，培育"绿色"的经济增长点，宣传现代经济理论和环境知识，树立健康生存意识，使循环经济的理念深入人心。

3）根据服务业的发展趋势和特征推行循环经济

未来的服务业会形成一些强势行业群落，如信息业、技术服务业、饮食业、物流业、金融保险业、旅游业等，呈现出与科技、经济和市场结合的趋势越来越明显的特点，居民消费结构随着经济发展将会从满足基本生活向满足生活、精神、教育、娱乐、旅游、健身等需求上提升。根据这种特点，提高服务生产效率，针对有相对优势的服务行业，提高其技术含量和水平。开展教育、科技信息咨询、技术服务、绿色消费等项目，积极培育一些"绿色"产业，如生态旅游及电子商务等促进服务业循环经济的发展。

4）适应国际国内发展趋势的要求

结合区域现状和国内外大环境，制定服务业循环经济的指导方针、总体定位和具体实施途径，与国际接轨，提高国际竞争能力，推行国际环境管理标准，如：ISO 14000、生态标志、绿色产品等。

5）法制保证

制定相应的法律、规章来促进和保障服务业循环经济的实践。

未来的服务业将实现逐步通过产业创新、拓展服务领域、调整行业结构、转变经营观念和经营方式、大力发展新兴产业等方式，提高行业科学技术含量和专业化水平，实现产业的生态化和可持续发展，这些都需要制定相应的法律、规章作保障。

10.3　生态旅游

10.3.1　生态旅游的缘起

要完整理解生态旅游的概念和内涵,首先应该了解生态旅游的产生与发展。

生态旅游(ecotourism)一词是由世界自然保护联盟(IUCN)特别顾问、墨西哥专家 H. Ceballos Lascurain 于 1983 年首先提出的。生态旅游最初不仅表征对自然景物的所有观光旅行,而且强调观光对象不应受到损害。生态旅游的产生有着深刻的社会、经济及文化背景。它与人类生活环境质量的恶化、人类环境意识的觉醒、人类"回归自然"心态的激活、传统旅游形式对生态环境保护的忽视、人类进步和社会文明的需要、旅游业持续发展的要求等密切相关。人类工业文明的迅速发展在增强了人类认识和开发地球的能力的同时,也严重地扭曲了人类与地球之间的正常关系,不仅使人类的居住环境日益恶化,而且越来越严重地阻碍了人类社会经济的发展。经过反思和探索,一些有识之士认识到人类在本质上仅仅是地球发展到一定阶段的产物之一,人类的生活、生产及一切活动都离不开地球环境系统的支持,而地球的各种资源和自然环境的承载力都是有限的;环境和自然保护的绿色浪潮开始在世界各国兴起,人类逐步调整其与地球之间的关系,导致了 20 世纪 80 年代末"可持续发展"思想的诞生并不断地发展和深入人心,并最终成为全球发展的共同指导思想。旅游业一度被认为是"无烟工业"、"朝阳产业"而受到世界各国政府的高度重视。但是,由于传统旅游业的发展是遵循产业革命的管理思想和方法,对旅游对象采用的是"掠夺式"的开发利用,使得旅游活动的范围和程度超过了自然环境的承载力,破坏了旅游地的生态环境,造成旅游资源的旅游价值降低,阻碍了旅游业的持续发展。全球绿色浪潮的兴起和可持续发展思想为旅游业发展指明了正确的道路,生态旅游正是在这个背景下产生和发展的。

10.3.2　生态旅游的概念和内涵

H. Ceballos Lascurain 认为生态旅游就是"所有观览自然景物的旅行,而这种行为不应使被观览的景物受到损失"。关于生态旅游的概念,一直是学术界争论较多的一个问题。目前,有关生态旅游的定义有许多,但其中具有广泛代表性的还是国际生态旅游学会(Ecotourism Society)在 1993 年提出的定义,它把生态旅游定义为:"具有保护自然环境和维系当地人民生活双重责任的旅游活动。"这一定义既强调了对旅游对象的自然环境进行保护,又提出了"维系当地人民生活"的功能。ecotourism 的词冠 eco 应当代表两层意思,一是代表生态学(ecology),是从生态平衡的角度来表述;二是代表经济(economy),是从经济发展的角度来表述。因此,开展生态旅游必须保证生态平衡,同时还必须获得经济效益,特别是当地居民能通过开展这样的活动在经济上获得益处。可以认为生态旅游是生态与旅游所组成的一个复杂系统,其实质就是运用生态学思想指导包括旅游目的地、旅游者、旅游业在内的旅游系统的有序发展。

生态旅游的内涵主要包括以下几个方面:

(1)生态旅游是一种依赖当地资源的旅游,旅游对象是原生、和谐的生态系统。

这里的生态系统不仅包括自然生态,也包括文化生态。不仅自然保护区或较少受人类影响的自然环境可以开展生态旅游，而且历史文化浓厚的旅游地同样可开展生态旅游。自然生态旅游资源能够使人类感悟大自然的魅力所在，人文生态旅游资源则能够实现人类灵魂的升华。

（2）生态旅游是一种带责任感的旅游。

这些责任包括对旅游资源的保护责任，尊重旅游目的地经济、社会、文化并促进旅游目的地可持续发展的责任等。生态旅游不仅是一种单纯的生态性、自然性的旅游，更是一种通过旅游来加强自然资源保护责任的旅游活动。所以，生态保护一直作为生态旅游的一大特点，也是生态旅游开展的前提，并且还是生态旅游区别于自然旅游的最本质特点。

（3）生态旅游是一种高品位的旅游活动。

旅游本身是一种高层次的精神享受，生态旅游则更具有高品位的特性。它以回归大自然、追求原汁原味的自然情调和文化享受为目的，只有旅游者置于生态旅游中才能真正体味到"人地和一"的旅游美。另外，生态旅游的参与者一般具有较高的教育背景或文化素养，尤其是生态意识水平较高，能自觉地维护旅游地生态环境。他们多是为大自然美景和奥秘所吸引，以观赏自然美景、获取自然生态知识和人文历史知识为目的而参与旅游活动。

10.3.3　生态旅游与循环经济

要实现生态旅游的可持续发展，必须实现环境的可持续性。在目前的情况下，就应首先对旅游环境进行恰当的保护，这需要循环经济思想作为指导，从而建立生态旅游经济效益与生态效益协调共进的可持续发展格局。

（1）制定实现生态旅游环境可持续发展的政策。

政策往往是发展的先导，是进行管理的前提和条件。生态旅游的发展政策应全面协调经济、社会、生态三大效益，实现生态旅游的经济效益与旅游区环境保护的相互依赖、相互促进的正相关关系。首先应建立完善的环境政策。通过环境政策监督人们对拟开发的每一个生态旅游产品都进行环境影响评价，以此为标准进行严格筛选。同时运用税收政策和奖励基金等对生态旅游开发规划进行科学引导。其次，应建立一个较为宽松的技术引进和发展的环境。通过具有优惠条件的技术政策提高对环境的监控和保护能力，提高旅游环境的容纳能力和修复能力，减低旅游活动对环境的破坏程度，以促进环境可持续性的发展。当然其前提是技术本身必须对环境无危害。

（2）认真做好生态旅游的开发规划和管理布局。

在进行生态旅游的开发规划时，应利用生态学原理和方法将旅游者活动与环境特性有机结合，进行旅游活动在空间环境上的合理布局。在规划方面应充分考虑到生态旅游资源状况和特性及分布、生态环境自我修复能力的临界值、生态旅游环境容量的大小、旅游区的保护条件和自然资源的可持续利用程度等，同时也必须结合旅游区各方面的公平发展与各方利益，在自然环境的容纳力限度内，最大限度地实现生态旅游的经济效益。在管理方面，应加强对长远经济利益的关注，做到长期经济效益与短期经济效益相结合；提高管理者的生态意识以及管理素质，加强对旅游废物的管理，加强对旅游者行为的引导与管理；同时减少使用对环境有负面影响的管理设施，全面倡导清洁生产的管理流程。

（3）加强对全社会的生态环境教育和管理。

生态旅游区所面临的环境破坏问题仅仅是全社会环境问题在旅游区的一个缩影。所以要想真正改变旅游者的行为所造成的负面影响,必须解决全社会的环保危机问题。应当在义务教育阶段就引入环境保护的教育,让青少年一代从小就培养环保意识,从潜意识中自觉引导其行为。同时应在社会上加大对环境保护的宣传,对绿色消费的倡导,通过法律、法规、道德准则等对社会群体的行为进行引导、规束和管理。而对于生态旅游区的旅游者和潜在旅游者们更应当在旅游前进行生态旅游环境意识教育,并通过一定的基础设施对人们进行技术引导。

10.3.4　生态旅游的原则

2002 年被联合国定为生态旅游年。在约翰内斯堡可持续发展世界首脑会议期间,来自世界各国的经济与环境保护界人士研讨了生态旅游是否能够有效保护物种的问题。欧洲自然遗产基金会、德国戴姆斯-克莱斯勒公司和汉莎航空公司一起提出了生态旅游应该遵循的基本原则,具体如下:

(1) 明确划分保护与利用范围,支持旅游地区分等级保护政策;

(2) 不断改善现有旅游设施与旅店业的生态系数(能源消耗、水消耗、垃圾产生以及面积与自然消耗等),建设旅游新设备时采取适当措施(太阳能设备、脱盐设备、可再生原料的利用等),以减少对环境的压力;

(3) 在制定与实施生态旅游规划时,环境标准与社会标准相结合;

(4) 采取与支持一切有效引导观光客的措施,从空间与时间上控制客流;

(5) 采取措施维护与修复过度利用的旅游区;

(6) 在制定地区性旅游业发展规划时进行严格的控制,统筹兼顾社区与地方的需求;

(7) 各旅游区必须严格实行自我限制,避免过度利用;

(8) 为广告业与旅游业建立一个生态旅游基金,作为其他可持续发展项目的基础。

只有遵循上述原则,生态旅游才能有利于可持续发展,有利于改善旅游区人民的生活状况,有利于保护自然景观和保持生物多样性。

10.3.5　国内外生态旅游的发展状况

1. 国外生态旅游的发展

生态旅游源于 20 世纪 80 年代,进入 90 年代以后,由于自然、社会、经济协调共进的可持续发展思想成为解决全球环境问题的主导观念,与此相适应的生态旅游得到了迅速的发展。从世界生态旅游的客流布局来看,欧洲、北美地区既是生态旅游接待地,又是主要客源地,而其他地区除少数较发达国家外,主要是生态旅游接待国。

欧洲国家 20 世纪 80 年代末 90 年代初开始时兴生态旅游,现在约有 30% 的游客度假时开始舍弃海滨而转入到山野大自然中。英国人爱好海滨旅游和森林旅游,英国的 11 个国家公园每年接待 1 亿人次以上的游客。1993 年,英国议会通过了新的《国家公园保护法》,旨在加强对自然景观、生态环境的保护,以适应 21 世纪的需要。德国提出了"森林向全民开放"的口号,全国森林公园旅游收入高达 80 亿美元,占国内旅游业总收入的 67%。

美国旅游业协会于 1990 年成立了环境对策委员会,1994 年制定了生态旅游发展规划,以适应游客对生态旅游日益增长的需求。据美国旅游数据中心的研究显示,美国现有 7%

的游客,约800万人参加了300多个旅行社组织的各种生态旅游活动。美国旅游界人士预计,到2015年,将有约5000万美国人参加各种形式的生态旅游。据有关报道,目前美国家庭收入的1/8用于森林游憩,每年总花费约3000亿美元。

哥斯达黎加是中美洲国家,在世界上属于中等收入国家。哥斯达黎加的热带雨林拥有地球上1/5的动物物种,其亚马逊热带雨林被许多国家誉为世界上最佳的生态旅游目的地。每年接待的国际游客中,几乎半数以上是去欣赏热带雨林的生态旅游者。

日本旅游协会于1992年成立了环境对策特别委员会,在两年多的时间里,进行了一些广告宣传、启蒙教育、产品开发、资金募集等方面的工作,如发表了"游客保护地球的宣言",召开了旨在促进生态旅游为目的的多次研讨会,发表了对日本旅游业的《生态旅游的指导方针》,筹措了3亿日元用于保护访问目的地的旅游资源等。据介绍,在日本,每年约有8亿人次进行"森林浴"。

非洲,尤其是南部非洲也是当今国际生态旅游的热点地区。肯尼亚建有6个天然野生动物园、野生动物保护区、自然保护区,占地超过8万 km^2,现在每年生态旅游收入高达3.5亿美元。

2. 我国生态旅游的发展

与国外生态旅游开展较早的国家相比,我国的生态旅游仍处于起步阶段,生态旅游业在我国发展较晚,但发展很快。1982年,我国建立了第一个国家森林公园——张家界国家森林公园,标志着生态旅游在我国产生。目前,我国已建立各类森林公园近900处,面积超过800万 hm^2;适宜开展生态旅游的森林和野生动物保护区600多个,面积超过6000万 hm^2,全国每年仅到森林公园旅游的游客就达5000多万人次,综合经济收入达25亿元人民币,经济效益、社会效益、生态效益十分显著。森林公园的建立与发展,为社会提供了浏览、观光、度假、健身、科学考察、探险等多种形式的森林旅游活动场所。

近年,我国加大了生态保护力度,建立了一批具有重要观光价值的自然保护区。在我国已初具规模并形成自身特色的自然保护区大致有:福建武夷山、四川九寨沟等自然保护区的森林旅游,青海湖自然保护区的观鸟旅游,云南西双版纳自然保护区的热带雨林旅游,河北昌黎黄金海岸自然保护区的滑沙旅游,海南三亚珊瑚礁自然保护区的潜水旅游,黑龙江五大连池自然保护区的火山地质旅游等,它们吸引了大批国内外游客。

我国是世界上旅游资源最丰富的国家之一,具有开展生态旅游的得天独厚的条件。目前,生态旅游在我国已经受到各级政府的高度重视。1994年成立了中国生态旅游协会(CETA),1995年1月在西双版纳召开了全国第一届生态旅游学术研讨会,国家旅游局将1999年定为"生态环境旅游年"。为了适应发展生态旅游的需要,福建、海南、黑龙江、吉林、云南、四川等省(自治区)明确提出了建设生态旅游省的目标。此外,2008年,我国已开始全面启动国家生态旅游示范区建设工程,主要是利用丰富的景观资源和自然生态资源,通过政府引导、资金支持、市场推荐的方式,建设一批符合市场需求的生态旅游精品项目和示范项目。并吸取它们在发展生态旅游中的经验和教训,正确处理发展生态旅游业与保护和恢复生态平衡的关系,积极做好以点带面工作,全面推进我国生态旅游业的发展。

从传统的旅游业发展到生态旅游业是经济社会发展的必然历史轨迹,目前我国的旅游业正处于这一历史性转变的初期。这表现在两个方面:一方面是传统旅游业依然保持良好的发展态势；另一方面是在国际生态旅游业快速发展及我国工业化进程中日益严重的环境污染的影响下，我国部分地区的生态旅游已经显示出越来越强劲的发展势头，越来越多的旅游者向往大自然，寻求人与自然的和谐相处。我们应该顺应这一历史发展规律，适时实现从传统旅游业向生态旅游业的转变，这也是我国旅游业消除外部不经济性、实现可持续发展的必然抉择。

3. 我国发展生态旅游的借鉴

我国要实现生态旅游业的长足发展，就应当借鉴发达国家关于发展生态旅游的优秀经验和做法，真正实现循环经济思想在旅游中的指导作用，取得包括旅游业在内的第三产业的可持续发展。

以日本为例，日本是世界上生态旅游发展比较成熟的国家。之所以认为日本生态旅游持续健康发展，除了经济发达、居民整体生态意识较高外，以下几个方面也是重要因素。

（1）建立健全法律保障体系

日本自然公园分为3种：国立公园、国定公园、都道府自然公园。为了保护良好的生态环境并促进公园的有效利用，日本颁布了各种法令，以规范人们在不同公园的行为。这样，通过国家法律的实施，规范了自然公园的经营管理活动，在开发利用资源的同时，也确保了生态资源和环境的保护。

（2）管理、经营以及社会合作有机结合

政府行使管理权、经营形式多样化、社会积极参与三者有机结合，互相制约促进。这是自然公园经营管理的基本格局。自然公园的国家管理机关是环境部。其中，国立公园由环境部指定，由国家管理；国家公园由环境部指定，由有关的都道府管理。

在经营方面，经营者都必须签订风景保护协议，履行一定的义务。如积极采取措施严格保护生态环境，向社会特别是学生提供生态环境教育，提高当地社区居民生态环境保护意识等。提高公众意识，促进社会参与，是自然经营管理过程中很重要的一项内容。

（3）环保先行

良好的生态环境是生态旅游赖以存在的物质基础，生态旅游必须以保护生态环境为前提。无论是从日本国家有关法律规定，还是从公园设施建设、项目开发，从生态旅游活动内容来看，都鲜明地体现了生态保护这一前提。

（4）生态旅游项目多种多样，生态教育贯穿始终

除了游客中心、信息中心等主体建筑和部分游览道路外，自然公园内基本上没什么其他建设。所以，经营者往往精心设计多种多样的活动项目，真正融参与性、趣味性、知识性于一体，巧妙地将生态环境教育贯穿于各种活动中，使人们特别是学生在不知不觉中得到启发，受到教育，让人有所发现、有所收获。生态旅游项目直接揭示了生态旅游的内涵，可以说是生态旅游的灵魂。

（5）完整、全面的信息资料

在游客中心、信息中心以及当地社区的公共场所，免费的宣传小折页随处可得，内容有介绍公园整体情况的，有介绍某些珍贵动植物的，有介绍食、住、交通及公园一定时期内活动内容的，等等，非常全面、详细。这些资料的提供，基于对本地情况的不断积累和全面掌握。如知床国立公园，有一份折页是专门介绍棕熊的，内容涉及棕熊的体形特征、足迹形状、巢穴

结构、食物结构、四季生活习性、在北半球的分布和在公园的活动范围、有关注意事项等，游客从这些折页上能获得丰富的信息。

10.4　循环物流

10.4.1　循环物流的缘起

回溯循环物流的发展史可以发现，促使循环物流发展的主要原因有两个。第一个原因是环境问题广受关注。自20世纪70年代始，环境问题受到越来越多的关注，几乎融入社会经济的每一个领域中，这其中也包括环境问题对物流行业的影响。随着循环经济的发展，循环物流应运而生。循环物流可以追溯到20世纪90年代初人们对运输引起环境退化的关注：道路、码头和机场等交通基础设施的建设占用了大量的土地；汽车等交通工具尾气排放成为城市空气的主要污染源之一。因此，一些专家学者建议把环境问题作为物流规划的一个影响因素，在发展物流的过程中注重节约资源与环境保护，成为循环物流的雏形。第二个原因是物流市场不断拓展。从传统物流到现代物流，物流市场在不断地扩张和发展。传统物流只是关注从生产到消费的流通过程，现代物流将这一过程延伸到从消费到再生产的流通。"逆向物流"由此诞生，它包括废旧商品的循环流通和废物的处理、处置、运输、管理。逆向物流可以减少资源消耗，控制有害废物的污染，是循环物流的重要组成部分。

和很多与环保相关的问题一样，循环物流首先从发达国家兴起。一方面，发达国家通过立法限制物流的环境影响。例如，欧盟国家、美国和日本等国家都制定了严格的法规限制机动车尾气排放，日本在《新综合物流施策大纲》中明确提出解决环境问题的对策。另一方面，发达国家提出发展循环型经济的政策，积极扶持逆向物流的发展。很多跨国公司，如施乐、柯达、美浮、惠普等都实施了逆向物流的项目，收益显著。

在我国，循环物流尚未达成广泛共识，对循环物流内涵的认识和理解还存在一些局限。但是随着人类环境保护意识的觉醒，各国政府和国际组织的积极倡导，在经济全球化和可持续发展潮流的推动下，尤其是我国正在努力贯彻科学发展观，大力发展循环经济，构筑和谐社会，循环物流必定会不断地发展和完善。

10.4.2　循环物流的概念和内涵

1. 循环物流的概念

我国国家标准对物流的定义是："按用户要求，将货物从供应地向需要地转移的过程。它是运输、储存、包装、装卸、流通加工、信息处理等相关活动的结合。"而循环物流从节省资源、保护环境的角度对物流体系进行改进，以形成资源循环、环境共生型的物流系统。循环物流融入了可持续发展、循环经济、生态经济学和生态伦理学等学科的理念，改变原来经济发展与物流、消费生活与物流的单向作用关系，在抑制传统直线形的物流资源消费对环境造成危害的同时，采取与环境和谐共处的态度和全新理念，遵循"一化"（无害化）和"3R"原则——减量化（reduce）、再利用（reuse）、再循环（recycle），建立一个耦合的螺旋上升的循环物流系统，实现对物流环境的净化，使得物流资源消耗减少，物流资源能够被重复利用，末端的废旧物流资源能越来越多地流到正常的物流过程中被重新利用。

目前对循环物流还没有统一的定义,在总结国内外对循环物流的阐述及绿色物流、生态物流等类似名词解释的基础上,本书将循环物流定义为:立足于循环经济的"无害化"和"减量化、再利用、再循环"原则,以经济、社会和环境效益的最大化为目的,利用先进技术规划和实施运输、储存、包装、装卸、流通加工、配送等物流活动,在保证物流各个环节对环境无害化的前提下,实现物质从供应地到接收地,再从接收地通过各种途径返回某一供应地的系统化实体流动过程。

根据实际需要,循环物流过程需要将运输、储存、包装、装卸、流通加工、配送、信息处理、回收、检测分类、再加工等基本功能实施有机结合,实现物流活动经济效益与环境效益的统一。

2. 循环物流的内涵

循环物流其实是物流管理与环境科学交叉的一门分支。在研究社会物流和企业物流时,必须考虑到环境问题。循环物流又是一个多层次的概念,它既包括企业的循环物流活动,又包括社会对循环物流活动的管理、规范和控制。从循环物流活动的范围来看,它既包括各个单项的循环物流作业(如运输、包装等),还包括为实现资源再利用而进行的废物循环物流。

循环物流与社会和环境的发展相协调、和谐,也与未来的发展相协调、和谐,是正向物流和逆向物流的有机结合。循环物流已经不同于纯粹追求效率和经济效益的企业经营性物流活动,而是以社会总成本最低为出发点的一种物流运行模式,是基于环境友好、资源节约的理念对物流体系进行了系统性的改进。循环物流从环境保护与可持续发展的角度,求得环境与经济发展共存;通过物流组织方式创新与技术进步,减少或消除物流对环境的负面影响;通过逆向物流,提高资源的有效和循环利用效率。同时,循环物流不仅注重物流过程对环境的影响,而且强调对资源的节约,以最小的代价或最少的资源维持物流的需求。

对于循环物流的内涵分析有如下 3 个方面。

1) 集约资源

这是循环物流最本质的内容,是循环物流中减量化原则的体现。通过整合现有资源,优化资源配置,在物流活动中能够提高资源利用率,减少资源消耗、浪费和废物的产生。这正是循环经济所提倡的,也是我国发展循环物流亟待解决的问题。以基础设施建设为例,我国有的地区在新建物流中心时没有考虑和原有物流硬件设施的兼容问题,导致重复建设,造成资源的巨大浪费。

2) 采用绿色运输、绿色仓储和绿色包装方法和技术

这是循环物流中无害化和减量化原则的体现。

毫无疑问,运输过程中的能源消耗和尾气排放,是物流造成环境污染的主要原因之一。绿色运输要求对货运网点、配送中心的设置进行合理布局与规划,通过缩短路线和降低空载率,实现节能减排的目标。绿色运输的另一个要求是改进动力技术和使用清洁燃料,以提高能效。同时还应当注意运输过程中的安全问题,以免对局部地区造成严重的环境危害和财物损失。

绿色仓储要求仓库布局合理,与物流活动的要求相适应,以节约运输成本。布局过于密

集,会增加运输的次数,从而增加资源消耗;布局过于松散,则会降低运输的效率,增加空载率。仓库建设前还应当进行相应的环境影响评价,充分考虑仓库建设对所在地的环境影响。

包装是商品营销的一个重要手段,但大量的包装材料在使用一次以后就被消费者遗弃,从而造成环境问题。绿色包装要求提供包装服务的物流企业在提供包装服务时使用环保材料,提高材质利用率,设计折叠式包装以减少空载率,建立包装废物回用体系等,实现节约资源与节约成本的目标。

3）逆向物流

逆向物流是指所有与资源循环、资源替代、资源回用和资源处置有关的物流活动,它能够充分利用现有资源,是无害化原则和"3R"原则的体现。实施逆向物流是一项系统的工程,需要有完善的商品召回制度、废物回收制度以及危险废物处理处置制度。与发展循环经济相结合,是实施逆向物流的有效途径。在我国,逆向物流还没有得到充分发展,只是局限于废旧物资回收、生活垃圾分类等初级行为,经济效益尚不明显。我国的逆向物流工作基本上是在政府的组织下进行的,作为企业自身行为的逆向物流活动还不多见。

10.4.3　循环物流的基本特征

1. 循环物流的目标

传统物流的目标侧重于高效、低成本地将原材料、在制品、产成品等由始发地向消费地进行储存和流动,其核心是建立需求拉动的供应链系统及企业内部生产物流系统。传统物流的目标强调的是物流的经济效益,而忽视了物流对社会系统及生态系统的作用与影响,这样的目标往往不符合可持续发展原则。

循环物流的目标兼顾经济效益、社会效益和生态效益,在追求高效、低成本地将原材料、在制品、产成品等由始发地向消费地进行储存和流动的同时,还追求最大限度地减少物流系统的物质和能量消耗及废物产生,提高物质、能量的利用效率,使内部相互交流的物质流远远大于出入系统的物质流,从而实现经济、社会、生态的可持续发展。

2. 循环物流的范围

与传统的单向物流系统相比,循环物流系统延伸和扩展了物流活动的范围。

物流系统具有五大要素:第一要素是流体,即"物";第二要素是载体,即承载"物"的设备(如汽车)和这些设备据以运作的设施(如道路);第三要素是流向,即"物"转移的方向;第四要素是流量,即物流的数量表现,或物流的数量、质量、体积;第五要素是流程,即物流路径的数量表现,也即物流的里程。通过对循环物流系统的五大要素的阐述,可以给出一个循环物流系统范围的界定。

1）流体

传统的单向物流一般侧重于研究原材料、在制品、产成品等以服务消费为目标的流体。而循环物流的流体有两种:一种是原材料、在制品、产成品等以服务消费为目标的流体;另一种流体是消费者不需要的物品,是物流过程中形成的衍生物。衍生物分为两类:一类是直接衍生物,主要指物流活动直接造成的废旧物品和退货,包括旧物品、报废物品、破碎物品、损坏物品、汽车尾气污染物等;另一类是间接衍生物,主要指在物流管理过程中间接形成的衍生物,例如库存管理,如果库存数量少,虽然节约了库存费用,但因此产生较多的运输次数,增加了运输燃料消耗和环境污染,从而对社会经济的持续发展产生消极影响。

2)载体

传统的单向物流一般侧重于研究承载原材料、在制品、产成品等物品的载体,例如汽车、商品仓库等。而循环物流的载体除此之外,还包括运输废物的专用车辆,针对回收品功能进行测试的专用设备等,因而循环物流的载体范围更广。

3)流向

传统的单向物流一般侧重于研究正向物流,或是单纯的逆向物流。而循环物流有两种流向渠道:一种是流体通过生产—流通—消费的途径,满足消费者的需要,这是物流流向的主渠道,称为正向物流或动脉物流;另一种是合理处置物流衍生物所产生的物流流向渠道,如回收、分拣、净化、提纯、再加工、再利用等,其流动的方向与前者相反,故称为逆向物流或静脉物流。

与正向物流相比,逆向物流有着明显的不同特点:首先是产生的地点、时间和数量难以预见,而正向物流则按量、按时、按地点提供合适的产品;其次是发生的地点较为分散、无序,不可能集中一次向接收地转移;再次是发生的原因通常与质量或数量异常有关;最后是处理的系统和方式比较复杂多样,不同的处理手段对资源价值的贡献有显著差异。

4)流量

流量即通过载体的流体在一定流向上的数量表现。流量与流向是不可分割的,每一种流向都有一种流量与之相对应。因为循环物流有两种流向渠道,所以其流量的范围也比传统的单向物流系统要大,包括了正向物流和逆向物流的全部物质流量。

5)流程

流程即通过载体的流体在一定流向上行驶路径的数量表现。流程与流向、流量一起构成了物流的向量的三个数量特征,三者相互对应。因为循环物流流向、流量的范围比传统的单向物流系统要广,所以循环物流系统流程的范围也相应延伸,主要为逆向物流流程的延伸。

3. 循环物流的功能

传统的单向物流侧重于研究运输、储存、装卸、搬运、包装、流通加工、配送、信息处理等基本功能,而循环物流系统除具备上述基本功能外,还具有回收、检测与分类、再加工等扩展功能。说明如下:

(1)回收功能,是将消费者所持有的产品通过有偿或无偿的方式返回销售方。这里的销售方可能是供应链上任何一个节点,如来自消费者的产品可能返回到上游的供应商、制造商,也可能是下游的配送商、零售商。

(2)检测与分类功能,是指对回收品的功能进行测试分析,并根据产品结构特点以及产品和各零部件的性能进行分类处理,其中包括直接再销售、再加工后销售、分拆后零部件再利用、产品或零部件报废"无害化"处理等。

(3)再加工功能,是指对回收产品或分拆后的零部件进行加工,恢复其价值。例如,对于使用过的包装材料,一般需要经过再次加工维护后才能重新利用,这种再加工功能一般由专门的回收包装材料处理厂商来完成。

（4）报废处理功能，是指对那些没有经济价值或严重危害环境的回收品或零部件，通过机械处理、地下掩埋或焚烧等方式进行销毁，实现物质最终去向的无害化。

10.4.4 循环物流的运行模式

1. 循环物流中的技术手段

这里的技术手段主要是针对正向物流中运输、仓储、包装、装卸搬运、配送等物流环节所进行的管理与改进。

1）运输

运输过程中的燃油消耗和尾气排放，是物流造成环境污染的主要原因之一。循环物流要求运输首先是要对货运网点、配送中心的设置做合理布局与规划，通过缩短路线和降低空载率实现节能减排的目标；另一个要求是改进运输工具的性能，使用清洁燃料，以提高能效。同时还应当防止运输过程中的泄漏问题，以免对局部地区造成严重的环境危害。

改进交通工具，主要靠改进汽车燃料技术，包括天然气汽车技术、液化石油气汽车技术、混合动力汽车技术、燃料电池汽车技术和电动汽车技术等。现阶段，汽车使用清洁燃料技术还很不成熟，在稳定性、续驶里程、成本等方面与燃油汽车有很大差距；同时，社会上也缺乏相关的配套设施。因此，需要加大对汽车使用清洁燃料技术的开发与应用，加强相关配套设施的建设。

2）仓储

循环物流要求仓储仓库布局合理，以节约运输成本。布局过于密集，会增加运输的次数，从而增加资源消耗；布局过于松散，则会降低运输的效率，增加空载率。仓库建设前应当进行相应的环境影响评价，充分考虑仓库建设对所在地的环境影响。在仓库建设上，要注重现代信息、工程技术的应用，运用仓库信息管理系统、条码技术等信息技术，加以现代工程技术，提高仓库管理水平。

3）包装

包装是物流活动的重要环节，大量的包装材料在使用一次以后被消费者遗弃，容易造成环境污染问题。循环物流要求使用绿色包装，要求提供包装服务的物流企业进行包装改造，包括使用环保材料、提高材质利用率、设计折叠式包装、建立包装回用制度等。

4）装卸搬运

物流过程中，装卸活动是不断出现和反复进行的，它出现的频率高于其他各项物流活动，每次装卸活动都要花费很长时间，所以往往成为决定物流速度的关键。此外，装卸活动操作时要接触货物，因此，也是物流过程中造成货物物损、散失、损耗等损失的主要环节。一旦这些现象发生就会增加物流成本，同时还会对环境造成威胁。

因此，循环物流要求在装卸搬运过程中，应使用叉车、托盘等现代装卸搬运工具，提高装卸搬运的效率。同时注意装卸搬运工具的标准化问题，使装卸搬运各环节更好地衔接。

5）配送

配送过程由于具有批量小、近距离、货物品种多样的特点，会发生车辆未满载、配送车辆利用率低等情况，这就会造成物流费用增加、社会资源浪费、环境成本增大等不良后果。因此，必须在配送的固定设施、移动设备、专用工具、组织形式、通信信息等方面加以完善，最大限度地提高人员、物资、资金、时间等资源的利用效率,取得最大化的经济效益和环境效益。

2．循环物流中的管理手段

1）宏观层面上的管理手段

(1) 对发生源的管理。主要是对物流过程中产生环境问题的来源进行管理。比如:由于物流活动的日益增加以及配送服务的发展,引起在途运输的车辆增加,必然导致大气污染加重。可以采取以下措施对发生源进行控制:制定相应的环境法规对废气排放量及车种进行限制;采取措施促进使用符合限制条件的车辆;普及使用低公害车辆;对车辆产生的噪声进行限制。我国自20世纪90年代末开始不断强化对污染源的控制,如北京市为治理大气污染发布两阶段治理目标,不仅对新生产的车辆制定了严格的排污标准,而且对在用车辆进行治理改造,在鼓励使用更新车辆的同时采取限制行驶路线、增加车辆检测频次、按排污量收取排污费等措施,经过治理的车辆,污染物排放量大为降低。

(2) 对交通量的管理。发挥政府的指导作用,推动企业从自用车运输向营业用货车运输转化;促进企业选择合理的运输方式,发展共同配送;统筹物流中心的建设;建设现代化的物流管理信息网络等。通过这些措施来减少货流,有效地消除交错运输,缓解交通拥挤状况,提高货物运输效率。

(3) 对交通流的管理。建立都市中心部环状道路及市中心向周围的散状道路,制定有关道路停车管理规定;采取措施实现交通管制系统的现代化;开展道路与铁路的立体交叉发展,以减少交通堵塞,提高配送的效率。

2）微观层面上的管理手段

(1) 运输管理

① 开展共同配送。共同配送(joint distribution)指由多个企业联合组织实施的配送活动。几个中小型配送中心联合起来,分工合作对某一地区客户进行配送,主要是针对某一地区的客户所需物品数量较少而使用车辆不满、配送车辆利用率不高等情况。采取共同配送,送货者可以实现少量配送,收货方可以进行统一验货,从而达到提高物流服务水平的目的;从物流企业角度来说,特别是一些中小物流企业,由于受资金、人才、管理等方面制约,运量少、效率低、使用车辆多、独自承揽业务,在物流合理化及效率上受限制。如果彼此合作,采用共同配送,则筹集资金、大宗货物,通过信息网络提高车辆使用率等问题均可得到较好的解决。因此,共同配送可以最大限度地提高人员、物资、资金、时间等资源的利用效率,取得最大化的经济效益。同时,可以去除多余的交错运输,并取得缓解交通、保护环境等社会效益。

② 采取复合一贯制运输方式。复合一贯制运输(combined transportation)是指吸取铁路、汽车、船舶、飞机等基本运输方式的长处,把它们有机地结合起来,实行多环节、多区段、多运输工具相互衔接进行运输的一种方式。这种方式以集装箱作为联结各种工具的通用媒介,起到促进复合直达运输的作用。为此,要求装载工具及包装尺寸都要做到标准化。由于全程采用集装箱等包装形式,可以减少包装支出,降低运输过程中的货损、货差。复合一贯制运输方式的优势还表现在:它克服了单个运输方式固有的缺陷,从而在整体上保证了运输过程的最优化和效率化;另一方面,从物流渠道看,它有效地解决了由于地理、气候、基础设施建设等各种市场环境差异造成的商品在产销空间、时间上的分离,促进了产销之间紧密

结合以及企业生产经营的有效运转。

③ 大力发展第三方物流。第三方物流(third party logistics)是由供方与需方以外的物流企业提供物流服务的业务方式。发展第三方物流，由专业从事物流业务的企业为供方或需方提供物流服务，可以从更高的层次考虑物流合理化问题，简化配送环节，进行合理运输，有利于在更广泛的范围内对物流资源进行合理利用和配置，可以避免自有物流带来的资金占用、运输效率低、配送环节烦琐、企业负担加重、城市污染加剧等问题。

（2）包装管理

循环物流中的包装要求采用节约资源、保护环境的绿色包装。绿色包装的途径主要有：促进生产部门采用尽量简化的以及由可降解材料制成的包装；在流通过程中，应采取措施实现包装的合理化与现代化。

① 包装模数化。即确定包装基础尺寸的标准。包装模数标准确定以后，各种进入流通领域的产品便需要按模数规定的尺寸包装。模数化包装有利于小包装的集合，有利于利用集装箱及托盘装箱、装盘。包装模数如果能和仓库设施、运输设施尺寸模数统一化，也利于运输和保管，从而实现物流系统的协调运作。

② 包装的大型化和集装化。包装的大型化和集装化有利于物流系统在装卸、搬迁、保管、运输等过程的机械化，加快这些环节的作业速度，有利于减少单位包装、节约包装材料和包装费用，有利于保护货体。如采用集装箱、集装袋、托盘等集装方式。

③ 包装多次周转，反复使用。梯级利用，一次使用后的包装物，用毕转化作它用或简单处理后转作它用；对废包装物经再生处理，转化为其他用途或制作新材料。

④ 开发新的包装材料和包装器具。发展趋势是包装物的高功能化，用较少的材料实现多种包装功能。

（3）废物物流的管理

废物物流(waste material logistics)指将经济活动中失去原有的使用价值的物品，根据实际需要进行搜集、分类、加工、包装、搬运、储存，并分送到专门处理场所时形成的物品实体流动。废物物流的作用是将废物运到特定地点进行再利用、再循环或最终处置（如焚烧和填埋），为此应建立一个包括生产、流通、消费的废物回收利用循环系统和废物处理与处置系统，实现从生产废物、流通废物到消费废物的全过程循环物流，提供物流作业效率。

3. 基于供应链的循环物流运行模式

黄培主编的《现代物流导论》中将供应链定义为：供应链是围绕核心企业，通过信息流、物流、资金流的控制，从采购原材料开始，制成中间产品及最终产品，最后由销售网络把产品送到消费者手中的将供应商、制造商、分销商、零售商直到最终用户连成一个整体的功能网链结构模式。

基于供应链的循环物流管理指的是用供应链管理思想实施对物流活动的组织、计划、协调与控制。作为一种共生型循环物流管理模式，循环物流供应链管理强调供应链成员组织不再孤立地优化自身的物流活动，而是通过协作(cooperation)、协调(coordination)与协同(collaboration)，提高供应链物流的整体效率，最终达到供应链成员整体获益的目的。

循环物流供应链管理的范围不仅包括供应物流、生产物流和销售物流，还包括回收物流、退货物流、废物物流等逆向物流。循环物流的供应链管理是在整个供应链中综合考虑环境影响和资源效率的现代管理模式,它以循环经济理论和供应链管理技术为基础,使物流活动在供应商、生产商、销售商和用户组成的整个供应链中实现绿色化,其目的是使得产品从物料获取、加工、包装、仓储、运输、使用到报废处理的整个过程中,对环境的影响最小,资源效率最大。

供应链循环物流系统模型如图 10-1 所示。

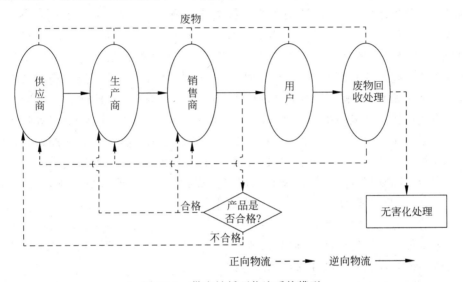

图 10-1　供应链循环物流系统模型

在此循环物流供应链管理系统模式中,使传统供应链的正向物流与逆向物流合理结合,共同形成循环型物流体系。在这种情况下,供应链上的资源能够统一管理、统一再利用和处理处置,保证了供应链上、中、下游的紧密衔接和高效运作,增强供应链的竞争优势,并能够与其他供应链合作将废旧物资降到最小。

10.4.5　国内外循环物流的研究及发展趋势

1.循环物流的研究及实施进展

1) 国外循环物流的研究及实施进展

欧洲、北美洲及亚洲发达国家已经制定了多部有关循环物流的法律法规,许多社会中介组织和著名企业也已经参与有关循环物流的实践。

(1) 在循环物流的立法和实践方面,德国走在世界前列。德国的废物处理法最早是在1972 年制定的。1996 年又颁布了《循环经济和废物管理法》,规定对废物管理的首选手段是避免产生,然后才是循环使用和最终处置。同时,德国有许多废品回收和循环利用的企业,并且大都取得了很好的经济效益。例如德国专门从事废品回收和循环利用业务的 DSD 有限公司在 1997 年的业绩表明,该公司仅包装废物的回收率就达到 89%(561 万 t),循环利用率达 86%(544 万 t)。

德国在发展循环经济过程中采取的物流措施表明:循环经济的物流模式必须由政府、企业、公众共同参与构建循环经济的物流体系,有助于提高资源回收物流活动的经济效益和物流业的可持续发展。

（2）日本是有关循环物流的立法最为完善的国家，先后颁布了《促进资源有效利用法》、《家用电器回收法》、《绿色采购法》、《建筑工程资材再资源化法》及《促进建立循环型社会基本法》等一系列法律。《促进建立循环型社会基本法》明确提出了产生废物企业的生产责任和回收义务，并从法律上规定了废物处理的优先顺序，即废物的发生抑制—再使用—循环再利用—热回收—安全处置。1998年7月的产业构造会议确定：2010年一般废物最终处理量的设定目标值是1996年的一半，即3100万t（年排放量减为4.8亿t，循环利用量为2.32亿t）。

2002年，日本先后在东京地区的吉祥寺商店街、丸内商业街及秋叶原电器街等大型商业区进行了共同配送的实证试验，佐川急便、日本通运、大和运输等6家大型物流企业参与了该试验。结果表明，实施共同配送可以减少50%配送车辆资源，能够有效地减少城市物流造成的能源消耗和环境污染。在此基础上，由清水、大成、鹿岛、小林、前田等日本大型建筑企业和若干物流企业、垃圾处理企业共同参与了东京地区建筑材料共同配送与建筑固体废物共同收集的实证试验。结果表明，建筑材料的共同配送可以将物流成本降低10%；建筑固体废物的共同收集可以将资源循环利用率提高到98%，不但减少最终处理量，同时可以减少由于大量、低装载、单程运输造成的高成本，减少CO_2等污染物排放，减轻对城市交通及环境污染的压力。为此，2005年东京主管部门资助早稻田大学项目组将既有研究成果直接应用于东京都及其周边地区，并研究该地区包含建筑材料共同配送和建筑固体废物共同回收的物流系统规划和有关法律法规修改等问题。

日本在发展循环经济过程中采取的物流措施表明，将正向物流和逆向物流有机整合的物流系统可以产生三个方面的效益：一是减少废物处理和污染治理费用；二是提高物流资源的使用率，降低商品物流成本；三是提高废物转化为再生资源后的经济效益。

从上述国家来看，发展循环物流的做法主要以法律形式进行强制；以税费形式解决费用问题；建立专门机构、专业工厂解决废旧物品处理和再利用问题。宏观上，政府和社会重视；微观上，推行供应链始末端（生产者、消费者）负责制，由消费者、回收企业和专门负责机构形成封闭性的循环物流。正向物流阶段，主要靠经济动力（对利润的追求）来驱动，逆向物流阶段运行动力相对复杂，除了经济动力外，政府、法律约束、民间环保意识、文化也在发挥作用。

2）国内循环物流的研究及实施进展

国内有关循环物流的立法方面与上述国家相比还有待完善，目前有《包装资源回收利用暂行管理办法》已在全国颁布实施，2003年修订了《资源综合利用目录》。有关循环物流的实践方面，虽然国内各行业均取得了一定的进展，但与上述国家相比尚处于起步阶段，需要做的工作很多，可着重从如下方面入手：

（1）强化"循环物流"观念。一方面，国家和政府要深入认识循环物流思想，强化发展物流中的"绿色化"和"循环化"的概念。另一方面，加大对经营者和消费者的教育培训，使循环物流的经营消费理念深入人心。经营者要展现给我们的是绿色产品、绿色标志、绿色营销和绿色服务，消费者追求的是绿色消费、绿色享用和绿色保障，这就要关注其中的绿色通道——物流环节。因此在发展物流的同时要尽快提高认识，更新思想，把循环物流作为贯彻科学发展观、构筑和谐社会的重要组成部分。

（2）加大政策扶持力度。循环物流是当今经济可持续发展的一个重要组成部分，对社会经济的不断发展和人类生活质量的不断提高具有重要的意义。正因为如此,循环物流的实施不仅是企业的事情,而且还必须从政府的约束的角度对现有的物流体制强化管理,构筑循环物流建立与发展的框架,做好循环物流的政策性建设。尽管我国自 20 世纪 90 年代以来也一直在致力于环境污染方面的政策和法规的制定和颁布,但针对物流行业的还不是很多。由于物流涉及的有关行业、部门、系统过多,因此有必要成立专门的部门对物流的规划与发展建设进行统一管理与协调,优化配置物流资源,同时也为大力发展循环物流扫清制度性障碍。

（3）完善循环物流理论,提升物流技术。循环物流的关键所在,不仅依赖物流"循环"及"绿色"思想的建立,物流政策的制定和遵循,更离不开循环物流理论的掌握和技术的应用。因此,我国要加大物流业的规划,减少物流行业内部的无序发展和无序竞争,形成规模效应,降低对环保造成的压力;在物流技术方面,要加大物流机械化的程度,运用先进技术,实现物流材料的可重用性、可降解性,同时要促进物流的自动化、信息化和网络化的实现。

我国对循环物流理论的研究还处于初级层面,对循环经济理论在物流中的应用——"循环物流"研究还没有深入展开,需要对其进行进一步的系统化研究。

2．循环物流的发展趋势

循环物流是物流业发展的新潮流,结合现代物流的发展现状,循环物流的发展趋势可总结为以下几个方面。

（1）控制物流相关资源消耗,使物流过程中的资源投入"减量化"。

物流业正朝着减少能源消耗的方向发展。对于物流经营主体而言,循环经济中"减量化"原则意味着对物流各个环节进行资源消耗控制和环境关注。西方工业化国家十分重视运用系统工程原理来经营物流。包括:①为降低资源消耗,在物流过程中的运输环节采用能源消耗少的运输工具。如开发汽车发动技术、提高燃油利用率等。当前世界主要发达国家的汽车制造商对于燃料电池汽车的开发生产有着极大热情,为运输工具的绿色化提供了有力的技术支持。现代生产因为消费的多样性而具有柔性生产的特点,这就促成了共同配送形式的出现,这在最大限度内节约了资源的消耗,压缩了流通时间,降低了流通费用等。②遵循包装的轻型便利原则,减少废物的产生量。尽可能直接再利用或回收再利用包装材料、容器和其他产品,减少对环境的废物投放量,为"资源化"原则创造条件。③提高流通和加工规模。世界发达国家在托盘的使用上逐渐采用塑木复合托盘,其优点一是减少了对森林资源的破坏。二是托盘运输弱化了货物包装,降低了包装成本。据日本统计资料显示,使用托盘包装运输,家电类货物包装费用可降低 45%,纸及其制品包装费用可降低 60%。三是便于实现"门到门"运输服务。托盘为载体的集装化运输在发达国家已是被实践证明了的行之有效的运输方式。

（2）加强对物流作业污染源的控制。

实施"减量化"原则不仅是指从源头上预防和减少物流系统对环境的污染和破坏,而且也是指通过以较少的废物排放来获得同样的产品,减少环境污染源。①包装设计除了考虑对商品的保护、支持外,同时还要考虑低成本,提高可分解性。如包装箱材料采用可降解材料。从环境保护的角度看,减量化要求物流主体在经营物流环节中尽量减少污染,运用可降解的包装材料,避免这类材料因为在自然界中长期存在而污染环境。②采用排污量小的货车车型，近距离配送，夜间运货（以减少交通阻塞、节省燃料和降低排放）等。发达国家政府倡导循环物流的对策是在污染发生源、交通量、交通流等三个方面制定相关政策。③ 在装卸环节中，采用无污染、清洁环保的气垫搬运技术。由于没有动力单元，不存在废气排放、噪声等环境污染问题，符合当前发展潮流。

（3）提高物流资源的可重复使用性。

这是循环经济理论中"再利用"（reuse）原则的具体运用。针对物流产业发展中出现的一次性资源使用对资源和环境造成的危害，提出物流资源重复利用的解决方法，提高资源的利用效率并保护生态环境。具体而言，物流作业中这类问题主要存在于包装过程中的一次性包装和装卸过程中的托盘规格不一致引起的频繁更换。相当一部分工业品特别是消费品的包装都是一次性使用，且越来越复杂。这些包装材料不仅消耗了有限的自然资源，而且废弃的包装材料成了城市垃圾的重要组成部分，处理这些废物要花费大量人力、财力。德国早在 1991 年就通过了《包装条例》，要求将各类包装物的回收规定为国民义务；1997 年日本制定并颁布《容器包装再利用法》，以此利用资源节约技术生产容器包装物以及加强回收再利用。例如，托盘是物流活动中常用的物流器具，国外为解决托盘的多样化、单程使用造成的托盘资源消耗过大的问题，主要采取两项措施：一是实施托盘标准化，使托盘的可重复使用性提高；二是建立托盘共用系统——一贯托盘化和租赁式托盘协同系统。

（4）建立工业、销售、生活废料处理的物流系统。

循环物流在对物流系统污染进行控制的同时，还要求建立工业和生活废料处理的物流系统，即逆向物流。在循环经济的世界里是没有废料垃圾的，所谓的垃圾只是"放错了地方的资源"。在循环经济中资源的利用分为再利用和再循环。再利用即是资源以物理变化的形式重新被利用；再循环要求生产出来的物品在完成其使用功能后通过化学和物理变化重新变成可以利用的资源，即资源化。

在国外，生活垃圾采取分别处理，不同的生活垃圾用不同的垃圾袋收集，如软质报纸、硬质杂志、玻璃器皿、金属罐等，这样便于垃圾分别回收处理。对排放物的处理有两种方式：① 回收。将其中有利用价值的部分加以分拣、加工、分解，使其成为有用的物资重新进入生产和消费领域。② 废物。对已丧失再利用价值的排放物，从环境保护的角度除将其焚烧，或送到指定地点进行填埋外，对含有放射性物质或有毒有害物质的工业废物，还要采取特殊的处理方法，实现废物的"无害化"处理。

逆向物流包括废旧物资的回收、包装、装卸、运输、储存及信息服务等。废物的回收利用不但能够有效地治理环境污染，而且可以增加数量可观的再生资源。据不完全统计，目前世界上主要发达国家每年再生资源回收价值达 2500 亿美元左右，且以 15%～20% 的速度增长。世界钢产量的 45%、铜产量的 62%、铝产量的 22%、铅产量的 40% 来自于再生资源的回收利用。

（5）实现整个循环物流过程的标准化、系统化与信息化。

循环物流是在发展现代物流的基础上，以循环经济理论为指导，不断发展完善的。传统物流一般指产品出厂后的包装、运输、装卸、仓储，而现代物流提出了物流系统化、标准化、综合物流管理的概念，并付诸实施。结合现代物流，循环物流要使物流向两头延伸并加进新的内涵，在物流过程中节约资源和减少废物产生，使社会物流与企业物流有机结合在一起，从采购物流开始，经过生产物流，再进入销售物流，与此同时，要经过包装、运输、仓储、装卸、加工配送到达消费者手中,最后还有逆向物流,整个循环物流的过程要实现物质流动包装与管理的标准化。可以说,循环物流包含了产品从"生"到"死"、由"死"再到"生"的螺旋上升式的流通全过程。因此要统筹协调、合理规划,控制整个商品的流动,实现资源的有效利用和废物的再利用,以达到效益最大和成本最小,这需要一个跨部门、跨行业、跨区域的物流系统来运作。

由于全球经济一体化、物流无边界的趋势,当前物流业正向高科技、现代化和信息化的方向发展。物流的信息化是指商品代码和数据库的建立,物流中心管理的电子化,电子商务和物品条码技术的应用等。电子商务是指在电子计算机与通信网络基础上,利用电子工具实现商业交换和行政作业的全部过程。电子商务(EC)所涵盖的内容应包括电子数据交换(EDI)和互联网上贸易(IC)两个主要方面。而物流条码是指物流过程中用以标识具体实物的一种特殊代码,由一组黑白相间的条空组成,利用识读设备可以实现自动识别、自动数据采集。为了消除物流系统之间的信息沟通障碍,实现编码、文件格式、数据接口、EDI等相关代码方面的标准化,制定物流软件格式、流程等方面的行业标准,将是高科技信息手段在流通领域被广泛应用的一种必然要求。

(6) 物流与商流、信息流一体化趋势。

在流通领域中,物流过程包括商流、物流和信息流,商流解决的是商品价值与使用价值的实现;物流解决的是物品生产地与销售地域的位移,生产时间与销售时间的变更等;信息流解决的是商流和物流之间的信息传递,它们是纵横交错、相互交织的信息流的综合。在现代社会,不同产品形成了不同的流通方式与营销途径,比如生产资料不仅有直达供货与经销制,而且还有配送制、连锁经营、代理制等,这就要求物流随之而变化。据资料得知,许多国家的物流中心、配送中心已实现了商流、物流、信息流的统一,此外,代理制的推行也使物流发展更趋科学合理,因为这种方式的流通体制更有助于实行三流合一。这种"三流"一体化趋势已逐渐为物流界人士所认可。

复习与思考

1. 为什么说实现服务业的生态化是推进循环经济的重要组成部分?
2. 试论服务业生态化的实施途径。
3. 什么是生态旅游?其内涵包括哪几个方面?
4. 生态旅游业依据哪些理论基础?
5. 在我国发展生态旅游如何借鉴发达国家的经验和做法?
6. 什么是循环物流?其内涵主要包括哪三个方面?
7. 循环物流有哪些基本特征?
8. 循环物流有哪些发展趋势?

第 11 章

循环型社会

建立循环型社会，形成物质资源的良性循环，从根本上解决环境与发展的长期矛盾，已经成为追求与自然和谐统一，实现发展经济不以破坏后代人赖以生存的环境为代价的一条颇为引人注目的可持续发展之路。

11.1 循环型社会的内涵

循环型社会是以人类社会发展与自然和谐统一的生态学原理为指导原则，通过实现从国家发展战略、社会的运行机制到全社会各层次主体的思想意识、行为方式及社会经济发展模式全方位地向可持续发展的轨道上的转变，达到以循环经济的运行模式为核心，减少生态破坏、资源消耗、环境污染，实现社会、经济系统的高效、和谐，物质的良性循环，达到环境与经济的双赢目的，从而实现社会的可持续发展。

11.1.1 循环型社会的概念

关于循环型社会的概念，最早源于日本学者植田和弘提出的"回收再利用社会"，即确保自然和社会可持续发展的社会。这种社会不以大量排放废物的技术体系和社会体制为前提，而是对排放出来的废物进行回收再利用，从而使人类活动与自然环境达到最亲密的状态。植田和弘提出的"回收再利用社会"就是我们今天所说的循环型社会的雏形。循环型社会概念的出现可以追溯到 1996 年德国的《循环经济与废物管理法》中的循环利用概念，而日本《促进建立循环型社会基本法》则对其做出了具体的阐释：循环型社会是通过抑制废物产生，促进物质循环，减少天然资源消费，降低环境负荷，使自然资源的消耗受到抑制，环境负荷得到削减的社会形态，从而谋求经济的健康发展，构筑可持续发展的社会。日本因而成为第一个提出建设循环型社会的国家。

中国学者大多按照日本《促进建立循环型社会基本法》中的概念进行理解，也有一些学者提出了自己的观点。如有学者提出，循环型社会就是在承认自然生态环境有限承载能力的前提下，以社会、经济、环境的可持续发展为目的，以人与自然和谐相处为价值取向，以循环经济运行模式为核心，以有利于推进循环经济的制度框架、社会环境为基本保障，适度生产、适度消费，尽量减少天然资源的消费，降低环境负荷，形成经济、社会与环境良性循环和可持续发展的社会。

循环型社会的研究和实践尚处于起步阶段，对于循环型社会概念的界定还没有统一。从国内外对循环型经济的各种阐述中可以看出：循环型社会本质上是一种生态社会，是以可持续发展为目标，实现人类经济、社会、环境全面持续发展的新型社会形态，是人类对人与自然关系的再认识,是对传统价值观念、生产方式、生活方式和消费模式的根本变革,是对传统工业社会发展模式的反思和超越。循环型社会不仅包括经济发展、社会生活领域,同时包括政府政策导向的转变、企业社会义务的承担和社会公众的积极参与等多个方面。建立循环型社会是实现可持续发展最可行的重要路径,是人类社会必然选择的社会发展模式。

11.1.2　循环型社会的研究内容

循环型社会的经济系统是一个结构与功能协调的、高效的人工经济系统,它不同于自然生态系统,而是加入了人和人类社会的干预和活动。它力图使经济活动的运行效仿自然生态系统的高度和谐与物质循环利用模式,并通过人类社会的干预作用不断调整和优化其结构和功能,从而能够以尽可能少的投入得到最高效的利用,取得较好的经济效益、社会效益、生态环境效益。循环型社会的研究内容主要有 3 个层次。

1. 社会、经济系统与自然生态系统的关系

从社会、经济系统与自然生态系统的关系的角度,又可划分为两个层次:①社会、经济系统与外部自然生态环境的相互作用应遵循生态学原则;②社会、经济系统内部运行应遵循生态学原则。也就是说,为了达到人类社会的发展与自然的和谐统一,要解决好这两个层次的平衡问题。其中经济系统内部遵循生态学原则,是实现经济系统与外部自然环境可持续发展的内因。

2. 经济活动的整个过程

从经济活动的整个过程的角度来研究,可分成如下几个层次:

1) 资源的开发利用阶段

资源的开发利用阶段以防止生态破坏,用最少的资源消耗、环境最友好的开发利用方式获取最大的经济效益为目标,主要包括:资源的开发利用方式和程度与环境友好,控制在生态环境可承载的范围之内;资源利用效率足够高;尽可能选择、研制、开发可再生、与环境友好的材料;利用可再生的清洁能源等。同时,进行生态环境建设,提高生态系统的自净能力和承载能力。

2) 在经济活动过程中

经济活动过程中要实现减污高效和物质循环,包括:建立生态工业园区和产业链(网),形成资源的闭路循环;在生产过程中节能降耗,大力推行清洁生产,开展产品生命周期评价,通过延长产品的使用寿命、推行标准化设计以利于再利用、限制产品体积和用服务替代产品等措施提高区域经济的生态经济效益和投入产出比,从而提高经济运行效率,减少资源浪费和环境污染。

3) 对废物的回收和管理

建立完善的废物管理回收产业即第四产业,形成一个完整的社会管理体系。对废物的管理遵循的优先级为:减量化—再利用—再循环—处理处置(包括无害化处理)。

4) 发展战略及机制

循环经济模式的建立,需要一整套配套的战略、政策支撑,及相应的社会和经济机制作保障,这是循环经济得以实施的依托和保证。

3．循环经济实施、管理的对象和范围

1）企业层次

企业层次是经济体系中的主力军，是实现循环经济模式，防治生态破坏、环境污染的重要力量。在企业层次，一般考虑企业间的生态链的建立、产业结构调整，以及单个企业内部的节能降耗、革新挖潜和清洁生产。

2）区域层次

研究、建立区域循环经济的规划理论、方法和相应措施，并通过合理途径将其纳入区域的社会、经济发展总体规划中，从而建成区域循环型社会。循环型社会的规划纳入社会总体发展规划应该按照战略环境影响评价（Strategic Environmental Assessment，SEA）的程序进行，即将循环型社会规划提交环境保护主管部门，环保主管部门从环境可行性的角度组织专家进行战略环境影响评价，评审通过的循环型社会规划再纳入社会、经济发展总体规划之中。

3）社会层次

循环型社会层次所依托的部分包括社会发展战略，社会和经济运行机制，政府、公众、企业（行为主体）的责任分担，以及循环经济框架、机构的建设。

11.1.3　循环型社会的特征

循环型社会具有如下特征：

（1）通过协调人类社会的和谐最终实现人与自然的和谐相处。

人类是自然界的组成部分，与自然界其他生命形态共同生存于自然生态环境之中。对于人类社会来说，资源环境问题涉及社会的各个方面，每个人不仅都对自然资源和环境享有平等的权利，而且对自然生态环境和人类的可持续发展承担共同的义务和责任。循环型社会以人与自然和谐相处为价值取向，注重社会各方面的和谐，在着力解决资源、环境问题的同时，按照自然生态系统的运行规律安排人类的经济社会活动，处理好社会内部局部与整体、经济与社会以及社会各阶层之间的关系，在社会关系整体协调、平稳运行中，推进人与自然的和谐共存和持续发展。

（2）按照复合生态系统理念推进社会经济的发展。

循环型社会最主要的特征就是按照复合生态系统的理念安排人类的生产与生活。它把自然、经济和社会看做是3个有机联系、相互依存、相互影响的统一整体，把自然生态系统看做是经济社会发展的支撑系统，要求人类在自然生态系统供给原材料和吸纳废弃物的能力之内进行各种经济社会活动，从而把人类对自然环境的负面影响降低到最小限度，实现人与环境的和谐发展。

（3）以循环经济运行模式为核心推进社会发展。

循环经济是循环型社会的核心和关键，循环型社会是循环经济理念的发展和深化，是循环经济实现的前提和保障。发展循环经济是为了实现可持续发展，然而可持续发展目标的实现需要从经济领域到全社会领域的共同努力和根本变革。循环经济的理论要指导社会经济实践，就必须把循环经济理念贯穿于整个社会经济体系当中，并切实纳入社会、经济发展总体规划和各项政策、立法，以及公众的思想意识、行为方式等各个层次中，从人类社会大系

统角度,综合社会、经济、环境等因素,全方位、多层次地发展,从而推进循环型社会建设。

(4)循环型社会需要建立相应的社会经济技术体系。

为了实现从传统经济运行模式向循环经济运行模式的转变,循环型社会需要建立一个以促进物质的减量化、再利用、再循环为目标,由清洁生产技术、污染治理技术、废旧物品再利用技术等组成的,具有合理的层次和结构、功能完善的社会经济技术体系。这是循环经济的物质技术保障,也是循环型社会的重要物质基础。

(5)循环型社会需要在适度消费理念指导下的公众的广泛参与。

循环型社会的形成和发展不仅需要政府自上而下的推动和引导,更需要在全社会自下而上地培养自然资源和生态环境的危机意识以及真正形成人与自然和谐共存的循环型社会的广泛共识,并将适度消费理念付诸日常行动。循环型社会要求改变传统的生活消费模式,主动选择绿色产品,注重消费过程中对环境的友好性,自觉履行废物分类回收利用的责任和义务。

11.2　循环型社会建设

11.2.1　循环型经济社会的技术支撑体系

建立循环型经济社会,构筑循环型经济社会所需要的技术支撑体系,包括以下4类循环技术:

(1)尽可能减少资源和能源投入量的技术,如利用新能源、节约能源和资源的技术,应用微生物等生物功能的资源再生技术等。

(2)延长产品使用寿命的技术,如预测产品寿命的技术,有助于降低维修成本的技术,更新产品功能进一步延长产品寿命的技术,高性能、长寿命材料的制造技术等。

(3)有效地循环利用技术,如用易降解材料制造高质量产品的技术,易于循环利用的材料制造技术,分离和提取有用物质的技术,提高热循环效率的技术等。

(4)尽可能减少废物的技术,如有害物质分解技术,使用替代物以减少温室气体排放量的技术,应用生态系统的物质循环及净化作用的处理技术和生产技术等。

11.2.2　关于向循环型社会转变实施步骤的建议

(1)从区域经济结构分析入手,完成经济系统转变。

首先,研究区域产业结构及其调整以及合理建立产业链的方法、途径和可行性,并分析主要产业、行业的生态经济效益及绿色投入产出情况;其次,对资源浪费、生态环境破坏、污染严重的产业进行排序,并通过分析得出产业结构调整方案,同时对形成产业链(网)和建立生态工业园区的方案进行论证;再次,各产业内部通过从资源投入、生产过程到产品生命周期的评价分析,对资源减量化、再利用、再循环潜力、方法、途径进行论证,从而建立循环型社会指标体系,进行区域循环型社会的规划,并纳入区域社会发展总体规划;最后,通过制定政策、立法,确定各主体责任分工落实规划措施。

(2)从社会消费结构分析入手,建立回收、循环路径。

一般地,社会主导消费品为公共设施、各种包装、食品、家电、汽车、纺织品、家具等。这些消费品应作为再回收的重点,政府应重点对其立法,进行市场调控,制定回收政策,并在其产品生命的整个周期,遵循"3R"原则进行控制和管理。

① 设计生产阶段:产品寿命长、体积小、产品和零件通用性好、标准化程度高、清洁、能耗少。

② 消费阶段:引导消费者转变观念,节约资源、能源,倡导绿色消费,消费过程中注重垃圾处置。

③ 回收阶段:明确回收责任单位,并合理地确定回收费用。如包装、家电、汽车、家具等可以令生产厂家为责任单位,公共设施可将资产所有者定为回收单位,食品等可将社会回收机构作为回收单位。

(3) 从社会废物分析入手,完成废物再资源化。

对于各种废物,以再资源化为目的,重点考虑:①废物产生量、成分、去向和处理处置现状;②污染状况及再利用、再循环的潜力;③回收机构现状 ;④资源回收体系和资源信息网络情况。

总之,实现整个社会向循环型社会的转变是大势所趋,是实现可持续发展战略的客观需要。实现这个转变,首先要实现全社会思想观念的转变,建立起一种绿色文化氛围;再者就是要加紧对循环经济社会的全方位、多角度的研究;逐步建立起循环型社会的社会和经济运行机制,并通过分步骤的实践,不断总结、调整发展战略,包括社会、经济、科技、环境发展战略调整方案,并划分出社会各层次主体的责任分担与现行政策的衔接。这样才能推动循环型社会的实践不断走向成熟和深入。

11.2.3　建设资源节约型、环境友好型社会

当前,我国政府在可持续发展基本国策的指引下,提出了建设资源节约型、环境友好型社会的战略方针,大力发展循环经济,成为现阶段我国调整经济结构,实现全方位经济发展模式转变和缓解资源、人口、环境危机的必然选择和必由之路。

建设资源节约型社会,就是要在社会生产、建设、流通、消费的各个领域,在经济和社会发展的各个方面,实现各种资源的合理利用和有效保护,提高资源、能源的利用效率。建设环境友好型社会,就是要以环境承载力为基础,以遵循自然规律为核心,以绿色科技为动力,倡导生态文明,构建经济、社会、环境协调可持续发展的社会体系。

从 2002 年起,党和国家领导人胡锦涛、江泽民、温家宝、朱镕基等不断在重要会议上指示要大力发展循环经济。

2004 年,胡锦涛总书记在中央人口资源环境工作座谈会上指出:"在推进发展中要充分考虑资源和环境的承受力,积极发展循环经济,实现自然生态系统和社会经济系统的良性循环,为子孙后代留下充足的发展条件和发展空间。"

2005 年,胡锦涛总书记在中央政治局集体学习时就能源问题发表了重要讲话:"要推动发展循环经济,促进资源循环式利用,鼓励企业循环式生产,推动产业循环式组合,倡导社会循环式消费,大力推行清洁生产,努力实现废弃物的资源化、减量化、无害化。"

2005 年,温家宝总理在《政府工作报告》中指出:"要大力发展循环经济。从资源开采、生产消耗、废弃物利用和社会消费等环节,加快推进资源综合利用和循环利用。积极开发新能源和可再生能源。"

　　2005 年 7 月,国务院提出加快建设节约型社会的战略部署,出台《国务院关于做好建设节约型社会近期重点工作的通知》,提出加快建设节约型社会,坚持资源开发与节约并重、以节约资源和提高资源利用效率为核心,以节能、节水、节材、节地、资源综合利用和发展循环经济为重点,加快经济发展模式转变,建立节约型的生产模式、消费模式和城市建设模式。可见,国家对于建设节约型社会的方针是基于全社会、全方位和全过程的,这必然意味着社会的发展观、科技观以及生产和行为模式的全面变革,是传统发展模式真正从本质上向可持续发展转变的里程碑。

　　2009 年 1 月 1 日起实施的《中华人民共和国循环经济促进法》使循环型社会建设有了基本的法律保障。

　　发展循环经济、建设节约型社会是我国当前落实科学发展观,实现经济社会可持续发展的重要举措,是新形势下我国未来发展的重要趋势。循环经济已经全面纳入我国"十二五"经济社会发展规划,各个层次上的试点、示范也在全面开始实施,节约型社会建设已经初见成效,可以预见,循环经济将在我国得到更大、更全面的发展,其体系、机制、相关技术研发将被极大推进,新的发展模式会如雨后春笋,层出不穷。

11.3　循环型社会建设实践案例

11.3.1　循环经济省、市建设发展现状

　　循环经济省、市是在区域层面上探索循环经济的范例。我国先后在辽宁、江苏两省和贵州贵阳、山东日照、河南义马、陕西韩城等开展了循环经济省、市建设试点工作。如贵阳市以发展循环经济为突破口,市人大通过了中国第一部发展循环经济的地方性法规。该市依托当地磷、煤等资源,以区域环境容量为前提,以循环经济为发展思路,优化工业布局,对现有工业区进行整合和生态化改造,促进资源型的传统加工业向生态化的发展方向和方式转型,逐步构建生态经济市。海南、黑龙江、吉林、福建、山东、安徽也都结合当地特点,以循环经济为理念,编制了生态省建设规划,努力实现经济社会环境协调发展,提高可持续发展能力。

　　江苏省作为省级循环经济试点,在全省确定了 108 家循环经济建设试点单位,涉及农业、工业、服务业等不同产业。通过发展循环经济,江苏省资源能源利用效率有所提高。2000—2003 年,全省 GDP 增长了 45%,万元 GDP 能耗已由 2000 年的 0.98t 标煤下降到2003 年的 0.93t,万元 GDP 增加值能耗已由 1.65t 标煤下降到 1.46t 标煤,万元 GDP 增加值取水量已由 110m³ 下降到 101m³,主要污染物排放量得到了有效的控制,COD 削减了10%,出现了生产规模不断扩大,而单位 GDP 能耗、物耗不断降低的可喜现象。

　　近年来,我国还创建了 48 个环保模范城市(区)、88 个生态示范区、603 家绿色社区、79个"全国环境优美乡镇"和 1.7 万多所绿色学校。2013 年全国已有 30 多个省(直辖市、自治区)在不同层次上开展了循环经济试点示范工作。这些试点示范活动都是以转变发展方式为出发点,成为中国现阶段各行各业有效利用资源和保护环境的典范。

　　辽宁省是我国最早实行循环经济试点的省份,其发展模式和经验对我国区域循环经济的发展都具有较强的借鉴意义。因此,我们以辽宁省为例,从循环经济发展的宏观战略、建设主题思路、主要领域、模式特点等加以分析。

11.3.2 辽宁省循环经济试点建设

1. 辽宁省循环经济试点建设概况

2001年，辽宁省委、省政府作出决策要开展循环经济试点建设，2002年，国家环保总局正式批复辽宁在全国率先开展循环经济试点工作。辽宁省循环经济试点工作紧紧围绕老工业基地振兴这一中心任务，注重借鉴学习国内外先进经验，坚持"政府主导、市场运作、法律法规、公众参与、重点突破、兼顾社会"的原则，加强组织协调，省及各市政府成立了循环经济试点工作领导小组，把试点工作内容纳入工作目标责任制，重点推进了循环经济型企业、生态工业园区、循环型社会和资源再生产业基地建设，全省循环经济试点工作取得了初步成效。

（1）实施清洁生产审核，建立了一大批循环经济型企业。

全省已有480多家重点污染企业开展了清洁生产审核，共实施9420多个项目，每年新增经济效益近20亿元，节水1.67亿t，节电1.85亿kW·h，减排二氧化硫、烟粉尘等污染物超过18万t，在冶金、电力、煤炭和选矿等行业创建了50多家废水"零排放"企业。鞍钢已建成40多个循环经济项目，基本实现了高炉、焦炉和转炉煤气的"零排放"，当年产生的冶金废渣全部实现回收利用，水资源循环利用率达到91%。

（2）开展废弃物综合利用，培育了新的经济增长点。

① 结合资源枯竭地区经济转型，开发利用矿山废弃资源，建设国家生态工业示范园。如抚矿集团以"一矿四厂一气"转产项目为主线，围绕油母页岩和煤矸石综合利用，大力发展接续产业和替代产业。已建成了年产6000万块的煤矸石烧结砖一期工程和年增产水泥27万t的页岩废渣水泥厂扩建工程，年产59万t油母页岩炼油扩建项目和页岩热电厂项目。

② 结合开发区整合提升，开展资源循环利用和能源梯级利用，提高区域经济运行质量。如大连开发区通过建设关键链接项目，构建和完善生态工业网链，启动实施了工业介质循环利用、废旧家电综合利用和中水回用等9个工业生态链接项目，已有5个项目建成投产，电镀工业园实现了废水"零排放"。

③ 建设区域内企业间的关键链接项目。如葫芦岛市在金属冶炼、石化、城市基础设施建设等方面实施了15个链接项目，综合利用近50万t固体废弃物、7万t二氧化碳和超过6500t的二氧化硫，年新增经济效益7000多万元。

④ 结合资源综合利用，大力发展资源再生产业。全省已建成朝阳华龙、铁岭新新等30多个煤矸石和粉煤灰综合利用项目，2003年全省煤矸石和粉煤灰综合利用率分别达到74%和47%。

（3）大力发展生态工业，实现环境与经济双赢。

沈阳铁西新区通过对污染企业的搬迁和改造，实现产业重组和产品升级换代，优化城市布局，从源头解决环境污染问题。将47家重点企业构建成9条工业生态产业链和循环网络，开展物质循环利用和能量的梯级利用，工业废水50%以上通过处理后回用，年减排固体废物44万t。

大连市以消除市中心污染源为突破口，对地处市内的能耗高、污染重、效益差的工业企业进行搬迁改造。除少数企业就地关闭外,大多数企业通过盘活土地,利用级差地价获得发展资金,提高了企业技术水平。城市环境的改善,提升了土地价值,为引进高新技术、调整产业结构和招商引资提供了良好的投资环境和条件。

(4) 发展循环型生态农业,促进了城乡发展的协调统一。

全省已建成 63 个高标准"四位一体"现代农业示范园区和 3 万 hm^2 有机食品基地。盘锦市启动建设了太平农场、鼎翔公司、西安生态养殖场、石山种畜场 4 个生态农业示范园区。西安生态养殖场以生产和利用水生植物为核心,牧渔农相结合,实行四级净化、五步利用的复合生态模式,被联合国环境署命名为全球 500 佳之一。阜新市以双汇、大江等加工企业为龙头建立养殖业和有机农业、绿色农业发展链条,已建成千亩以上农业园区 15 个。全省还建成秸秆气化工程 39 处,促进了农村生态环境的改善。

(5) 以城市中水回用为重点,全面建设资源循环型社会。

结合城市污水处理厂建设,开展城市中水回用,缓解水资源短缺危机。全省已建成 25 座城市污水处理厂,累计日处理能力达到 284.8 万 t,实际运行负荷达到 80%。鞍山西部第一、本溪第二、大连春柳河等 10 座污水处理厂共实现日回用中水超过 40 万 t,主要用于工业、城市河道景观和绿化用水。鞍钢、抚顺石化等一批用水、排水大户也开展了中水回用,已使工业企业取水量减少了 24.5%。以沈阳和大连为重点,建成住宅小区、学校、宾馆等中水回用工程 110 多个,日回用中水超过 4 万 t。

(6) 开展循环经济宣传教育,提高公众参与意识。

编制了省、市循环经济发展方案。邀请中外专家为各级领导干部作循环经济的专题报告,结合省情剖析辽宁省开展循环经济建设对促进经济增长方式转变的推动作用。积极利用电视、报刊等多种媒体,广泛开展宣传,扩大公众参与力度。

辽宁省循环经济推行的是"3+1"模式,即大、中、小循环和资源再生产业。所谓的大循环,是在整个城市和社会层面,围绕城市中水回用和垃圾减量化、无害化和资源化,建设城市资源循环型社会;中循环,是在企业群落的区域层面,运用工业生态学和循环经济理念,提升区域经济运行质量;小循环,是在单个企业层面,大力推进清洁生产,建设循环经济示范企业;资源再生产业,是结合资源节约和综合利用,大力发展资源再生产业,建设资源节约型社会。

辽宁省的循环经济试点工作在全国受到普遍关注。全国政协等有关领导曾先后到辽宁省专门视察循环经济试点工作,认为辽宁省循环经济试点工作在老工业基地调整改造、资源枯竭地区经济转型、经济开发区的整合提升和资源节约利用等方面已经取得了初步成效,而且发展势头良好,对全国尤其是东北发展循环经济、走新型工业化道路具有重要的示范意义。

2. 辽宁省加快发展循环经济的指导思想和主要任务

1) 指导思想

今后一个时期,全省发展循环经济的指导思想是:以科学发展观为指导,以优化资源利用方式为核心,以提高资源生产率和降低废弃物排放为目标,以技术创新和制度创新为动力,以法制建设为保障,形成"政府大力推进、市场有效驱动、公众自觉参与"的循环经济发展运行机制,加快建设资源节约型社会,构建和谐辽宁。

2）主要任务

（1）把发展循环经济、建设资源节约型社会作为重大战略，纳入国民经济和社会发展规划。

在编制总体规划和各类专项规划、区域规划以及城市规划的过程中，要把发展循环经济放在重要位置。一方面，要把发展循环经济作为编制省国民经济和社会发展规划的重要指导原则，用循环经济的理念指导各类规划的编制；另一方面，在规划编制过程中，要加强对发展循环经济的专题研究，加快节能、节水、资源综合利用、再生资源回收利用等循环经济发展重点领域专项规划的编制工作。同时，把发展循环经济和资源节约技术纳入重大项目给予支持，重点组织开发一批有推广意义的资源节约和替代技术、能量梯级利用技术，延长产业链和相关产业链接等技术，不断提高单位资源消耗产出水平。

建立科学的循环经济评价指标体系。加快研究建立以资源生产率、资源消耗降低率、资源回收率、资源循环利用率、废弃物最终处置降低率等为基本框架的循环经济评价指标体系及相关统计制度，并把主要指标逐步纳入省国民经济和社会发展计划。在此基础上，研究提出省发展循环经济的战略目标及分阶段推进计划。各市要结合各自实际情况，制定切实可行的发展循环经济的推进计划，明确工作目标和重点。

（2）加强循环经济地方法规体系和政策支持体系建设。

出台《辽宁省节约能源条例》、《辽宁发展循环经济促进条例》、《辽宁省资源节约综合利用条例》、《辽宁省中长期节约规划》，以及废旧家电、废轮胎等回收利用的具体管理办法，生产者责任延伸等规章制度，把循环经济建设纳入法制轨道。

建立消费拉动、政府采购、政策激励的循环经济发展政策体系。①建立和完善循环经济产品的标示制度，鼓励公众购买循环经济产品。②在政府采购中，确定购买循环经济产品的法定比例，推动政府绿色采购。③通过政策调整，使循环利用资源和保护环境有利可图，使企业和个人对环境保护的外部效益内部化。按照"污染者付费、利用者补偿、开发者保护、破坏者恢复"的原则，大力推进生态环境的有偿使用制度。对于一些亏损或微利的废旧物品回收利用产业和废弃物无害化处理产业，可通过税收优惠和政府补贴政策，使其能够获得社会平均利润。在增加环境（污染排放）税、资源使用税的同时，可对企业用于环境保护的投资实行税收抵扣。④建立和完善价格机制和补偿机制。

（3）继续推进试点中的几项重点工作。

① 深入开展企业持续清洁生产。在全面完成600家重点污染企业清洁生产审核的同时，以清洁生产周转金启动为契机，千方百计筹措项目资金，着力实施一批清洁生产中高费方案，实现节能、降耗、减污、增效。创建10家清洁生产先进企业，使单位产品的能耗、物耗、水耗和污染物排放强度达到国内或国际先进水平。

② 继续创建一批"零排放"企业。使电力、冶金、煤炭、选矿行业基本实现全行业废水"零排放"；石油开采和加工行业积极开展中水回用，有条件的企业实现废水"零排放"；启动再生纸生产行业废水"零排放"工作。冶金行业高炉煤气、转炉煤气、焦炉煤气基本实现"零排放"。冶金行业当年生产过程中产生的冶金废渣全部实现资源化，逐步开展历史堆渣的综合利用。

③ 加快循环经济型示范企业建设工作。鞍钢按照规划，从实现废物减量化和资源化、提高二次资源利用率、工业废水"零排放"和矿山生态恢复四个方面组织实施，尽快建成循环

经济型示范企业。编制抚顺石化、沈化、本钢和锦天化循环经济型示范企业建设规划,加快项目建设。

④ 抓好国家生态工业示范区建设工作。抚顺矿业集团、大连开发区和沈阳铁西新区按照规划,做好项目实施工作,实现园区内能量的梯级利用和物质的循环利用,提高资源能源利用效率,降低污染排放,提升区域内经济运行质量。抚顺矿业集团和大连开发区争取早日通过国家生态工业示范园区建设验收,沈阳铁西新区争取列为国家生态工业示范园区建设试点。

⑤ 积极推进城市中水回用。新建污水处理厂必须配套建设中水回用设施,已建成污水处理厂没有开展中水回用的要加快回用设施建设,开展中水回用的尽快达到设计能力,力争使辽宁省中水回用率在"十二五"初期达到30%以上。继续大力推广住宅小区、学校、医院、宾馆等中水回用示范工程。充分发挥市场机制和价格杠杆,推进水价改革,制定合理的中水使用价格,促进节约用水,提高用水效率,大力建设节水型社会。

⑥ 深入开展再生资源回收利用和资源综合利用工作。以废旧轮胎、废旧家电、废电脑及电子废弃物、废金属及包装物为重点,建立和完善再生资源回收利用体系,建设几个区域性的资源再生产产业基地,使"十二五"初期废旧轮胎回收利用率达到50%以上,废旧家电等废物回收利用率达到80%以上。在沈阳、大连、鞍山市建立生活垃圾分类回收体系,其他各市选择若干个垃圾分类回收试点。加快城市垃圾处理厂建设进度,"十二五"初期生活垃圾无害化处理率达80%以上。

⑦ 加快推进关键链接项目建设。积极借鉴葫芦岛市的成功做法,政府积极搭建促进关键链接项目建设的信息交换平台,为项目实施、跟踪、协调营造便利条件。企业通过对能量流、物质流的分析,引入关键链接技术,实施技术改造,在生产的全过程降低资源、能源的消耗和污染物的产生;积极寻求可作为原料利用的废弃物,通过建设关键链接项目变废为宝,增加企业经济效益,减少区域内污染物的排放。

(4) 进一步加强组织协调和舆论宣传。

发展循环经济是一项综合性的工作,涉及经济、社会发展的方方面面,必须加强对循环经济发展工作的组织领导,充分发挥各级政府的主导作用,切实把循环经济发展工作摆上重要议事日程。建立健全考核制度,做到层层有责任,逐级抓落实,要思想到位、工作到位、措施到位。建立有效的协调工作机制,循环经济试点工作领导小组成员单位按照各自的职责抓好本部门的相关工作,密切配合,共同推进。

大力开展循环经济的宣传教育工作,提高各级领导干部、企事业单位和公众对发展循环经济重要性的认识。各市、各有关部门要组织开展形式多样的宣传培训活动,通过举办专题讲座、研讨会、经验交流会、成果展示会和印发宣传品等形式,运用广播电视、报纸杂志、互联网等手段进行广泛宣传,普及循环经济知识,宣传典型案例,提高社会各方面对发展循环经济重大意义的认识,引导全社会树立正确的消费观。要将循环经济理念和知识纳入基础教育内容,做到以教育影响学生、以学生影响家庭、以家庭影响社会,增强全社会的资源忧患意识和节约资源、保护环境的责任意识,把节约资源、回收利用废弃物等活动变成全体公民的自觉行为,逐步形成节约资源和保护环境的生活方式和消费模式。

3. 对辽宁发展循环经济的几点建议

（1）建立和完善促进循环经济发展的法律法规体系。

发达国家的实践经验表明，建立一套法律法规体系是促进循环经济发展的最基本保障。要尽快建立起促进循环经济的法律法规体系，通过立法，明确政府、企业和居民在推进循环经济中的责任和义务。要在已经出台的生态环境保护法律法规体系的基础上，尽快研究制定循环经济促进法、资源循环利用法、循环经济企业投融资法、可持续消费法和实体法等相关法律法规体系，借鉴发达国家经验，建立循环经济激励政策体系，鼓励消费者实行"绿色消费"，鼓励企业循环利用资源，鼓励民间投资向生态环境领域投入，兴办循环利用资源产业和资源再生产业。

（2）大力推进静脉产业的发展。

我国静脉产业的发展相对滞后，目前还没有形成规范化的分类回收和循环利用体系，而缺乏制度保障和政策支持是关键原因。因此，在发展静脉产业中，建议首先建立起发展静脉产业的制度框架，从法律上明确废物排放者、收集者及处理者的义务和责任；其次，构建完善的分类回收体系时，要对从事废物回收、运输的从业组织进行严格管理，以确保废物收集的安全性，避免造成二次污染；最后，建议采取先试点、后推广的技术路线，选择经济基础和技术条件较好的地区规划建设以某类特定废物为主的再生产业园，针对特定类型废物进行循环利用技术实证研究。

（3）推进循环经济关键技术和静脉产业技术的发展。

我国虽然重视废物资源化技术的开发和应用，并且有的废物资源化技术已经得到应用，例如，蔗渣造纸、废糖蜜制酒精及粉煤灰制建材等技术，但从总体上看，目前仍然处于低水平的资源综合利用阶段，缺乏系列化、配套化的废物资源循环利用技术体系。此外，由于废物资源化技术的开发和应用具有高成本、高风险的特点，在一定程度上限制了该类技术的发展。

鉴于此，建议政府部门要重视和加大对以废物资源化技术为主的静脉产业技术的扶持力度：①要引导企业、技术研究部门积极开展废物循环利用技术的研发；②针对我国目前的技术现状，筛选和推荐一批具有较好应用前景和经济效益的废物循环利用技术；③要针对特定类型的废弃物，组织相关企业和科研部门联合开发循环利用技术；④要对具有推广应用前景的技术给予专项经费支持，鼓励技术开发部门进行实证研究。

（4）明确各部门在循环经济工作中的职责。

由于推进循环经济工作需要多个部门、机构的协作，全社会共同行动，也需要投入大量资金用于基础设施的建设和启动，在这种情况下，仅一部门单位是难以支撑的。应尽快明确各级政府及有关部门在推进循环经济工作中的分工、责任和义务，明确全社会推行循环经济的途径和方向。

（5）在重点项目实施上，给予资金和政策支持。

东北目前正处于老工业基地结构调整和资源枯竭地区经济转型的关键时期，为按期完成循环经济试点工作任务，必须给予资金和政策支持，实施一批循环经济重点项目。

复习与思考

1. 怎样理解循环型社会的概念？
2. 循环型社会包括哪几个层次？
3. 循环型社会有哪些基本特征？
4. 循环型经济社会的技术支撑体系包括哪四种类型？
5. 你对关于向循环型社会转变的实施步骤有哪些建议？
6. 辽宁省循环经济试点建设初步取得了哪些成效？

参考文献

1. 鲍建国,周发武.清洁生产实用教程[M].北京:中国环境科学出版社,2010.
2. 白雪华.美国和欧盟的能源政策及其启示[J].国土资源,2004(11):53-55.
3. 陈宏金.农业清洁生产与农产品质量建设[J].农村经济与科技,2004,15(2):11-12.
4. 陈克亮,杨学春.农业清洁生产工程体系[J].重庆环境科学,2001,23(6):58-61.
5. Chertow M R. The Eco-Industrial Park Model Reconsidered[J]. Journal of Industrial Ecology,1999,2(3):8-10.
6. 曹英耀,曹曙,李志坚.清洁生产理论与实务[M].广州:中山大学出版社,2009.
7. 陈阜.农业生态学[M].北京:气象出版社,2007.
8. 陈强.生态农业的特点及其发展模式[J].福建水土保持,1999,11(4):15-18.
9. 崔兆杰,张凯.循环经济理论与方法[M].北京:科学出版社,2008.
10. 崔海宁.循环经济概论[M].北京:中国环境科学出版社,2007.
11. 段宁.清洁生产、生态工业与循环经济[J].环境科学研究,2001,14(6):1-4.
12. 段世昕.循环经济的发展取向探索[C].中国环境科学学会学术年会论文集,2009:128-132.
13. 邓南圣,吴峰.国外生态工业园研究概况[J].安全与环境学报,2001,1(4):24-29.
14. 邓南圣,吴峰.工业生态学——理论与应用[M].北京:化学工业出版社,2002.
15. 付煌辉.生态工业园区建设实践及研究进展[C].中国环境科学学会学术年会论文集,2009:82-85.
16. 郭日生,彭斯震.清洁生产审核案例与工具[M].北京:科学出版社,2011.
17. 郭斌,庄源益.清洁生产工艺[M].北京:化学工业出版社,2003.
18. 郭显锋,张新力,方平.清洁生产审核指南[M].北京:中国环境科学出版社,2007.
19. 国家计委,等.中国 21 世纪议程[M].北京:中国环境科学出版社,1994.
20. 国家环境保护总局科技标准司.清洁生产审计培训教材[M].北京:中国环境科学出版社,2009.
21. 国家环境保护部污染防治司.清洁生产审核案例研究[M].北京:化学工业出版社,2009.
22. 广东省环境保护厅.重点行业清洁生产工作指南[M].广州:广东科技出版社,2010.
23. 关立山.世界风力发电现状及展望[J].全球科技经济瞭望,2004(7):51-55.
24. 何北海.造纸工业清洁生产原理与技术[M].北京:中国轻工业出版社,2007.
25. 黄淑阁.关于建立农业循环经济发展模式的思考[J].农业环境与发展,2005(2):36-38.
26. 何京玲.循环经济的系统特征[J].科技创业,2007(10):156-157.
27. 胡山鹰,李有润.生态工业系统集成方法及应用[J].环境保护,2003(1):16.
28. 金涌,李有润,冯久田.生态工业:原理与应用[M].北京:清华大学出版社,2003.
29. 金启明.欧盟能源政策综述[J].全球科技经济瞭望,2004(8):24-25.
30. 江新英,季莹.产品生态设计理论与实践的国际研究综述[J].绿色经济,2006(2):77-80.
31. 贾爱娟.国内外清洁生产评价指标综述[J].陕西环境,2003,10(3):31-35.
32. 金适.清洁生产与循环经济[M].北京:气象出版社,2007.
33. 鞠美庭,盛连喜.产业生态学[M].北京:高等教育出版社,2008.
34. 鲁成秀,尚金成.生态工业园规划建设的理论与方法初探[J].经济地理,2004,24(3):46.
35. 陆钟武.穿越环境高山——工业生态学[M].北京:科学出版社,2007.
36. 罗宏,孟伟,冉圣宏.生态工业园区——理论与实践[M].北京:化学工业出版社,2004.
37. 李素芹,苍大强,李宏.工业生态学[M].北京:冶金工业出版社,2007.
38. 李世泰.生态农业产业化的发展途径选择[J].生态经济,2006(5):164-167.
39. 李文华.生态农业——中国可持续农业的理论与实践[M].北京:化学工业出版社,2003.
40. 李新平.中国生态农业的理论基础和研究动态[J].农业现代化研究,2000,21(6):341-344.
41. 李春燕.论发展生态农业是农业经济可持续发展的主要途径[J].大众科技,2006(6):193-194.

42. 骆世明.农业生态学[M].北京：农业出版社，2001.

43. (美)劳爱乐,耿勇.工业生态学与生态工业园[M].北京：化学工业出版社,2003.

44. 梁樑,朱明峰.循环经济特征及其与可持续发展的关系[J].化工经济管理,2005,19(12)：61-64.

45. 梁文静.淡水养殖业循环经济[C].中国环境科学学会学术年会论文集,2009：145-153.

46. 李有润,沈静珠.生态工业与生态工业园区的研究与进展[J].化工学报,2001,52(3)：25-28.

47. 刘青松,张利民,姜伟立,吴海锁.清洁生产与 ISO 14000[M].北京：中国环境科学出版社,2003.

48. 骆世明,刘青松.清洁生产与 ISO 14000[M].北京：中国环境科学出版社,2003.

49. 李景龙,马云.清洁生产审核与节能减排实践[M].北京：中国建筑工业出版社,2009.

50. 李小军.棉印染行业清洁生产研究[D].浙江大学硕士论文,2006.

51. 李海红,等.清洁生产概论[M].西安：西北工业大学出版社,2009.

52. 马建立,等.绿色冶金与清洁生产[M].北京：冶金工业出版社,2007.

53. 马树才,赵桂芝,孙常清.我国发展清洁生产的障碍分析与对策思考[J].辽宁大学学报(哲学社会科学版),2004,32(6)：109-112.

54. 马建立,郭斌,赵由才.绿色冶金与清洁生产[M].北京：冶金工业出版社,2007.

55. 马宏端.制革工业清洁生产和污染控制技术[M].北京：化学工业出版社,2004.

56. 彭攀,丁丹.循环经济的系统分析[J].系统科学学报,2006(14)：70-72.

57. 彭崑生.实用生态农业技术[M].北京：中国农业出版社,2001.

58. 彭晓春,谢武明.清洁生产与循环经济[M].北京：化学工业出版社,2009.

59. 邝仕均.造纸工业节水与纸厂废水零排放[J].中国造纸,2007,26(8)：45-51.

60. 曲向荣.生态学与循环经济[M].沈阳：辽宁大学出版社,2009.

61. 曲向荣.环境学概论[M].北京：北京大学出版社,2009.

62. 曲向荣.环境工程概论[M].北京：机械工业出版社,2011.

63. 曲向荣.实现循环经济的重要途径——生态工业园区建设[C].中国环境科学学会学术年会论文集,2004：110-114.

64. 曲向荣.沈阳市创建生态示范市水环境质量达标对策研究[C].中国环境科学学会学术年会论文集,2010：110-114.

65. 钱易,等.环境保护与可持续发展[M].2 版.北京：高等教育出版社,2010.

66. 钱易.清洁生产与循环经济——概念、方法与案例[M].北京：清华大学出版社,2006.

67. Raymond P,Cote E. Coben-Rosenthal. Designing Eco-Industrial Parks：a synthesis of some experiences [J]. Journal of Clearner Production,1998(6)：181-185.

68. 沈金生.循环经济特征新探[J].经济问题,2006(12)：24-26

69. 孙大光,范伟民.区域清洁生产政策法规体系框架的构筑[J].环境保护科学,2005,130(31)：54-60.

70. 孙浩然.国外建设现代农业的主要模式及其启示[J].社会科学家,2006,118(2)：61-64.

71. Tudor T, Adam E, Bates M. Drivers and Limitations for the successful development and functioning of EIPs(eco-industrial parks)：a literature review[J]. Ecological Economics，2007(61)：199-207.

72. 田立泉.创建工业园区,缔造和谐发展的开发区[C].中国环境科学学会学术年会论文集,2009：90-93.

73. 唐炼.世界能源供需现状与发展趋势[J].国际石油经济,2005,13(1)：30-33.

74. 吴天马.循环经济与农业可持续发展[J].环境导报,2002(4)：4-6.

75. 吴东雷,陈声明.农业生态环境保护[M].北京：化学工业出版社,2005.

76. 吴峰,徐栋,邓南圣.生态工业园规划设计与实施[J].环境科学学报,2002,22(1)：802-803.

77. 王毅,陆雍森.论生态产业链的柔性[J].生态学杂志,2004,23(6)：32.

78. 王信.借鉴国外经验,大力推广循环经济[J].生态经济,2006(5)：45-47.

79. 王金南.发展循环经济是 21 世纪环境保护的战略选择[J].环境科学研究,2002,15(3)：33-36.

80. 王珠.浅谈发展农业循环经济[J].农业经济,2005(1)：62.

81. 王兆.中国生态农业与农业可持续发展[M].北京：中国农业出版社,2005.

82. 王守兰,武少华.清洁生产理论与务实[M].北京：机械工业出版社,2002.

83. 王志华.工业园发展的终结——生态工业园[J].科学与管理,2004(1)：34-37.

84. 王灵梅,张金屯.生态学理论在生态工业发展中的应用[J].环境保护,2003(7)：58-60.

85. 王瑞贤,罗宏,彭应登.国家生态工业示范园区建设的新进展[J].环境保护,2003(3)：35-37.

86. 王庆斌.产品生态设计理念与方法[J].郑州轻工业学院学报(社会科学版),2005(6)：69-71.

87. 汪永超.绿色产品概念与实施策略[J].现代机械,1999(1)：5-8.

88. 王新杰.新疆绿洲农业清洁生产研究[D].重庆：重庆大学硕士论文,2008.

89. 魏立安.清洁生产审核与评价[M].北京：中国环境科学出版社,2005.

90. Allenby B R.工业生态学——政策框架与实施[M].翁端,译.北京：清华大学出版社,2005.

91. 谢俊安,郭苏智.循环经济的理念与模式建构[J].石家庄经济学院学报,2003,26(4)：494-498.

92. 熊刚.发展循环经济是实施可持续发展战略的必然选择[J].中国环保产业,2004(1)：11-15.

93. 徐青艳,崔兆杰.产业结构优化：烟台经济开发区的启示[J].环境经济,2007(10)：49-50.

94. 邢万文.浅谈落实科学发展观持续推进企业循环经济及节能减排[C].中国环境科学学会学术年会论文集,2009：46-48.

95. 云正明.农村庭院生态工程[M].北京：化学工业出版社,2002.

96. 杨京平.生态农业工程与技术[M].北京：化学工业出版社,2004.

97. 杨京平,田光明.生态设计与技术[M].北京：化学工业出版社,2006.

98. 叶华.循环经济国内外立法研究[J].环境科学与管理,2005,30(3)：18-20.

99. 奚旦立.纺织工业节能减排与清洁生产审核[M].北京：中国纺织出版社,2008.

100. 奚旦立.清洁生产与循环经济[M].北京：化学工业出版社,2005.

101. 许洪华.世界风电技术发展趋势和我国未来风电发展探讨[J],水利水电科技进展,2005,25(1)：47.

102. 余德辉,魏晓琳.我国清洁生产现状和发展思路[J].中国环保产业,2001(6)：16-19.

103. 元炯亮.清洁生产基础[M].北京：化学工业出版社,2009.

104. 赵立祥,朴玉,督杜军.日本的循环型经济与社会[M].北京：科学出版社,2007.

105. 张录强.实现可持续发展理想经济模式的探索——循环经济技术范式的形成与发展[J].山东理工大学学报(社会科学版),2005,21(5)：9-12.

106. 张芳.论完善我国循环经济建设政策[C].中国环境科学学会学术年会论文集,2009：41-45.

107. 张恒.循环经济——畜禽粪便污染治理之路[C].中国环境科学学会学术年会论文集,2009：123-127.

108. 张宝生.生态农业技术案例[M].北京：农业出版社,1999.

109. 赵瑞霞,章长元.中外生态工业园建设比较研究[J].中国环境管理,2003,22(5)：48.

110. 钟书华.生态工业园区建设与管理[M].北京：人民出版社,2006.

111. 周小萍,陈百明,卢燕霞.中国几种生态农业产业化模式及其实施途径探讨[J].农业工程学报,2004,20(3)：296-231.

112. 张凯,崔兆杰.清洁生产理论与方法[M].北京：科学出版社,2005.

113. 张新房.风力发电技术的发展及相关控制问题综述[J].华北电力技术,2005(5)：42-45.

114. 周中仁,吴文良.生物质能研究现状及展望[J],农业工程学报,2005,12(21)：12-14.

115. 周益添,崔绍荣.生态技术在设施农业中的应用探析[J].中国生态农业学报,2005,13(2)：170-172.

116. 周中平.清洁生产工艺及应用实例[M].北京：化学工业出版社,2002.

117. 赵玉明.清洁生产[M].北京：中国环境科学出版社,2005.

118. 张传秀,陆春玲,严鹏程.我国钢铁行业清洁生产标准 HJ/T189 存在的问题与修订建议[J].冶金动力,2007(1)：85-90.